위대한 정원사

Lessons from Great Gardeners

LESSONS FROM GREAT GARDENERS

일러두기
- 본문 중 고딕체로 표기한 풀이는 옮긴이주입니다.
- 식물명 표기 시 '국가표준식물목록'을 주요 참고자료로 삼았습니다.

초판 1쇄 발행 2024년 8월 10일

지은이 매튜 빅스

옮긴이 고은주

한국어판 디자인 신병근, 선주리

펴낸곳 한뼘책방

등록 제25100-2016-000066호(2016년 8월 19일)

전화 02-6013-0525

팩스 0303-3445-0525

이메일 littlebkshop@gmail.com

인스타그램, 엑스, 페이스북 @littlebkshop

ISBN 979-11-90635-17-2 03520

정원에 헌신한 40인의 가드닝 수업

위대한 정원사

Lessons from Great Gardeners

매튜 빅스 지음

고은주 옮김

한뼘책방

차례

유다박태기나무
Cercis siliquastrum

프레드릭 스턴
106쪽

들어가며

동서고금의 위대한 정원사 마흔 명의 삶 속으로 들어오신 걸 환영합니다. 이들은 남다른 창의성과 스스로 체득한 경험으로 혁신적이고 세련된 가드닝 아이디어를 창출했습니다. 이들 중에는 식물로 그림을 그리듯 정원을 구성한 미술가도 있었고, 열정적인 수집가, 괴짜, 실험 연구가, 억만장자, 공주도 있었습니다. 이들에게는 정원 작품과 가드닝 양식이 자신의 창의성이나 지위를 표현하는 방식이었기에 저마다 확고한 콘셉트와 디자인이 있었습니다. 어떤 이는 땅을 파헤치고 깊이 파고들어 가는 일을 즐기며 정원을 손수 가꾸었고, 어떤 이는 정원사와 전문 기술자를 고용했습니다. 방식이야 어떻든 그들은 꿈을 실현했고 그들의 목표는 같았습니다. 정원이라는 예술을 완성하는 것이었습니다!

어떤 기준으로 정원사를 선정했을까?

아득히 먼 옛날부터 세상에 얼마나 많은 정원이 만들어졌는지를 생각해 보면, 정원사 중에서 최종적으로 40명만 추려서 이들의 정원을 소개하기는 너무 힘든 일이 아닐까요.

제일 처음으로 한 일은 걸출한 정원과 그 정원을 만든 사람들을 나열한 다음, 그중 최고의 정원을 고르고, 이들이 각기 주요 정원 양식을 대표하는지 확인하는 것이었습니다. 매번 힘들게 결정했고, 선정 기준은 당연히 주관적이었습니다. 앙드레 르 노트르를 '능력자' 브라운 씨로 불리던 랜슬롯 브라운보다 우위에 둔 건 단지 대규모 조경이라는 면에서 봤을 때 베르사유 궁전이 독보적이기 때문입니다. 코티지 정원이나 일본식 정원에서 어느 것이 최고인지를 판단할 때는 개인의 취향에 의지할 수밖에 없었습니다.

최종적으로 선정된 위대한 정원사 40인은 예술적 재능이 뛰어났고, 관습에 얽매이지 않고 자유롭게 상상했습니다. 간혹 유별나기도 했지만,

그들의 혁신적인 아이디어는 시대를 앞서갔습니다. 이 모든 재능이 바탕이 되어 이들의 꿈이 실현되었습니다. 정원은 식재 디자인과 설계 원칙을 중심으로 감상하기도 하지만, 정원에 반영된 창작자의 개성과 성격을 엿볼 수 있다면 한층 풍성하게 즐길 수 있습니다. 이들의 신통한 가드닝 양식을 살펴보며 획기적인 생각과 경험을 배울 수 있고, 더불어 우리 집의 정원을 더 멋지게 가꿀 수 있을 것입니다.

정원사를 선정할 때 이들이 조경계에 미친 영향도 고려했습니다. 어떤 정원사들은 멋진 정원을 만들었을 뿐 아니라 지식과 아이디어를 저널이나 신문, 특히 책에 실어 대중에게 널리 알리며 큰 존경을 받고 있습니다. 글은 후대에도 읽혀서 이들의 영향력은 사후에도 여전할 것입니다. 대표적인 두 사람을 들자면 윌리엄 로빈슨과 거트루드 지킬이 있습니다. 이 책 전반에 실린 사진들을 보면, 이 40명의 정원사가 얼마나 널리 영향력을 펼쳐 왔는지를 알 수 있습니다. 현재는 인터넷, 텔레

비전, 이동 수단의 발달로 인해 옛날보다 이들의 정원을 더 쉽게 접할 수 있어서 관람하고 공부할 기회가 활짝 열려 있습니다. 현재 활동 중인 위대한 정원사는 대부분 여전히 창의적인 작품을 창조하고 있습니다. 시간이 있을 때 이들의 정원을 방문해 보세요. 운이 좋으면 이들을 직접 만날 수도 있습니다.

40명의 정원사 중 상당수가 영국 왕립원예협회에서 '해마다 전 세계에서 예술적, 과학적, 실용적으로 원예 발전에 크게 공헌한 사람들'에게 수여하는 비치 기념 메달을 받았습니다. 이 메달의 이름은 제임스 비치에서 유래했는데, 그에 관한 이야기도 이 책에서 만나 볼 수 있습니다.

정원사의 출생 연도에 따른 구성

가드닝 아이디어와 양식은 시대에 따라 변화했고, 역사는 현재와 미래에 영향을 미칩니다. 이 책은 과거 여러 시대의 흔적을 소개하고 있는데 연못, 화단, 정형식 디자인, 조각상 등이 모두 그 정원들의 특징을 나타냅니다.

초기 정원은 기능적이었습니다. 정원에는 온통 식용 채소와 약용식물이 재배되었습니다. 커다란 강 옆의 비옥한 토양에서 작물이 많이 생산되었는데, 티그리스강과 유프라테스강 사이 메소포타미아의 초승달 지대나 나일강 삼각주 등이 그런 지역이었

료안지를 비롯한 일본 정원의 소박한 아름다움과 균형감에서 영감을 얻은 모네는 지베르니에 물의 정원을 만들었다.
(9쪽 참조)

로마인이 목욕물에 라벤더를 넣어 사용하여 로마 제국 전역에 라벤더가 전파되었다. 라벤더라는 이름은 '씻다'를 뜻하는 라틴어 '라바(lava)'에서 유래했다.

습니다. 이후 인류가 정착 생활을 하고 문명이 지배하자 상류 계층이 대두했고, 그들의 화단을 가꾸는 일은 하인의 몫이 되었습니다. 이때, 정원의 기능성보다는 장식성이 중요해져서 가드닝은 예술로 변모했습니다.

고대 이집트에서는 정원에 꽃과 과일, 채소를 함께 재배했습니다. 흔히 직사각형 연못을 만들고 그늘을 드리우는 나무를 심었는데, 나무는 여러 신들과 관련이 있었습니다. 고대 이라크에서는 아시리아인들이 정형식 디자인으로 식재하여 굉장한 볼거리를 만들었습니다. 이후 바빌로니아인들이 아시리아 제국을 무너뜨리고 나서, 네부카드네자르 2세가 세계 7대 불가사의 중 하나인 바빌론의 공중 정원을 건설했다고 전해집니다. 이어서 페르시아인들은 연못, 분수, 수로를 갖춘 정형식 정원에서 향기로운 꽃과 과수를 재배했습니다. 로마인들은 이들의 디자인에 토피어리와 조각상과 시클라멘, 붓꽃, 라벤더 등의 꽃을 추가했습니다. 7세기에 들어서 무어인들은 높은 벽, 분수, 채유타일과 모자이크, 그늘과 과일을 얻을 수 있는 나무로 구성한 이슬람식 정원을 만들었습니다. 15세기 후반에는 이탈리아의 르네상스 운동이 고대 그리스 로마의 사상을 되살리며 비례와 균형이 중요해졌습니다. 저택에서 이어지는 주축을 중심으로 격자 패턴의 레이아웃을 구성했고, 조각상, 작은 바위굴, 분수까지 갖추었습니다. 영국에서 윌리엄 켄트와 찰스 브리지먼은 정형식과 비정형식을 혼합한 정원을 디자인했으며, 랜슬롯 '능력자' 브라운은 자연을 완전히 새롭게 바꾸기보다는 개선하는 방식을 취했습니다.

바로 이런 역사와 영향력 때문에 정원사가 표현하는 스타일과 시대보다는 정원사가 태어난 연도에 따라 책을 연대순으로 구성하면서, 앞서 언급한 모든 정원 양식을 담았습니다. 연대순으로 배열하면 다른 예술 형식의 발달이 정원에 어떤 영향을 주었는지도 볼 수 있습니다. 예를 들어, 윌리엄 터너를 비롯한 인상주의 화가들은 거트루드 지킬의 식재 디자인에 영향을 주었고, 지킬은 건축가 파트너인 에드윈 루티언스처럼 미술공예운동Arts and Crafts movement, 1860-1910년경 수공예의 부흥과 장인 정신을 장려했던 운동에 참여했습니다. 손수 가꾼 정원 연못의 수련을 그린 클로드 모네의 걸작들도 가드닝이 예술에 기여하는 동시에 그 자체로 하나의 예술이라는 사실을 다시 한번 확인시켜 줍니다.

변화와 발전

정원 스타일은 때로는 점진적으로, 때로는 급진적으로 변화하며 발전했습니다. 윌리엄 로빈슨은 당시 장식용 정원의 경직된 정형성을 비판하며 '야생' 정원을 조성하자는 아이디어를 제안했습니다. 이는 피트 아우돌프의 작품과 '새로운 여러해살이풀 심기 운동'에 반영되어 여전히 계속 발전하고 있습니다. 역사적인 유럽식 정원을 접한 브라질의 호베르투 부를리 마르스는 추상화가로서의 재능과 브라질 토종 열대식물에 대한 강렬한 사랑을 겸비하여 현대 브라질을 표현한 새로운 스타일을 창조하는 원예 혁명을 일으켰습니다. 이와 같이 정원과 가드닝에 관한 아이디어는 계속 발전하고 있습니다.

다음에 소개되는 정원과 정원사가 영감과 큰 감동을 전달하길 바랍니다. 또한 이들의 통찰력과 경험을 살펴보고 배우며 가드닝을 깊이 이해하는 멋진 기회가 되길 바랍니다. 언젠가 우리도 이들처럼 각자의 꿈을 실현하는 날을 맞이할 것입니다.

식물 일러스트레이션

각 정원사와 관련된 특정 식물이나 식물군의 일러스트레이션을 책 사이사이 배치하였습니다. 각 정원사를 대표하는 유명한 정원의 특징이라서 그 정원에 가면 볼 수 있는 식물, 유독 큰 사랑을 받아서 어느 정원에나 있는 식물, 정원사가 재배해서 선발하거나 야생에서 채집한 식물, 정원사의 이름을 딴 식물 등입니다. 마저리 피시가 사랑한 제라늄, 피에르 사무엘 뒤퐁이 조성한 펜실베이니아주 롱우드 식물원에서 이름을 딴 수련 빅토리아 '롱우드 하이브리드' 처럼, 이 책에 소개된 식물들은 정원사들 및 이들의 정원과 함께 영원히 의미를 같이할 것입니다.

제라늄 이베리쿰
Geranium ibericum

거장의 지혜

실용적인 정보나 디자인 아이디어를 소개합니다. 정원사가 직접 언급한 말이나 저자가 이들의 정원에서 관찰한 기법을 기술했습니다.

다양한 사진

전 세계 위대한 정원사들이 완성한 정원 작품을 사진으로 만나 보며 정원 디자인, 식물 군락, 특별 컬렉션을 감상할 수 있습니다.

소아미

相呵弥

1480-1525

일본

꽃벚나무

Prunus serrulata

이 고대의 정원수는 1822년에 광둥에서 영국으로 전래되었다. 그리하여 꽃벚나무가 유럽의 정원에 처음으로 심어졌다.

유네스코 세계문화유산이자 일본에서 가장 유명한 정원인 료안지(龍安寺)의 디자인은 예술가 소아미의 작품이라고 알려져 있지만, 당시에는 정원 건축에 관하여 기록하는 일이 거의 없었기 때문에 확실히 그의 작품이라고 단정하긴 어렵다. 하지만 분명 이 추상적인 바위 정원은 전체 일본 디자인 문화에서 가장 불가사의한 작품이다. 정원 감상은 정신적인 경험이라서 해석은 각자의 마음에 달려 있다. 료안지를 보고 있으면 여러 질문이 떠오르고, 각자 자기 답을 건넨다. 이와 달리 주변의 너른 공원에는 가지를 다듬은 상록수, 봄꽃, 강렬한 가을 색을 자랑하는 전통적인 원예 식물로 채워져 있다.

료안지는 호소카와 가쓰모토가 1450년에 건립했다. 약 20년 후에 오닌의 난(1467-1477)으로 인해 불에 타 사라졌지만, 그의 아들 호소카와 마사모토가 복원했다. 바위 정원은 1499년에, 정원을 바라보는 방장 건물도 같은 시기에 지어졌다고 알려져 있다. 전해 내려오는 바에 따르면 이 바위 정원을 설계한 사람은 수묵화가 소아미인데, 그는 선종 사원 다이센인(大仙院)의 정원 건축에도 참여했다. 하지만 여기에는 논쟁의 여지가 있다. 전문적인 건축 노동자들이 정원 조성을 도왔다고도 알려져 있는데, 아마도 이들은 선종 승려의 지원을 받은 센즈이카와라모노(山水河原者)일 것이다. 히코지로와 고타로라는 두 이름이 15개 바위 중 하나에 새겨져 있다. 노동자가 자기 작업에 이름을 남기는 전통이 있었으므로 이 이름도 그에 해당하는 것 같다. 수백 년의 세월 동안 정원의 분위기는 바뀌었다. 원래 디자인은 '차용한' 경관을 배경으로 사용한 것 같은데 지금은 나무가 완전히 자라 그 경관을 볼 수 없다.

바위 정원

이 정원 디자인은 정직, 절제, 소박함에 높은 가치를 두는 다도의 영향을 많이 받은 것으로 보인다. 정직과 절제(와비)간소한 모양을 뜻하는 일본의 전통 미의식라는 두 가지 원칙이 다도의 구성을 사원의 디자인에 반영한 선불교와 잘 어우러져 료안지 같은 정원들이 조성되었다. 와비의 미니멀리즘은 공간을 상상력으로 채우게 한다. 대부분의 평론가는 정원의 자갈이 공(空)을 상징한다고 믿는다.(공은 선불교와도 깊은 관련이 있다.) 이 공은 그림 속 선 사이사이의 공간, 음악의 늘임표, 노가쿠를 연기하는 배우들 사이의 거리 등 여타 일본 문화에서도 표현된다. 흔히들 건축과 정원 디자인에서 채워지는 공간보다 남겨지는 공간이 중요하다고 말하는데, 그래야 정원의 각 부분에 '전시 공간'이 생긴다. 예술가 자크 마조렐이 마라케시의 마조렐 정원에 선인장을 식재한 데에서 이런 효과를 볼 수 있다.(111쪽 참조)

가로 30미터 세로 10미터, 크기가 거의 테니스장만 한 료안지의 이 소박한 선불교 정원에는 진흙 벽, 매일 갈퀴로 긁는 하얀 자갈 바닥, 이끼, 다섯 무더기로 정교하게 배치된 15개의 바위가 있다. 『일본 정원 Le Jardin Japonais』을 저술한 귄터 니츠케의 말에 따르면, 이 정원은 본래 방장 마루에 걸터앉아 감상하도록 만들어졌는데, 위에서 내려다보는 경우를 제외하면 어느 각도에서 보든지 바위가 14개만 보인다. 잘 보이는 지점에서 보더라도 항상 바위 하나는 가려져 보이지 않는다. 불교

에서 15라는 수는 전체 또는 완전함을 의미한다. 깊은 참선 명상을 통해 깨달음에 도달한 사람만이 바위 15개를 모두 볼 수 있다. 바위의 배열은 방장 마루에서 보았을 때 가장 잘 보이기 때문에, 승려들은 여기에서 정원의 빈 곳을 응시하며 명상했다.

하나를 제외하고 모든 바위가 왼쪽에서 오른쪽으로 흘러가고 있는 듯하다. 이를 두고 여러 해석이 분분하다. 마음 심(心) 자를 본떴다거나, 선불교의 도라노코와타시 우화어미 호랑이에게 새끼가 셋인데, 한 마리씩 업고 강을 무사히 건너는 방법을 묻는 수수께끼를 표현했다고도 하는데, 자갈이 물처럼 보여서 바다 위 섬을 상징한다고 보는 것이 더 적절해 보인다. 2002년에 교토대학교의 연구자들은 특정 각도에서 바위의 배치를 바라보면 무의식적으로 나뭇가지의 윤곽이 떠오른다는 사실을 발견했다. 단풍나무처럼 가을을 화려하게 물들이는 주변 나무의 모습을 반영하여 바위와 하얀 자갈의 소박함을 더 도드라지게 하려는 의도로 만들어졌는지도 모른다.

하지만, 그 의미는 아무도 모르기 때문에 각자 자신이 부여하는 의미를 찾아야 한다. 각자의 마음에 어떤 의미를 불러일으키든 깊은 명상에 빠져들게 하는 것이 이 정원의 역할이다.

꽃창포
Iris ensata

무리 지어 자라는 여러해살이로, 수백 년 동안 일본에서 개량되었다. 일본에서는 지역마다 서로 다른 모양의 꽃을 선호한다.

주변 경관

바위 정원 주변에는 사원, 신사, 다실, 여러 연못 등이 있다. 가장 큰 연못은 잔잔하고 주변을 반사하는 교요치로 기울 모양 연못이라는 뜻이다. 교요치는 수많은 수련으로 덮여 있다. 얕은 물에 연꽃이 피어 부드럽고 연한 흰색과 분홍색 꽃잎이 수면 위로 불쑥 튀어나와 있고, 꽃창포가 연못 가장자리를 두르고 있다. 또한 섬이 둘 있다. 하나는 소박한 아치형 돌다리를 통해 신사로 연결되고 신사 주위로는 구름 모양으로 가지치기 한 침엽수가 늘어서 있다. 하늘, 구름, 주변의 나무들을 반사하는 연못과 수련, 수변 식물, 다리는 지베르니에 있는 모네의 정원(54쪽 참조)에 영감을 주었다.

연못 주위에는 가지치기 된 상록수들이 빽빽이 심어진 침엽수의 가지들을 가리고, 정원의 구조를 구성하고 가을의 색을 장식하는 낙엽수도 주변의 산비탈을 가린다. 가을이면 감나무 잎이 주홍색, 주황색, 자주색으로 물들고, 이어서 주황색 열매가 열린다. 섬과 정원 여기저기에서 자라는 벚나무가 봄에는 은은한 분홍색 꽃을 피우고 가을에는 진한 노란색, 주황색, 빨간색으로 물든다. 다른 구역에는 공 모양으로 가지를 다듬은 작은 나무가 빽곡히 들어차 있고, 밑가지를 제거한 나

감나무
Diospyros kaki

무의 바닥에는 이끼가 깔려 있다. 가장 눈에 띄는 나무는 잎 모양이 물고기 꼬리를 닮은 금어엽 동백(*Ca-mellia japonica* 'Kochouwabisuke')이다. 다도와 관련이 있는 이 식물은 일본에서 가장 오래되었다고 알려져 있다.

그러면, 답은 무엇인가?

우리는 바위 정원의 의미에 관한 답을 「에버그린 리뷰*Evergreen review*」(1권 4호, 1957년)에 실린 윌 피터슨의 기사 '바위 정원'에서 찾을 수 있다. 모든 위대한 예술이 그렇듯, 정원은 어쩌면 '시각적 선문답(대화, 질문, 또는 한마디 말)'일지 모른다. 정원은 마음에 머무른다. 그리고, 정원을 '바다 위섬'이 아닌 무언가에 비유할 수 있다면, 그건 마음이다. 그래서 어떤 재료로 정원을 구성하는지는 중요하지 않다. 중요한 건 본질적인 요소를 읽어내는 마음이다. 정원은 우리 안에 존재한다. 직사각형 울타리 안에서 우리가 보는 것은 바로 나 자신이다.

> " 정적과 같은 빈 공간에서는
> 마음이 집중되어 사소한 것들을
> 떨쳐 버리고 시선이 머문다.
> 많은 것들로 채워진 공간 사이사이의
> 빈 공간으로 눈길이 따라간다. "
>
> 윌 피터슨

소아미

다음 페이지에 있는 정원은 선불교와 관련된 문화와 정신적 깨달음을 표현하고 있지만, 이 비율, 착시, 재료 선택의 원칙을 응용하여 다른 스타일의 정원을 조성할 수 있다.

> 이 바위 정원은 왼쪽으로 완만한 경사를 이루어 배수가 잘된다. 남쪽으로 살짝 경사진 서쪽 담은 공간, 깊이, 원근감의 착시 현상을 불러일으킨다. 클라우드힐 가든(202쪽 참조)과 같이, 착시와 원근법을 이용하면 재미있을 뿐 아니라 멋진 공간감이 생긴다.

> 바위 정원의 삼면을 둘러싸고 있는 1.8미터 높이의 담은 흙과 유채 기름을 섞어 만든 것이라 오랜 세월의 풍화를 견딜 수 있고, 하얀 자갈의 빛을 반사하지 않는다. 담의 안쪽 면이 바깥쪽 면보다 8센티미터가 높아서 더 안정감을 준다. 정원에 진흙 벽이나 흙다짐 벽을 쌓아 보자. 매력적이고 내구성이 좋은 벽을 만드는 흥미로운 도전이 될 것이다.

> 하나를 제외하고 모든 바위가 왼쪽에서 오른쪽으로 흐르는 것처럼 보인다. 바위를 배치할 때 바위의 각 면을 살펴본다. 바위 정원을 조성할 때 여러 면의 모양을 고려해야 한다. 평평한 두 면을 가깝게 배치하면 바위가 두 배로 커 보이고 가운데가 갈라진 것 같다. 여러 개를 함께 놓으면 암석층처럼 보인다. 바위를 이런 식으로 이용하면 강한 인상을 주고 경관을 압도한다.

> 바위 정원의 디자인은 긴장감을 자아낸다. 정원을 둘러보다 보면 선(禪)의 신비에 관한 명상에 침잠하게 된다. 규모가 커서 전체를 조망하기 어려울 수도 있다. 사전에 내 정원에 어울릴 만한 크기인지 실험해 보는 것이 좋다.

단풍나무
Acer palmatum

이 종에서 많은 재배 품종이 만들어졌다. 큰 관목 또는 작은 교목으로 자라는데, 매력적인 잎이 가을에는 선명한 빨간색, 주황색, 노란색 등으로 물든다.

정원은 종교와 관련이 깊다. 기독교인은 하느님
이 에덴동산을 창조했다고 믿는다.(성서 속의 에
덴동산, 즉 '파라다이스'라는 단어는 정원을 뜻한다.) 제일 처
음에 만들어진 식물원들은 창조주의 작품 컬렉션이라고
봐도 무방하다. 이슬람 정원에도 종교적인 상징이 가득하
다. 그러니 료안지의 선불교 사원 주위로 정원이라는 평
화롭고 영적인 공간을 배치하여 바깥세상의 번잡함에서
벗어나게 한 이유가 이해된다. 선불교에서 명상은 깨달음
에 이르는 길이다. '선(禪)'은 일본어로는 '젠'이라고 발음
하는데, '명상'을 뜻하는 산스크리트어에서 유래했다. 바
위 정원의 텅 빈 공간과 정성껏 배치된 바위에 마음을 집
중하면 잡념을 씻어내기에 이보다 더 좋은 곳이 없는 것
같다.

왕헌신

王獻臣
1500년대 출생
중국

목향장미
Rosa banksiae

영국 큐 왕립식물원의 원장이었던 조셉 뱅크스 경의 아내 뱅크스 부인의 이름을 따서 학명을 지었다.

졸정원은 정원의 도시라고 불리는 쑤저우에서 가장 훌륭한 정원으로 꼽히며 유네스코 세계문화유산으로 지정되었다. 이 정원에는 벼슬에서 물러난 왕헌신이 정원을 가꾸며 보낸 소박한 삶의 흔적이 드러난다. 건물의 완벽한 배치, 아름다운 건축물, 균형감과 비율이 돋보이는 이 정원은 긴 세월에 걸쳐 조성된 시골 풍경의 축소판이다. 풍경과 건축물은 놀랍도록 정교해서 정원 방문객이 보고 배울 것이 많다.

명나라 때 어사를 지낸 왕헌신은 벼슬에서 물러나 낙향하며 앞으로 정원이나 가꾸며 살아야겠다고 생각했다. 이후 16년 동안 집을 짓고 5만 2,000제곱미터에 명나라식 정원을 조성했는데, 세월이 흐르면서 정원은 조금씩 변형되었다. 졸정원(拙政園)이라는 이름은 서진 시대의 문인 반악의 글에서 유래했다. "정원에 물 주고 채소를 파는 일은… 보잘것없는 사람의 위정이다.(灌園鬻蔬… 拙者之爲政也)"

습지대에 조성된 이 정원은 1526년에 완공되었고, 배에 한가득 실을 만큼의 은이 묻혀 있었다고 전해진다. 대개의 정원이 그렇듯, 정원을 거니는 동안 일련의 풍경이 차례차례 펼쳐진다. 중국 관광안내서에서는 "양쯔강 남부에서 베네치아의 풍경을 연상시키는 이 정원은 고풍스럽고 소박하며 넓고 자연적이다"라고 소개하고 있다. 건륭제 시절 프랑스인 궁정 화가였던 장 드니 아티레는 "이 예술 작품에 담긴 변칙성이 감탄을 자아낸다. 모두 품위 있고 정갈하게 배치되어 있어서 풍경을 한눈에 보는 동시에 작은 부분들을 하나하나 살펴봐야 모든 아름다움을 즐길 수 있다"라고 적었다. 중국 정원은 생동감 있는 풍경화라고들 말한다. 정원을 둘러싼 하얀 담이 정원이라는 예술의 깨끗한 배경이 되지만 대개 담 너머의 풍경도 '빌려'오는데, 이를 '차경'이라고 한다. 졸정원의 차경은 북사탑 쪽을 바라볼 때 가장 멋있었다. 차경의 원리는 쑤저우 원림 박물관에 게시된 문구에 잘 요약되어 있다. "소중한 것은 모두 받아들이고 진부한 것은 보이지 않게 한다."

정원은 세 구역으로 나뉜다. 서원, 중원, 그리고 원래 '조용한 시골집(歸田園居)'으로 알려진 동원이다. 정원 한가운데에 있는 연못은 중국 정원의 중요한 특징으로서 맑고 상쾌한 공기와 함께 활력을 불어넣는다. 물의 부드러움이 돌의 견고함과 균형을 이루면 음과 양의 상반된 기운이 조화를 이루어 긍정적이고 활력이 넘치는 기(氣)가 생성된다. 졸정원에서는 물이 주변 풍경을 하나하나 반사하여 균형 있고, 평온하며, 조화로운 정원 분위기를 조성한다.

팔손이
Fatsia japonica

구조적인 아름다움이 뛰어난 식물로, 배수가 잘되는 토양이라면 양지든 음지든 어디서나 잘 자란다. 초가을에 꽃을 피워서 가을철 곤충들에게 긴요한 꿀을 공급한다.

정자와 회랑

전통적인 중국 정원에는 건축물이 많다. 졸정원에는 여느 정원보다 많은 48채의 건축물이 있지만 번잡한 느낌을 주지 않는다. 이들 건축물은 크기가 각기 다르고 화려하며 균형감이 있고 주변의 경관과 조화를 이룬다. 몇몇 건축물은 회랑으로 연결되어 있는데, 좁은 회랑에는 지붕이 있어서 햇빛과 비를 막아 준다. 가장 멋진 건축물은 졸정원 내 유일하게 지붕이 있는 다리인 소비홍(小飛虹)이다. 연못 한가운데 넓은 공간에서 다리와 통로가 교차하여 네 섬이 연결된다. 흙과 바위를 쌓아 만든 각 섬은 조경이 아름답고 꼭대기에 정자가 세워져 있다. 졸정원에는 총 18채의 정자가 있는데, 각 정자에서 보이는 전망이나 경치에 따라 이름이 붙여졌다. 예를 들어, 먼 산을 바라보는 견산루(見山樓), 빗소리를 듣기 좋은 유청각(留聽閣), '누구와 함께 앉는가'라는 뜻의 여수동좌헌(與誰同坐軒) 등이 있다.

'멀리서 전해지는 향'을 의미하는 원향당(遠香堂)은 분홍색과 흰색이 섞인 연꽃이 가득 피는 연못 옆에 자리하고 있어서 꽃이 만발하면 꽃향기가 원향당을 가득 채운다. 연꽃은 순결을 상징한다. 진흙 속에서 자라지만 수면 위로 올라와 깨끗한 모습을 드러내기 때문이다. 은행나무를 조각해 만든 병풍은 서원의 전각을 둘로 나눈다. 젠 슈아이는 북쪽 정자 인근의 주육원앙관이라는 큰 연못을 보고, "오색 수련과 36쌍의 원앙이 있어서 마치 화려하게 수놓은 비단처럼 보인다"라고 기록했다.

태호석석회암이 용해하여 기형을 이룬 돌덩어리을 경계와 조경에 사용하였고 사이사이에 식재하여 부드러운 느낌을 더했다. 바위는 세상의 구조를 상징하며, 바위의 모양은 단단한 바위를 침식한 물의 부드러운 힘이 얼마나 강한지를 생각하게 한다.

화강암은 장식으로 사용하진 않고 주로 안뜰 바닥, 길, 다리를 놓는 데 사용했다. 길은 여럿이 복잡하게 연결되었는데 관목, 소나무, 늘씬한 대나무, 상록수가 어우러진 사이로 구불구불하게 이어진다. 나무는 붉은 오디 같은 열매를 맺는 꾸지뽕나무, 특이한 사각형 잎이 달린 호랑가시나무, 연분홍색 꽃과 흰색 꽃을 피우는 진달래, 잎이 두껍고 큰 상록수 팔손이 등이 있다. 아치 위에는 등나무의 흰 꽃과 목향장미의 흰색 겹꽃이 흐드러지게 피고, 연노란색 영춘화는 담장에서 쏟아져 내리는 듯하다. 양묘장의 그늘진 곳에는 분홍색, 흰색, 선홍색 진달래가 빽빽하고, 그와 가까운 분경원에는 700여 점의 분재가 예쁜 도자기 화분에 담겨 받침돌과 테이블 위에 전시되어 있다. 모두 우아한 수형을 자랑하고 이 중에는 매우 오래된 나무도 있다.

졸정원은 멀리에서 보든 가까이에서 보든, 품격과 조화와 균형이 세련되게 어우러져 있다.

진달래속
Rhododendron species

분재 애호가들이 많이 기르며 근사한 꽃이 핀다. 크기가 작아도 대부분의 분재는 내한성이 강해서 실외에서 키워야 한다.

왕헌신

중국 정원에서는 길, 정자, 다리 등 하드 스케이프가 식물보다 중요하게 부각된다. 식물은 하드 스케이프의 기하학적 형태에 맞는 것을 골라서 다듬어진다. 이런 질서와 규제가 균형 있고 평온한 느낌을 자아낸다.

› 화단의 대나무를 솎아 내서 대나무 사이의 간격을 넓힌 다음, 바닥에 지피식물을 심어 쾌적한 분위기를 조성한다. 잘라 낸 대나무는 울타리를 만드는 데 사용한다.

› 정원의 건축물은 용도가 무엇이든 멋지게 지을 수 있다. 창고도 색을 칠하고 식물로 장식할 수 있다. 이 방법은 창고를 숨길 공간이 없는 작은 정원에 특히 유용하다. 격자 구조물을 덧붙여 장미나 인동덩굴을 심거나, 창가 화단을 만들어 화초나 라벤더를 심을 수도 있다.

› 졸정원의 장미로 뒤덮인 아치길이나 보드넌트 정원(98쪽 참조)의 금사슬나무 아치 같은 구조물을 만들 공간이 없더라도, 정원의 문이나 현관 위에 덩굴식물을 올린 아치는 쉽게 만들 수 있다. 이런 구조물은 정원의 구획을 짓는 데도 쓰인다.

› 구불구불한 길은 매력적인 경관을 연출하면서 통로 역할을 하여 정원 곳곳을 하나로 이어 준다. 사고를 예방하기 위해 길을 평소에 잘 관리한다. 주통로는 직각 교차 지점에서 수레의 방향을 쉽게 바꿀 수 있을 만큼 넓어야 한다. 주통로는 두 사람이 나란히 걸을 수 있을 만큼 넓어야 하지만 오솔길은 잡초를 제거하고 물을 주기 위한 용도이므로 넓이가 확연히 달라야 한다.

› 원형 문과 원형 창문을 경관의 틀로 이용한다. 격자 울타리 안에 '창문' 같은 것을 내고 덩굴식물을 덮으면 원하는 경관만 집중적으로 보이므로 같은 효과가 난다.

› 화분에 심은 진달래는 밖에서 키우다가 꽃을 피우는 시기가 되면 실내로 들인다. 온실이나 집의 정원에 비슷한 식물이 있으면 같은 방법으로 재배한다.

호랑가시 나무
Ilex cornuta

잎에 가시가 달린 이 나무는 느리고 촘촘하게 자라 좁은 공간에서 기르기 이상적이다. 다만 크고 빨간 열매는 적게 열릴 수 있다.

앙드레 르 노트르

André le Nôtre

1613-1700

프랑스

털마삭줄
Trachelospermum jasminoides

이 상록 덩굴식물은 아름다운 꽃과 향기로 유명하다. 볕이 잘 들고 비바람이 들이치 지 않는 벽을 타고 자란다.

앙드레 르 노트르는 역사상 가장 위대한 조경가로 꼽힌다. 그가 일했던 시대는 프랑스 귀족들의 황금기였다. 당시 부자들은 정원과 영지에 재산을 아낌없이 쏟아부으며 경쟁하듯 화려한 정원 예술을 자랑했다. 르 노트르는 독특하고 화려한 정원을 다수 설계했는데, 그중 보르비콩트가 유명하고 베르사유 궁전의 정원이 가장 걸작이다. 르 노트르는 이런 대규모 설계로 유명해지고 나서도 계속 흙에 발을 딛고 손에서 일을 놓지 않았다.

르 노트르는 루이 13세의 튈르리 궁전에서 수석 정원사였던 아버지 밑에서 일을 배웠고, 1637년에 수석 정원사 직책을 물려받았다. 그는 화가 시몽 부에의 밑에서 원근법과 소묘를 배우기도 했으며, 그의 뛰어난 재능은 건축가 프랑수아 망사르의 눈에 띄었다.

1656년에 처음으로 그에게 큰 기회가 찾아왔다. 루이 14세 시대의 재무장관 니콜라 푸케가 르 노트르, 건축가 루이 르 보, 화가 샤를 르 브룅에게 보르비콩트의 설계를 의뢰했다. 바로 이때 조경가 르 노트르의 천재성이 빛을 발해 그때까지 프랑스에서 본 적이 없던 정원이 완성되었다. 그는 주변 세 마을을 없애 평탄하게 만들고 강의 방향을 바꾸어 수로를 만들었다. 넓은 파르테르가 이어져 먼 곳의 나무는 점차 작게 보이면서 원근감이 강조되었고, 나무의 위치에 따라 분수와 조각상을 배치했다. 물의 수위를 조절하여 최대한의 반사 효과를 얻어 내기도 했다.

베르사유 궁전의 정원

1661년에 푸케는 자신의 성과 정원의 완공을 기념하면서 왕에게 경의를 표하는 호화로운 파티를 열었다. 정원을 거닐고, 저녁 식사를 하고, 희극 공연뿐 아니라 극작가 몰리에르와 작곡가 륄리가 연출한 발레 공연, 성대한 불꽃놀이를 감상했다. 하지만 왕은 푸케를 제거할 계획을 품고 있었다.

"저녁 6시에 푸케는 프랑스의 왕이었지만, 다음 날 새벽 2시에 아무것도 아닌 존재가 되었다"라고 볼테르가 적기도 했다. 한 달 후에 루이 14세는 푸케를 감금하고, 그의 가구와 그림을 몰수하고 나무와 조각상을 제거한 후, 보르비콩트를 만든 세 천재에게 6,000헥타르에 달하는 베르사유를 바꾸어 놓으라고 명령했다. 르 노트르는 건축가와 수력 기술자로서 경험이 풍부했고, 건축물 총감독으로 일한 바 있으며, 과학 아카데미 학자들, 광학적 기하학에 정통한 수사들과 친분이 있어서 임무를 완수할 준비가 되어 있었다.

베르사유에서 르 노트르는 자신의 아이디어를 발전시켰다. 주통로를 숲 주변의 부통로로 양분했다. 격자 패턴으로 원근감을 강조하고 거대한 초록색 담들을 만들었으며, 그늘진 숲과 탁 트인 파르테르를 교대로 배치하여 햇빛과 그늘을 활용했다. 파르테르와 주통로의 가장자리에는 수많은 조각상과 가지치기로 다듬은 주목 생울타리를 둘렀다. 베르사유는 뛰어난 토피어리 원예사들의 예술과 상상력이 결집한 결정체였다.

베르사유의 주요 풍경은 경외감을 불러일으켰다. 독보적 존재, 루이 14세의 위엄을 상기시키는 가드닝이었다. 르 노트르는 왕실 산책로, 작은 인공 동굴, 대수로 등 독창적인 요소를 만들었고, 플랑드르의 타일공, 피레네산맥, 이탈리아, 그리스 등지에서 온 대리석 석공, 벽돌공, 조각가, 금속공들의 기술로 화려한 분수가 완성되었다. 실로 엄청난 작업이었다. 르 노트르의 웅장한 설계를 실현하기 위해 수레로 흙을 운반했고, 프랑스 전역에서 말과 마차로 나무를 실어 왔으며, 수천 명의 일꾼이 동원되었다. 고용된 정원사만 350명이었는데, 이는 모든 직종 가운데 가장 많은 인원이었다.

거장 중의 거장

르 노트르의 남다른 점은 타고난 스케일감과 균형감, 비례감이었다. 항상 지형을 고려했고, 튈르리 궁전 파르테르 중앙의 원형 분수처럼 시각적 효과에 주목해서 중앙에서부터 시각적 왜곡을 바

레몬
Citrus x limon

열매와 감미롭고 향기로운 꽃으로 유명한 레몬은 온실 식물로 매우 인기가 높다. 열매가 다 익어도 따지 않고 놔두었다가 필요할 때 딴다.

앙드레 르 노트르

대규모 설계를 하면서도 세세한 부분까지 살피는 르 노트르의 능력은 본받을 만하다. 퍼즐 맞추기와 비슷하다. 먼저 큰 그림을 보고, 작은 조각들이 어디에 배치되어야 하는지를 생각한다.

› 르 노트르가 최초로 조각상과 토피어리를 사용해 정원을 화려하게 장식했다. 정원에 구, 나선형, 정육면체 등 구조를 더하고 싶다면 토피어리가 가장 이상적이다. 성목은 가격이 비싸므로 묘목부터 키우며 가지를 다듬어 가면 나만의 토피어리를 만들 수 있다. 회양목에 잎마름병이 발생하면 꽝꽝나무, 쥐똥나무, 헤베 토피아리아 같은 나무로 대체할 수 있다.

› 베르사유에서 르 노트르는 새로운 유형의 파르테르, 즉 물 화단을 창안했다. 햇빛을 반사하는 두 개의 커다란 직사각형 연못이 잔디밭이나 자갈밭을 대체했다. 그는 빛을 나뭇잎처럼 정원을 장식하는 요소로 다루었다. 이 아이디어는 가정의 작은 정원에서도 활용할 수 있다.

› 17세기 정원에서는 나무가 더 중요한 요소였다. 르 노트르는 키 큰 나무를 빽빽하게 심어서 그 효과를 배가시켰다. 베르사유에는 15개의 숲이 있는데 모두 식재 밀도가 높다. 한정된 공간에서는 가지 많은 나무를 심으면 여러 그루를 심은 듯한 효과가 연출된다.

주목
Taxus baccata

주목은 흔히 예상보다 훨씬 빨리 자란다. 잎이 짙고 빽빽해서 정원에 '폐쇄형 공간들'을 만들 수 있다. 배수만 잘되면 석회질이나 강산성 토양에서도 잘 자란다.

› 베르사유에는 길이 43킬로미터의 격자 울타리가 있다. 격자 울타리를 통해 안이 들여다보여서 방문객은 정원 안으로 들어가 보고 싶은 마음이 든다. 격자 울타리는 바닥이 넓지 않은 곳에 이상적이고, 실용적일 뿐 아니라 자체로도 장식이 된다. 방부 처리된 지붕 널빤지를 이용해 원하는 디자인으로 만들 수 있다. 격자 울타리를 벽에 설치하는 경우 바닥을 따라 경첩을 박고 널빤지를 고정하여 깊이감을 만든다. 경첩을 활용하면 격자를 제거하기 쉬워서 벽에 시멘트나 페인트를 바르거나 가지치기를 할 때 떼어 내고 작업할 수 있다. 사각형을 돌려서 다이아몬드 모양으로 만들 수 있다는 점도 명심하자.

› 건축가 르 보가 베르사유에 감귤원을 지었으며 현재 900그루의 오렌지 나무 화분이 있다. 감귤류 중 특히 레몬이 향기롭고 열매를 얻을 수 있어서 좋다. 겨울에는 7도 이상의 실내에서 키워야 하고 서리 철이 지나면 안 뜰에 내놓아야 한다.

로잡았다. 얕은 골짜기를 주요 축으로 삼아 시선을 모으고 주변의 높이에 변화를 주어 건축적 특징을 응용했다. 상당히 큰 규모에서도 상상하고 기획하고 설계하는 능력이 탁월했다.

그의 대규모 설계를 모든 고객이 반기진 않았다. 슈아지성의 몽팡시에 부인은 나무를 베어 전망을 트자는 제안을 거절했다. 루이 14세 동생의 정원에는 여러 층이 있었다. 이를 두고 윌리엄 로빈슨은 "정원사가 탐내는 가장 아름다운 환경"이라고 했는데, 그도 르 노트르의 설계를 수락하지 않았다.

하지만 대규모 설계만 한 것이 아니었다. 르 노트르가 말년에 설계한 가장 창의적인 작품은 보스케 데 수르스였다. 그곳에는 체스 테이블과 의자를 놓을 정도의 20개의 작은 잔디 섬 주위로 작고 얕은 시내가 얼기설기 둘러싸고 있었다.

르 노트르는 그림을 거의 그리지 않았다. 간단히 스케치하거나 설계도에 의견을 적은 것이 대부분이었다. 그는 자신의 생각을 잘 이해하는 동료와 긴밀하게 일하며 토지 측량과 설계의 최종 도안 작성은 조수에게 맡겼다.

그는 높은 지위에 오르고 사회적으로 성공했지만, 여전히 정원사직을 수행하며 튈르리 궁의 파르테르와 주변 산책로, 테라스 벽을 타고 자라는 재스민을 관리했다. 화단에 씨를 뿌리고 '특히 겨

호밀풀
Lolium perenne

호밀풀은 밟아도 잘 죽지 않아서 가정의 잔디밭에 섞어 심곤 한다.

울에 꽃이 가득한' 테라스와 파르테르 사이의 정원도 관리했다.

그는 베르사유에 집이 있었고 튈르리 궁 근처의 집에는 가족이 살았다. 그는 자신이 만든 예술 작품들뿐 아니라 푸생과 로랭의 회화, 조각, 태피스트리, 청동상, 도자기에 둘러싸여 생을 보냈다. 1693년에 그는 왕에게 최고의 작품들을 바쳤다. 그의 자녀들은 유아기에 사망하여 상속자가 없었기 때문이다. 그는 친절하고, 꾸밈이 없었으며, 재치 있고, 다정했다. 그의 작품은 널리 인정받았다. 그는 존경받을 만큼 성실했고, 왕을 위해 일했을 때처럼 다른 고객에게도 마찬가지로 열심히 일해 주었다.

루이 14세는 그를 예우했고, 그들은 40년 넘게 좋은 친구 관계를 유지했다.

이 사진은 베르사유의 감귤원 위 테라스에서 내려다보이는 풍경이다. 땅에 심은 토피어리와 화분에 심은 오렌지 나무가 보인다. 고전적인 디자인의 이 화분은 '베르사유 화분'이라 불리며 오늘날에도 여전히 사랑받는다. 오렌지 나무는 겨울에 실내로 옮겼다가 봄이 되면 실외에 배치한다. 이들의 배치는 정원의 구조와 정형성을 강조하고, 완벽한 직선과 대칭을 이루어 건축물의 양식을 그대로 반영한다. 물은 프랑스 정원에서 흔히 볼 수 있는 요소로서 반사하는 수면은 대칭, 질서, 평온한 느낌을 준다.

회양목과 주목으로 가꾼 토피어리는 17세기부터 베르사유 정원을 장식했고, 지금은 파티용 의상 제작에도 영감을 주곤 한다. 1745년 2월 25일, 혹한기에 황태자의 결혼을 축하하는 '주목 무도회'라는 가면 무도회가 열렸다. 신랑은 정원사로, 신부는 꽃을 파는 소녀로 분장했다. 가지를 다듬는 토피어리 기술은 세대를 거쳐 전승되어, 오늘날 베르사유의 정원사들은 700그루에 달하는 생울타리와 나무를 60가지의 형태로 다듬어 관리하고 있다. 원근감을 강조하는 이들 형태는 정형식 정원의 구조에서 가장 중요한 요소이다.

필립 밀러

Philip Miller
1691–1771
영국

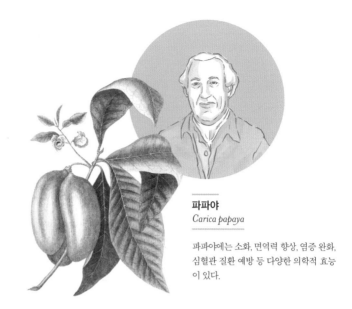

파파야
Carica papaya

파파야에는 소화, 면역력 향상, 염증 완화, 심혈관 질환 예방 등 다양한 의학적 효능이 있다.

식물학자, 작가이기도 한 필립 밀러는 18세기에 영국에서 가장 유명하고 영향력 있는 정원사였다. 런던의 첼시 피직 가든은 그가 관리했을 때 융성했다. 그는 서신으로 많은 사람과 교류하며 새로운 식물 수백 종을 영국에 처음으로 들여와서 재배했다. 각 식물을 재배하는 상세한 방법과 밀러의 식재 경험을 담아 출간한 『원예사 사전*The Gardeners Dictionary*』은 그의 생전에 8판까지 인쇄되었다. 밀러는 귀족과 관리들의 자문에 응했으며, 많은 사람에게 '정원사들의 황태자'로 불릴 만큼 존경받았다.

필립 밀러의 어린 시절에 대해서는 알려진 바가 거의 없다. 태어난 곳은 런던의 뎃퍼드나 그리니치일 것으로 추정된다. 그의 아버지는 런던 남동부에 위치한 뎃퍼드에서 채소 농원을 운영했고, 필립은 서더크의 세인트 조지 필즈에서 '화원 및 관상용 관목 묘목장'을 경영했다. 런던 약제사협회에서 첼시 피직 가든의 새로운 정원사를 모집했을 때, 가든의 후원자인 한스 슬론 경이 밀러를 추천했다. 1720년에 출간된 패트릭 블레어의 책 『식물 에세이*Botanik Essays*』에 따르면, 밀러는 "정원사 중 가장 호기심이 많고 천재적이어서 장래

가 촉망되는 사람"으로 소개되었다고 한다. 그리고 1772년에 밀러는 정원 책임자로 임명되었다. 계약서에는 "해당 정원에서 자라는 특별한 식물 50종의 시료를 잘 말리고 보존하고 각각의 이름을 붙여서… 2,000종에 이를 때까지 제출하라"는 내용이 포함되어 있었다. 중복되는 식물이 없어야 했으므로 정원에 새로운 식물을 계속 들여와야 했다.

밀러는 다른 정원사 및 수집가들과 열심히 서신을 주고받으며 전 세계에서 희귀한 종자와 식물을 많이 들여왔다. 1731년에서 1768년 사이

희망봉, 동인도 제도, 북미 등지에서 영국으로 온 식물 종이 두 배로 늘어난 데에는 그의 역할이 가장 컸다.

밀러에게 가장 큰 도움을 준 사람은 북미의 농부이자 식물 수집가인 존 바트램이었다. 그가 소개한 미국산 식물 48종이 영국에서 처음으로 피직 가든에서 재배되었다. 그는 "밀러 씨는… 업무뿐 아니라 가드닝 전반의 기술에서 큰 능력을 발휘했다. 넓은 인맥을 통해 가져온 종자를 성공적으로 길러 냈다"라고 적었다.

밀러는 『원예사 사전』에 자신의 지식을 실어 대중과 나누었다. 그의 전문 지식 덕분에 첼시 피직 가든에서 참나무 껍질 발효 화단을 만들어 멜론, 파인애플, 파파야를 키울 수 있었다. 슬론 경이 왕에게 파인애플을 진상할 정도였다.(영국 파인애플 역사의 전문가인 요한나 라우젠히긴스는 1730년대 이후에 밀러가 파인애플을 능숙하게 재배하게 되었으므로 파인애플을 받은 왕은 조지 2세일 것으로 추정한다.) 밀러 덕분에 정원은 완전히 탈바꿈했다. 첼시 피직 가든은 유럽에서 가장 유명한 정원이 되었고, 그는 명성을 떨쳤다.

'완벽한 가드닝 도서'

『원예사 사전』이 출간된 후, 밀러는 누구나 아는 유명 인사가 되었다. 원예, 수목 재배, 농업, 와인 제조를 다룬 이 책은 그의 생전에 8판(1732-1768)까지 인쇄되었다. 독일어, 네덜란드어, 프랑스어로 번역되었고, "현존하는 가장 완벽한 가드닝 서적"으로 일컬어졌다. 이 책의 요약본도 8판까지, 더 저렴한 『정원사의 달력Gardeners Kalendar』은 15판까지 인쇄했다. 이처럼 형식과 가격이 다양

했기 때문에 작은 정원을 가꾸는 사람부터 귀족에 이르기까지 누구나 책을 사 볼 수 있었다. 미국의 초대 대통령 조지 워싱턴도 마운트 버넌의 조경을 재설계할 때 『원예사 사전』과 『정원사의 달력』을 참고했다.

『원예사 사전』은 사전 형식으로 만들어져 항목마다 이름, 설명, 자세한 재배 방식을 나열했다. 딸기의 경우 이렇게 적었다. "품종별로 각기 다른 성장 속도에 맞는 공간을 확보해야 한다. 예를 들어, 진홍색 딸기는 사방 30센티미터의 간격으로 심

황목련
Magnolia acuminata

활력이 넘치는 이 나무는 금세 자라 가지를 넓게 뻗는 큰 나무가 된다. 익지 않은 열매의 모양이 오이를 닮아서 영어로는 오이 나무라고 부른다.

어야 하고, 사향 딸기는 40-45센티미터 정도 떨어뜨려 심어야 한다." 또 가지치기, 물 주기, 접목과 휘묻이 등의 번식 방법, 식재에 관한 정보도 있고, 화단 가장자리 꾸미기, 과수원, 생울타리, 온상, '성가신 해충'에 관한 조언도 들어 있다.

탁월한 가드닝 자문가

이항 명명법속명과 종명으로 생물에 학명을 붙이는 방식을 만든 칼 린네의 제자였던 핀란드인 페르 칼름 (1716-1779)은 밀러에 대하여 "영국의 주요 인사들이 특별히 아끼는 사람"이라고 말했다. 1740년부터 1753년까지 밀러는 베드퍼드 4대 공작으로부터 연봉 20기니를 받고 베드퍼드셔 워번 애비에 있는 그의 영지를 방문하여 온실과 정원을 점검하고 가지치기를 했다. 공작이 가장 소중하게 여긴 재산은 북미산 나무를 키우는 조림지였다. 거기에는 리기다소나무(*Pinus rigida*), 발삼전나무 (*Abies balsamea*) 등이 있었다.

밀러는 웨스트서식스주 굿우드에 있는 리치몬드 공작에게 자문해 주기도 했고, 에식스주에 위치한 페트레 경의 저택 손던 홀에서 자라는 북미산 식물도 관리했다.(페트레는 그 저택을 10대에 상속받자 바로 아메리카산 식물을 대량으로 사들여 채우기 시작했다. 백합나무(*Liriodendron tulipifera*)만도 900그루나 되었다.) 이런 인연으로 런던 왕립학회가 밀러에게 사우스캐롤라이나의 포도 품종 등 농업 문제를 자문하게 되었다. 밀러는 프랑스와 이탈리아에서 식물을 재배하는 사람들에게 조언해 주고, 양국 식물의 종자를 받았으며, 피렌체 식물학술원의 회원이 되었다.

이름에 담긴 모든 것

밀러는 『원예사 사전』 8판(1768) 이전에는 현대식 이항 명명법을 사용하지 않고, J. P. 드 투르네포르가 『규정집 *Institutiones*』(1700)에서 제안한 학명을 사용했다. 그러다가 8판에 이르러서 이항 명명법을 받아들이고 칼 린네가 기록하지 않은 수백 종에 새로운 이름을 제안하여 8판은 식물학자들에게 특별히 중요한 판본이 되었다.

밀러는 식물에 관한 이론적 지식이 방대했고, "특히 식물 재배 기술이 출중했다."(존 로저스, 『채소 재배자 *The Vegetable Cultivator*』, 1839) 그는 조지 3세의 친구이자 큐 왕립식물원을 발전시킨 조셉 뱅크스, 큐에서 작은 약초 재배원을 만든 윌리엄 에이튼, 개나리의 학명 *Forsythia*의 유래가 된 윌리엄 포사이스 등을 가르쳤다. 1763년에 그의 아들 찰스도 케임브리지 식물원의 초대 식물원장이 되었다.

존 로저스는 밀러를 "의학, 식물학, 농업, 제조업에 모두 은혜를 베푼 인류의 은인"이라고 극찬했다. 살아 있는 식물에 관한 그의 지식은 생전에 타의 추종을 불허했다. 동시대 식물학자 피터 콜린슨 또한 "밀러 덕분에 첼시 가든은 각 기후에서 자란 갖가지 종의 식물을 놀랍도록 다양하게 갖추어 유럽에서 가장 탁월한 정원으로 유명했다"라고 평가했다.

필립 밀러

밀러의 시대 이후로 가드닝 지식이 상당히 발전했지만 기본 원칙은 달라지지 않는다. 그의 조언 중 대부분은 약간만 수정하면 오늘날에도 상당히 유용하다. 아래의 설명은 『원예사 사전』의 8판에서 발췌했다.

› **주요 작물 비트**: "뿌리가 땅속 깊이 뻗기 때문에 경토가 있는 깊은 땅이 좋다. 얕은 땅에서는 작고 빈약하게 자랄 것이다. 뿌리는 가을에 수확해서 먹으면 좋고 겨우내 좋은 상태를 유지한다." 자기 상황에 맞는 품종을 선택해야 한다.

› **타임**: "꺾꽂이로 번식하거나 봄에 씨를 뿌려 키울 수도 있다. 땅에 거름을 주지 않아도 잘 자라고, 기는줄기로 번져 나가며 잡초를 뽑는 것 외에 관리가 필요 없다."

› **대황**: "가을에 대황잎이 썩으면 땅을 깨끗하게 정리하고, 봄에 새순이 나기 전에… 땅을 갈고 다시 깨끗하게 정리해야 한다."

› **가지**: "3월에는 적당한 온상에 씨를 뿌려 키우고 싹이 자라면 다른 온상으로 옮겨 10센티미터 정도 간격으로 심은 다음, 뿌리를 내릴 때까지 그늘에서 물을 주고 돌본다."

› **키스투스**: "다른 관목과 섞어 심으면 다양한 분위기가 연출된다. 다른 식물들에 둘러싸여 있으면 화단에 하나씩 산재해 있을 때보다 추위를 잘 견딘다."

› **집게벌레**: "정원에서 매우 골치 아픈 해충이다. …게와 랍스터의 속이 빈 집게발을 정원 여기저기에 매달아 두면, 이 해충이 그 안으로 들어간다." 전통적인 방법은 화분에 건초를 채운 후 뒤집어 놓는 것이다.

파인애플

Ananas comosus

"솔방울(pine cone)처럼 생겨서 파인애플(pineapple)이라고 불린다. …꽤 달콤한 향이 나고… 맛이… 포도주, 장미수, 설탕을 섞어 놓은 듯하다." (존 파킨슨, 『식물 극장*Theatrum Botanicum*』, 1640)

토머스
제퍼슨

Thomas Jefferson

1743-1826

미국

완두
Pisum sativum

완두콩은 따자마자 먹으면 더 맛있다. 제퍼슨도 언급했듯, 완두콩은 가정에서 기르기 가장 좋은 작물이다.

미국의 제3대 대통령이자 독립선언서의 주요 작성자로 더 유명한 토머스 제퍼슨은 어린 시절부터 정원과 주변 숲에서 자라는 식물을 관찰했던, 열정적이고 식견이 뛰어난 정원사였다. 제퍼슨은 열네 살 때 아버지가 돌아가셔서 약 1,210헥타르의 땅과 36명의 노예를 상속받았다. 13년 후에는 버지니아주 샬러츠빌 근처의 산꼭대기에 몬티첼로('작은 언덕'을 뜻하는 이탈리아어)를 짓기 시작했다.

제퍼슨은 몬티첼로에 신고전주의 양식의 멋진 저택과 작업장, 19세기 조경 스타일의 정원을 설계했다. 정원은 여러 구역으로 나뉘어 꽃 정원, 채소 정원, 과일 정원, 웨스트 론과 주변의 대지가 있다. 집 주위에는 1807년에 설계한 20개의 타원형 화단도 있는데, 105종의 초본식물이 자라고 있다. 1808년에는 물결 모양의 꽃 화단으로 둘러싸인 타원형 웨스트 론을 설계했다. 이런 비정형식 정원을 조성한 걸 보면 제퍼슨이 1786년에 영국을 방문했을 때 감탄했던 화려한 스타일을 마음에 담았던 것 같다. 1812년에 그는 화단을 3미터 너비의 구역으로 나누고, 각각에 번호를 붙인 후 각기 다른 꽃을 심었다. 꽃 대부분은『미국 정원사의 달력*The American Gardener's Calendar*』의 저자이자 종묘업자인 버나드 맥마흔(그의 이름을 딴 품종으로 뿔남천(*Mahonia*)이 있다)에게 공급받았는데, 제퍼슨은 그의 책을 통해 정원 관리에 큰 도움을 받기도 했다. 제퍼슨이 키운 장미나 수염패랭이꽃 등은 유럽에서 잘 적응했고, 히아신스와 튤립(튤립은 훗날 그가 쓴『가든 북*Garden Book*』에서 가장 빈번하게 언급된 구근이다) 등의 구근은 꽈리와 같은 새로운 식물들과 함께 널리 식재되었다.

외래종과 다양한 실험

제퍼슨은 파리 식물원에서 매년 700여 종의 종자를 받았지만, 다양한 미국 토종 식물에도 관심이 많았다. 몬티첼로에서 자라는 식물의 4분의 1은 북미가 원산지로서, 디필라깽깽이풀(1792년에 토머스 제퍼슨의 이름을 따 학명이 *Jeffersonia diphylla*로 정해졌다), 프리틸리아 푸디카(*Fritillaria pudica*) 같은 식물들이었다. 프리틸리아 푸디카는 제퍼슨이 파견한 루이스 클라크 탐험대가 1804~1806년 북미 서부를 횡단하는 과정에서 발견되었다.(레위시아(*Lewisia*)와 클라르키아(*Clarkia*)의 속명은 루이스와 클라크의 이름에서 유래한다.) 제퍼슨은 루이스와 클라크가 채집한 콩이나 쇠채아재비와 더불어 프랑스 무화과, 멕시코 고추, 영국 완두 같은 특이한 외래종도 시험 삼아 재배해 보았다. 그는 "모든 정원 채소 중에서 제일 좋은 품종 한두 가지를 선별하고 나머지는 모두 정원에서 제거해서 이종 교배되거나 변성되지 않게 하고 싶다"라고 기록했다.

채소를 처음에는 300미터나 되는 경사면에서 재배했지만, 1806년부터는 산을 깎아 계단식 밭을 만들고 돌담으로 지지했는데 돌담의 일부 구간은 높이가 3.6미터나 되었다. 중간 지점에는 중국식 단조 난간을 올린 피라미드형 지붕이 특징인 파빌리온이 있다. 채소 정원의 넓이는 0.8헥타르에 달하고, 잎, 뿌리, 열매 등 식물의 수확 부위에 따라 재배 구역을 사각형으로 나누어 총 24개의 밭을 만들었다. 다양한 일반 작물뿐 아니라 갯는쟁이, 한련, 꽃상추, 상치아재비, 샐러드 오일용 참깨, 프랑스 아티초크도 키웠고, 토마토, 브로콜리, 심지어는 봄에 햇빛을 차단하고 새싹을 키워

해안꽃케일
Crambe maritima

먹는 해안꽃케일 등 새로운 작물도 도입했다.

이 밖에 '과일 창고'라고 할 만한 과수원이 3.25헥타르에 이른다. 두 개의 포도밭과 라즈베리, 까치밥나무 열매, 구스베리를 재배하는 '베리류 구역'을 아우르는 말발굽 모양의 사우스 오차드가 여기에 있다. 볕이 잘 드는 담 옆에는 미기후가 형성되어 무화과와 딸기를 키우는 화단도 만들었다. 이 과수원에서 그는 서양 모과, 아몬드, 천도복숭아, 배 등 온대 과일 31종의 150가지 품종을 재배했다. 모두 잘 자란 건 아니었다. 특히 일부 지중해 작물은 기후가 맞지 않았다. 하지만 복숭아는 풍성하게 열렸다. 제퍼슨이 1815년에 손

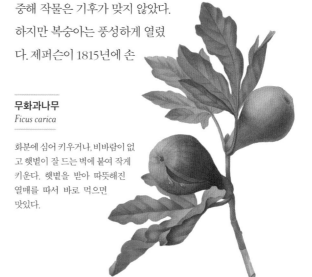

무화과나무
Ficus carica

화분에 심어 키우거나, 비바람이 없고 햇볕이 잘 드는 벽에 붙여 작게 키운다. 햇볕을 받아 따뜻해진 열매를 따서 바로 먹으면 맛있다.

설탕단풍
Acer saccharum

제퍼슨은 나무를 사랑했고, 뽕나무, 복숭아나무, 설탕단풍을 특히 좋아했다. 일부는 밑가지를 쳐서 수관을 높이고 멋진 수피가 드러나게 했다.

녀에게 쓴 편지에 "복숭아 부자가 되었구나"라고 적기도 했다. 사과와 체리도 많이 생산되었다. 제퍼슨이 키운 과일나무들은 19세기 초 정원사가 구할 수 있는 최고의 품종이었다고 전해진다.

이른 봄에 심는 완두콩

제퍼슨이 1766년에서 1824년 사이에 집필한 『가든 북』을 보면 그의 꼼꼼한 가드닝 방식이 잘 드러난다. 그는 책에 관찰 결과, 성공 사례, 실패 사례("10월 23일 서리를 맞아 동사"), 재배 과정에 관한 기록까지 자세히 적었다. 일례로, 아스파라거스 완두콩에 관하여 "약400밀리리터 정도의 씨앗을 간격이 80센티미터인 이랑에 40센티미터 간격으로 두 줄 심는다"라고 적었다. 이 책을 보면 제퍼슨이

완두콩을 얼마나 좋아했는지도 알 수 있다.

이 책에는 봄에 심는 완두콩 15종이 자라는 특별한 밭에 대해서도 언급했다. 제퍼슨은 여러 가지 품종을 연속적으로 파종해서 5월 중순부터 7월 중순까지 두 달 동안 완두콩을 수확할 수 있었다. 그는 이 일에 꽤나 열심이어서 봄마다 친구들과 그해의 첫 영국 완두콩을 따는 경쟁을 벌였다. 일등을 한 사람은 그 완두콩으로 요리한 저녁 식사를 대접하며 즐거움을 나눴다. 대개 일등은 제퍼슨이 아닌 이웃 조지 다이버스가 차지했다. 제퍼슨의 손자는 이렇게 기억했다. "다이버스 씨는 부자이지만 자식이 없었고 식물을 돌보는 일을 매우 좋아했습니다. 거의 일등을 하셨지요. 한번은 할아버지가 첫 수확을 하셨는데, 가족들이 사람들을 초대해야 한다고 말하자 할아버지는 '아무 말도 하지 마라, 다이버스 씨가 자기는 지는 법이 없다고 생각하면 더 즐거워할 게다'라고 말씀하셨습니다."

제퍼슨이 세상을 떠난 뒤 몇 년 사이에 몬티첼로 정원은 급격히 쇠퇴했다. 하지만 1939년에 버지니아 정원협회가 2년에 걸친 복원 프로젝트를 시행해서, 현재 방문객들은 제퍼슨 생전에 있던 정원의 모습을 그대로 볼 수 있다.

> "땅을 일구는 것만큼 즐거운 일이 없고, 정원을 가꾸는 일만큼 심신이 단련되는 일도 없다. …나는 여전히 정원에서 땀을 흘린다. 내가 비록 늙었지만, 정원에서는 아직 쌩쌩하다."
>
> 토머스 제퍼슨

토머스 제퍼슨

토머스 제퍼슨은『가든 북』에 재배한 꽃, 과일, 나무, 채소에 관한 정보, 파종 장소와 날짜, 수확 시기, 날씨의 영향 등 작업 일지와 정원에서 벌어진 일을 꼼꼼하게 기록했다. 이 책을 통해 오늘날의 정원사도 상당한 통찰을 얻을 수 있다.

› 채소, 일년생 꽃 또는 글라디올러스 등의 구근을 몇 주에 걸쳐 파종하는 '연속 재배 방법'을 활용하면 수확 기간이나 개화 기간이 길어진다.

› 비바람이 치지 않는 구석이나 양지바른 벽 아래와 같이 미기후가 조성되는 장소에는 이른 봄에 심는 텃밭 작물이나 포도, 무화과 등 과실이 연한 작물을 재배하기 좋다.

› 정원을 설계할 때 구부러진 통로를 만들면 방문객이 정원을 천천히 돌아보게 되고 잠시 걸음을 멈춰 주변에서 자라는 작물을 들여다보게 된다.

› 가지가 많은 나무나 대나무의 경우 아래쪽 가지와 잎을 쳐내고 '수관을 높이면' 수피의 아름다움과 색이 돋보인다.

› 잘 고르기만 하면, 토종 식물이 해당 지역의 동식물과 환경에 더 적합하고 해충과 질병에도 강하며 훨씬 튼튼하게 자란다.

› 무엇보다도, 제퍼슨을 본받아 정원 책이나 일지를 쓰면 좋다. 단순히 과거를 참고하려는 것이 아니다. 정원과 재배 작물에 관한 소중한 정보이므로 이후에 이 자료가 결정을 내리는 데 도움이 된다. 예를 들어, 그동안 재배한 채소의 종류와 품종을 기록해 두면 내 정원에서 꾸준히 잘 자라는 채소들만 정성껏 가꿀 수 있다.

복사나무
Prunus persica

꽃가루를 미술용 붓에 묻혀 인공 수분하면 달고 과즙이 많은 복숭아를 많이 수확할 수 있다.

채소는 빨리 자라고 완전히 성숙하기 전에 수확하는 단기 작물이 많다. 제퍼슨의 텃밭은 햇볕이 잘 들고 바람이 잘 통하는 곳이어서 환기가 안 되는 곳에서 잘 생기는 곰팡이병과 해충이 발생할 확률이 낮고, 사탕옥수수와 같은 풍매 식물을 키우기 좋다. 볕이 잘 드는 경사면은 텃밭으로 이상적이다. 봄에 땅이 빨리 따뜻해지므로 이른 봄부터 작물을 재배할 수 있고, 찬 공기가 경사면을 타고 아래로 내려가므로 늦서리 피해가 줄어들며, 햇빛이 곤충의 수분 활동을 더욱 촉진한다. 낮에 해가 이동하는 동안 식물의 양쪽 면이 햇빛을 고루 받을 수 있게 채소를 심는 것이 이상적이다.

조셉 팩스턴

Sir Joseph Paxton
1803-1865
영국

삼척바나나
Musa cavendishii

데번셔 6대 공작 윌리엄 캐번디시의 이름을 따서 학명을 지었다. 이후 전 세계 농장에서 대량으로 재배되었다.

조셉 팩스턴은 영국 베드퍼드셔, 밀턴 브라이언 마을의 평범한 가정에서 9남매 중 막내아들로 태어났다. 조셉이 17세가 되기 석 달 전, 농장에서 일하던 아버지 윌리엄 팩스턴이 사망하면서 온 가족이 경제적 곤궁에 빠졌다. 하지만 이런 역경이 조셉의 성공을 가로막지 못했다. 조셉은 유명하고 영향력 있는 원예가이자 출판인, 작가, 조경가였고, 유리온실 설계 및 시공 기술도 겸비하여 찰스 디킨스의 표현을 빌리자면 '영국에서 가장 바쁜 사람'이었다. 1851년에 열린 만국박람회의 수정궁을 설계한 업적이 가장 잘 알려져 있지만, 그는 온실 디자인을 크게 발전시킨 업적을 비롯해 거대한 잎이 아름다운 아마존빅토리아수련을 최초로 재배하여 개화시키는 등 원예계의 발전에 큰 공헌을 했다.

팩스턴은 베드퍼드셔의 배틀스덴 공원에서 정원사 일을 시작해서 철저하게 원예 교육을 받았다. 그리고 1823년 11월에 치즈윅에 있는 원예협회의 정원에서 일자리를 얻었다. 열정적이고 부지런한 팩스턴은 도서관에서 '덩굴식물과 벽을 타고 자라는 새로운 식물'을 공부했는데, 바로 이곳에서 부유하고 열정적인 식물 수집가인 데번셔 6대 공작을 만났다. 공작은 스물세 살의 청년 팩스턴의 열정과 능력에 반해 영국에서 가장 큰 저택 중 하나인 채스워스 하우스에서 자신의 정원을 관리

해 달라고 제안했다.

팩스턴은 지체하지 않고 일에 착수했다. 얼마 지나지 않아 정원이 놀랍게 변모했다. "아무것도 없던 곳에서 채소가 자라고 과일이 무르익고 꽃이 피어났다." 그는 길을 새로 깔고, 파이프를 교체하고, 새로 지은 북쪽 부속 건물의 정원을 만들었으며 감귤원을 보수했다. 정원사들이 지켜야 할 규칙을 도입했고, 일지를 쓰며 식물을 공부하도록 독려했다.

온실

1828년에 팩스턴은 관심을 텃밭으로 돌려서, 공작이 좋아하는 외래종 식물을 재배할 유리온실을 지어 보기도 했다. 그는 당시 유행하던 철재보다 목재를 선호했으며, 나무가 더 저렴하고 유지 관리가 쉬운 데다 훌륭한 과일과 채소를 생산할 수 있다고 주장했다. 한 예가 보온벽이다.(41쪽 사진 참조) 열을 보존한다고 해서 보온벽이라고 불리는데, 벽에 붙여서 연이어 지은 11개의 온실을 1838년에 완공하고, 난방용 송기관, 온수 파이프, 두꺼운 커튼을 설치하여 겨울철에 여린 식물들을 보호했다. 1848년에는 나무와 유리로 만든 틀을 추가했다. 보온벽 안에서 무화과, 천도복숭아, 복숭아, 살구, 목질이 연한 동백나무 관목을 재배했다. 특히 1850년에 심은 레티쿨라타동백 '캡틴 로스'(*Camellia reticulata* 'Captain Rawes') 두 그루는 각각 2000년, 2002년까지 살아남았다.

유리온실 중에서 가장 유명한 채스워스 하우스의 대온실은 1840년에 완공되었는데 면적이 0.3헥타르에 달한다. 곡선을 이용하고 이랑과 고랑의 패턴에 유리를 고정한 혁신적인 디자인은 구조의 안정성을 높이고 빛의 활용을 최적화했다. 유럽 전역에서 찾아온 사람들은 '유리 하늘 아래 펼쳐진 열대 지역의 풍경'에 경탄을 금치 못했다. 온실 내부에는 수생식물이 가득한 연못이 있고, 양치류, 이끼류, 삼척바나나 등 색이 화려하고 잎이 무성한 식물들이 가득 자랐다. 삼척바나나는 팩스턴이 1835년에 심었는데 이듬해에 100여 개를 수확했다. 이맘때쯤 데번셔 공작은 호접란의 매력에 푹 빠져 난초를 수집하기 시작했다고 한다. 공작이 전 세계에서 수집한 난초는 영국 최대 난초 컬렉션이 되었다.

팩스턴은 다양한 실험을 통해 완벽한 난초 재배 방법을 찾는 데 집중했다. 결국, 채스워스 숲에서 가져온 비옥하고 섬유질이 많은 토양에서 난초가 잘 자란다는 사실을 발견하고 몹시 기뻐했다. 그는 다양한 기후의 식물을 기를 수 있게 개별적인 온실을 짓자고 제안했다. 지금의 포도나무 온실은 1834년경에 지어진 것으로, 팩스턴이 채스워스에 지은 세 채의 난초 온실 중 유일하게 지금까지 보존된 곳이다. 몇몇 난초는 채스워스나 팩스턴, 데번셔 공작의 이름을 따 명명되었다. 예를 들어, 1835년에 채스워스의 젊은 정원사 존 깁슨이 인도에서 들여온 코일로기네 크리스타타 '채스워스'(*Coelogyne cristata* 'Chatsworth')와 덴드로비움

아마존빅토리아수련
Victoria amazonica (regia)

아마존빅토리아수련은 여전히 여러 정원에서 인기가 높다. 1801년에 처음으로 발견되었다. 잎의 성장이 매우 빨라서 하루에 최대 0.5제곱미터까지도 자란다.

조셉 팩스턴

조셉 팩스턴은 타고난 재능, 지식욕, 적극적인 실험 정신, 일에 대한 열정으로 유명했다. 이런 자질은 그의 성공을 보장했으며 야심 찬 정원사에게는 영감을 불어넣었다. 성공을 뒷받침할 사람들을 만난 것도 한몫했다.

› 팩스턴은 치즈윅에서 공부할 때 도서관을 이용하며 지식의 폭을 넓혔다. 자신이 무엇을 할 것인지, 왜 하는지 명확히 아는 것이 중요하다. 우연의 요소를 줄이고 정확한 실험을 할 수 있기 때문이다. 정원사라면 강의를 수강하든, 전문 학회에 가입하든, 단순히 다양한 원예 문헌을 참고하든 지식을 확장하는 데 매진해야 한다.

› 팩스턴의 첫 조경 작업은 침엽수원을 설계하고 식재하는 일이었다. 충분한 공간만 있으면 침엽수는 훌륭한 정원수가 된다. 자태와 수형이 장점이기 때문에 군식하여 특징이 사라지게 하지 말고, 한 그루씩 돋보이게 키우는 것이 보기 좋다. 조건이 맞으면 메타세쿼이아 같은 낙엽 침엽수를 심어 봄의 싱싱한 신록과 우아한 수형, 황갈색 가을 단풍, 겨울철 실루엣을 즐겨 보는 것도 좋다.

› 팩스턴은 여러 난초를 심어 보면서, 서식지의 여러 조건에 따라 각기 다른 반응을 보인다는 사실을 발견했다. 많은 정원사가 난초나 실내식물을 기르기 어렵다고 불평하지만, 이는 집에서 적합한 곳을 찾지 못했기 때문이다. 식물을 구매하기 전에 원산지를 알아본 후 집에 맞는 식물을 가져오고, 잘 자라지 않으면 과감하게 장소를 옮겨야 한다. 식물이 죽더라도 내 잘못이라고 생각할 필요는 없다. 이유를 알아내고 다시 시도하면 된다. 실제 경험이 성공적인 가드닝의 밑거름이다.

레바논시다
Cedrus libani

튀르키예, 시리아, 레바논 등지에서 자라는 이 장엄한 나무는 야생에서 훼손되어 현재 보호수종으로 분류되었다. 재배되고 있는 나무들이 이전보다 귀중해졌다.

팍스토니(*Dendrobium paxtonii*), 스탄
호페아 데보니엔시스(*Stanhopea de-
voniensis*)가 있다.

짙푸른 녹음

팩스턴은 유리온실에 열정을 쏟았을 뿐
아니라, 대규모 조경 작업에도 많은 시간
을 할애했다. 1830-1831년에는 침엽수원을
조성했다. 영국 최초의 침엽수원이었는데, 당시
에 부자들은 방대한 식물 컬렉션과 훌륭한 정원
을 지위의 상징으로 여겼다. 침엽수원에는 레바
논시다, 팩스턴이 런던에서 모자에 씨앗을 넣어
가져온 미송, 아일랜드에서 도착한 아라우카리
아 헤테로필라(*Araucaria heterophylla*), 그리고 섬잣
나무 등이 식재되었다. 이후 팩스턴은 식물 분류
에 따라 체계적으로 나무를 심는 수목원 식재를
감독했고, 성목 이식 재배에도 성공하였는데 가
장 무거운 나무는 8톤에 달했다.

최고의 영광

1849년에 큐 왕립식물원장 윌리엄 후커는 팩스
턴에게 아마존빅토리아수련의 씨앗이 발아했다
는 소식을 알렸다. 아마존에서 온 씨앗을 식물원
에서 받았지만, 그때까지 아무도 꽃을 피우는 데
성공하지 못했다. 팩스턴은 모종을 보내 달라고
부탁하고 수조를 만들었다. 이어서 팩스턴과 후
커는 첫 번째 꽃을 피우는 경쟁을 시작했다. 팩스
턴이 8월에 받은 모종은 10월 초에 1.2미터의 커
다란 잎을 자랑했다. 쑥쑥 자라나더니 11월에는
커다란 꽃봉오리가 열리며 순백의 꽃이 피어났고

호접란
Oncidium papilio

파인애플 같은 향이 그윽했다.
첫 번째 꽃봉오리를 잘라 내
자 금세 시들해졌지만, 팩스
턴이 바로 살려냈다. 자른 줄
기를 고운 모래에 꽂으니 생기
를 되찾았고 마치 입질하는 물고기처럼 보였다.
그는 바로 이 꽃을 윈저성의 빅토리아 여왕에게
바쳤고, 후커는 정중하게 패배를 인정했다.

팩스턴은 1851년에 기사 작위를 받았고, 1858
년까지 채스워스의 수석 정원사로 일했다. 출판물
을 많이 발행했고, 1841년에는 존 린들리, 찰스 웬
트워스 딜크, 윌리엄 브래드버리와 함께 원예 정
기 간행물 「정원사 연대기 *The Gardeners' Chroni-
cle*」를 창간했으며, 이후 편집장이 되었다.

그는 1865년에 켄트주 시드넘에서 눈을 감았
고, 채스워스에 묻혔다. 소작농의 아들이었지만
왕족과 어울리는 자리에 올라선 정원사였다.

> " 식물학이라는
> 식물의 세계를 연구하는 과학은
> 인간의 지식 중 가장 매력적이고
> 유용하며 광범위한 분야를 다룬다.
> 무엇보다도 중요하게 다루는 건
> 아름다움이다. "
> 조셉 팩스턴 경

채스워스 코티지 가든의 화단처럼 구성이 정기적으로 바뀌는 곳은 수석 정원사가 팩스턴처럼 미리 체계적인 계획을 세워야 한다. 멋지게 연출하려면 식물의 습성을 이해하는 것이 가장 중요하다. 튤립과 물망초는 봄에 잘 어울리는 확실한 조합이다. 물망초는 덥고 건조한 날씨에 흰가룻병에 걸리기 쉬우므로, 잘 부식된 유기물을 흙에 충분히 섞어 수분을 유지해 준다. 튤립은 꽃잎이 떨어지기 시작하면 나머지 꽃잎이 시들 때까지 기다리지 말고 꽃대를 제거해 준다.

보온벽은 팩스턴이 처음에 서리 방지와 과일 숙성을 위해 시도했던 것으로, 산업화로 유리 가격이 내린 후에 건설되었다. 이 벽은 원래 마구간으로 가는 보행로의 벽이었는데, 남쪽을 향하고 있으니 외래종 과일을 생산하는 온실에 이용할 수 있을 거라고 팩스턴은 생각했다. 이와 비슷하게 정원사들이 임시 온실을 만들어 일찍 핀 복숭아꽃과 살구꽃을 보호하는데, 목재 틀 위에 투명한 폴리에틸렌을 덮고 옆면에 틈을 만들어 가루받이 곤충들이 드나들 수 있게 한다. 조립식이라서 가볍고 옮기기 쉬우며 팩스턴이 만든 건축물처럼 크거나 영구적이진 않지만, 여전히 매우 효과적이다.

제임스
비치
주니어

James Veitch, Jr.
1815-1869
영국

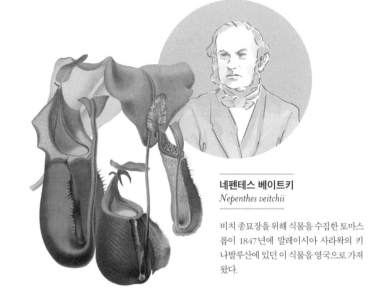

네펜테스 베이트키
Nepenthes veitchii

비치 종묘장을 위해 식물을 수집한 토마스 롭이 1847년에 말레이시아 사라왁의 키나발루산에 있던 이 식물을 영국으로 가져왔다.

제임스 비치 주니어는 데번주 엑서터에서 태어났다. 그는 대를 이어 종묘장을 하는 것으로 유명한 비치 가문 출신으로서, 그 역시 뛰어난 사업가로 성장하여 가족 사업의 발전에 크게 이바지했다. 직접 재배한 식물을 전시하여 찬사를 받았으며, 영국 왕립원예협회의 식물 위원회 설립에도 가담하였다. 오늘날 비치라는 이름은 해마다 원예의 예술적, 과학적, 실용적 발전에 크게 공헌한 사람들에게 수여하는 '비치 기념 메달' 덕분에 기억되고 있다.

비치 가문은 100여 년간 5대에 걸쳐 유럽에서 가장 크고 영향력 있는 종묘장을 경영했다. 존 비치가 데번주 킬러튼에 첫 종묘장을 설립한 후, 아들 제임스와 함께 엑서터에 있는 래드포드산의 땅을 매입하여 사업을 확장했고, 이후 런던의 요지에 종묘장을 늘려 갔다. 비치 가문 사람들은 빈틈없는 사업가이자 열정적인 식물 애호가로서, 식물 채집가를 고용해 세계 곳곳으로 파견하여 황량한 지역에서 자라는 식물을 수집한 것으로 유명했다. 식물 채집가는 가족을 포함해 총 22명이었는데, 이 중에는 가장 훌륭한 채집가로 꼽히는 글로스터셔주 치핑캠든 출신의 어니스트 헨리 윌슨도 있었다. 이들이 채집한 식물을 바탕으로 비치 가

문이 성공을 거두었고, 정원사들에게 최고의 식물을 제공할 수 있었다. 당시에는 새롭고 희귀한 식물을 소유하는 일이 자랑할 만한 일이어서 영지에서 식재 행사를 치르며 지위를 뽐냈다. 이들 식물 중에 칠레소나무(*Araucaria araucana*)와 거삼나무가 유명했고, 둘 다 비치 가문의 첫 수집가 윌리엄 롭이 들여온 것이었다.

명성을 오래 유지한 명문가

바로 이 일류 원예 유산을 물려받고 태어난 이가 제임스 비치 주니어였다. 18세 때는 런던으로 보내져 2년간 경험을 쌓았는데, 1년은 복스홀에 있는 알프레드 챈들러(동백나무 전문가)의 종묘장에

서, 1년은 투팅에서 윌리엄 롤리슨과 함께 보냈다. 비치 주니어는 어릴 때부터 난초를 매우 좋아했다. 그래서 아버지 제임스 비치 시니어는 학비에 들일 돈으로 난을 사 달라는 아들의 말을 수락했다. 이것이 비치 가문을 유명하게 만든 컬렉션의 바탕이 되었다.

비치 주니어는 런던에서 2년간 수련을 마치고 엑서터로 돌아와 래드포드산의 종묘장을 점차 확장하고 개선하는 데 매진했고, 결국 '당대 최고의 종묘장'으로 만들어 희귀하고 가치 있는 식물을 다양하게 판매했다. 1853년에는 첼시에 있는 왕립 외래종 묘목원으로 가서 아버지와 함께 사업을 시작했다. "이곳에서 비치 주니어는 최고의 원예가들을 모두 만났고, 그의 탁월한 인격적 자질, 건전한 감각, 활기찬 태도로 이내 원예계에서 매우 영향력 있는 위치에 올랐으며, 그 자리를 오래 유지했다."(제임스 H. 비치, 『비치가의 정원Hortus Veitchii』중) 이듬해 그는 엑서터 종묘장에서 손을 떼고, 그때부터 왕립 외래종 묘목원을 따로 운영했다. 또한 런던 외곽에 대규모 부지를 매입했다. 1863년에 아버지가 세상을 떠나자 비치 주니어가 '제임스 비치 앤드 선스' 종묘장의 주인이 되었다.

최고의 종묘업자인 그는 식물을 재배해서 출품하는 일에서도 최고의 자리에 있었다. 식물을 기를 때도 정말로 철저했다. 전시회용 다알리아를 키울 때에도 시작부터 진지한 태도로 임했

다. 그는 손수 최고 품질의 식물을 풍성하게 길러 고도의 기술과 심미안으로 배열하였기 때문에 대회에 참가하지 못하거나 2등을 차지하는 경우는 거의 없었다. 그가 받는 찬사는 모두 비치 종묘장 홍보에도 큰 몫을 했다.

왕립원예협회 식물 위원회

1856년부터 1864년까지 비치 주니어는 왕립원예협회 평의회 위원이었다. 그는 과실 및 화훼 위원회를 구성하자는 안을 제기했는데, 『비치가의 정원』에 따르면 "당시로서는 처음으로 발의된 아이디어라서 왕립 외래종 묘목원의 응접실에서 새벽까지 이야기가 이어졌다"고 한다.

오늘날 왕립원예협회에는 목본식물 위원회, 구근 위원회, 초본식물 위원회 등 총 7가지 전문 위원회가 있으며, 각 위원회는 최대 24명의 위원으로 구성되어 있다. 전문 위원회는 왕립원예협회와 회원들을 도와 원예의 발전과 식물 재배 기술을 지원하고 각종 가드닝 기술을 더 많은 사람에게 소개한다. 또한 식물 육종, 재배, 번식의 수준을 높이는 데 이바지한다. 실질적으로 하는 일은 과거에 우수 정원 식물로 선정되어 가든 메리트상(AGM)을 받은 식물들을 재평가하고, 해마다 가든 메리트상에 추천된 식물들을 평가한다. 후보 식물들은 우

거삼나무
Sequoiadendron giganteum

선 위슬리 가든을 비롯한 여러 왕립원예협회 정원에서 시험 재배되고, 전문가로 구성된 심사 위원회에서 품질을 평가 받는다. 가든 메리트상을 수상한 식물은 "모양과 색이 안정적이고, 병충해에 저항력이 있으며, 일반적인 정원용으로 관상 및 실용 가치가 높다"는 인정을 받는다. 이 밖에 전문 위원회 위원들은 왕립원예협회 간행물에 글을 기고하고, 협회 행사에 참여하여 강연과 시연을 하기도 한다. 이런 활동들은 가드닝을 즐기는 사람 모두에게 도움이 된다.

비치 주니어는 1869년 9월 10일, 54세가 되던 해에 첼시주 킹스로드에 있는 자택 스탠리 하우스에서 심장마비로 숨을 거두고 브롬프턴 묘지에 묻혔다. 『비치가의 정원』에는 "그는 일개 범부가 아니었다. 모든 행동에 열정과 에너지가 가득했고… 그가 얼마나 따뜻한 사람인지는 그를 아는 사람만이 제대로 가늠할 수 있다"라고 기록되어 있다.

비치 가문의 재산은 다음과 같다. 제1차 세계대전이 발발하기 전까지 특별한 1,281종의 식물을 도입했고, 이 중에서 온실 식물은 498종, 난초는 232종, 낙엽수와 관목과 덩굴식물이 153종이었으며, 이들이 영국의 정원과 온실에 미친 영향은 지대했다.

카틀레야
Cattleya x *exoniensis*

비치 종묘장의 식물육종가 존 도미니가 이 식물의 꽃을 피웠다. 1863년에 라엘리아 크리스파(*Laelia crispa*)와 카틀레야 모시아이(*Cattleya mossiae*)를 교배하여 만든 첫 교배종이다.

비치 기념 메달

제임스 비치 주니어가 세상을 떠난 뒤 그를 영원히 기리자는 제안이 있었다. 『정원사 연대기』에 좋은 생각을 알려 달라는 글이 실리자 많은 제안이 접수되었고, 결국 달키스 궁전의 수석 정원사 윌리엄 톰슨의 제안이 받아들여졌다. 그의 제안은 '한 해 동안 외래종이든 교배종이든 상관없이 정원에 새롭게 등장한 식물 중 가장 중요한 식물을 생산한 사람'에게 비치 메달을 수여하자는 것이었다. 1873년에 처음으로 금, 은, 동메달이 수여되었고, 초기 메달 대부분은 전시회 출품자들에게 돌아갔다. 20년 후에는 원예에서 두각을 나타낸 사람들에게도 추가로 메달이 주어졌다.

1922년에 수탁 책임자인 해리 비치 경이 향후 왕립원예협회가 비치 메달을 수여하도록 조정했다. 이는 왕립원예협회가 수여하는 메달 중 유일하게 영국인이 아닌 사람들에게도 수여하는 상이다. 이제까지 약 500명에 이르는 수상자 중 100여 명은 영국 국민이 아니었다. 메달리스트로 어니스트 헨리 윌슨(1906), 조지 포레스트(1927), 프랭크 킹던워드(1934), 비타 색빌웨스트(1955), 조이 라크콤(1993), 피트 아우돌프(2002) 등이 있다.

제임스 비치 주니어

제임스 비치 주니어는 식물을 사랑하는 과학자이면서 쇼맨십이 강했다. 비치 종묘장에서 생산된 식물은 판매용이든 전시용이든 품질이 같았다. 전시회에 관한 제임스 비치 주니어의 조언은 기록되어 있지 않지만, 다음 사항을 고려하면 좋다.

› 항상 전시회 안내문을 읽고 각 부문에 필요한 사항을 정확히 파악한 다음, 지침을 그대로 따라야 한다.

› 문의 사항이 생길 수 있으므로, 전시회 참가 신청서를 미리 작성한다.

› 대회 당일에 필요한 식물을 정확히 고를 수 있을 만큼 좋은 품질의 식물을 많이 준비했는지 확인한다. 최상의 식물을 고를 수 있으려면 당연히 표본을 많이 생산해야 한다.

› 참가하려는 전시회에 1년 앞서 방문하여 출품자들의 전반적인 수준을 확인하고 대화를 나눠 본다. 전시회 안내문에 초보자를 위한 기본 재배 정보도 있으니 누구나 도전할 수 있다. 걱정하지 말고 문을 두드려 본다.

› 파종일, 식재일, 재배와 관련한 세세한 정보를 기록한다. 무엇이든 이듬해에 유용할 것이다.

› 해충이나 질병이 생기는지 항상 지켜본다. 원예용 부직포 같은 차단막을 사용하면 좋다. 사후약방문보다 예방이 최선이다. 완벽하지 않은 식물은 출품하지 않는 것이 좋다. 심사위원들은 결함에 주의를 기울이기 마련이다.

› 궂은 날씨 때문에 꽃이 피지 않는다면 꽃에 헤어드라이어로 따뜻한 바람을 부드럽게 쐬어 개화를 유도할 수 있다.

› 전시회를 위해 꽃을 가꾸고 준비하는 일은 시간이 오래 걸리지만 즐겁게 전념하려고 노력해야 한다. 힘들이지 않고 성공할 수는 없다.

인도시계덩굴
Thunbergia mysorensis

서리가 내리지 않는 따뜻한 기후에서만 자라는 이 덩굴식물은 정원용으로 널리 재배되며, 왕립원예협회가 수여하는 가든 메리트상을 받았다.

토마스 핸버리

Thomas Hanbury
1832-1907
영국

불수감
Citrus sarcodactylis

쓴맛이 없어서 껍질을 설탕에 절여 디저
트로 즐길 수 있다. 부처의 손처럼 보이는
모양 때문에 절에서 공양물로 이용되기도
한다.

서리주 클래펌에서 태어난 토마스 핸버리는 승승장구하는 사업가였고 주로 중국에서 활동했다.
그의 포트폴리오에는 유럽으로 차와 실크를 수출하고 로스차일드 화폐로 거래한다고 쓰여 있었
다. 미국 남북전쟁으로 면화 수출에 제동이 걸리자, 그는 중국산 면화를 사서 영국에 공급하였고
거기서 번 돈을 상하이 부동산에 투자하여 당시 상하이에서 가장 많은 부동산을 소유했다. 약리
학자인 형 다니엘과 함께 힘을 합쳐 이탈리아 리비에라에 있는 라 모르톨라 저택에 경제성이 있
는 식물과 약용식물을 주로 재배하는 정원을 조성했다. 이 정원은 컬렉션의 범위와 다양성으로
세계적인 명성을 얻었다. 그는 위슬리 가든을 왕립원예협회에 기증하기도 했다.

토마스는 1867년 3월 25일, 지중해 연안을 따라
배를 타고 여행하던 중 처음으로 라 모르톨라를
보았다. 몇 주 지나지 않아 그는 현재 18헥타르에
이르는 대지의 일부를 처음으로 매입했고, 은퇴
후 죽을 때까지 라 모르톨라에서 살았다. 그가 라
모르톨라에서 정원을 조성할 때 유명한 약리학자
이자 식물학자인 형 다니엘(1825-1875)의 도움을
크게 받았다. 다니엘은 '알렌 핸버리스 앤드 배리'
제약업체의 동업자이기도 했는데, 당시에는 천연
식물 추출물을 원료로 의약품 대부분을 만들던

때였다. 토마스는 다니엘보다 미학에 관심이 많
아서 훌륭한 식물 컬렉션과 전통적인 원예미가
두드러진 역사적인 정원을 조성하는 일에서 즐거
움을 느꼈고, 다니엘은 과학적, 교육적, 의학적 측
면에 관심을 두었다. 토마스는 식물의 순화에 관
한 문제도 연구하고 싶었다. 당시에는 아열대종
이 지중해성 기후에 미리 적응해 체질이 변하고
나면, 서늘한 유럽의 기후에 적응할 수 있을지 모
른다고 생각했다.

라 모르톨라에서 식재를 착수하다

라 모르톨라의 땅은 오랜 세월 동안 지역 농민들이 땔감을 모으고 가축을 방목해 온 탓에 거의 맨땅이 드러났다. 핸버리 형제는 경계를 따라서 이탈리아 갈매나무(*Rhamnus alaternus*), 호랑잎가시나무(*Quercus ilex*). 담쟁이덩굴과 같은 토종 상록수의 씨를 뿌리고, 토종 관목을 되살렸다. 다니엘은 키스투스속(*Cistus*)도 추가했는데, 첫 36종은 런던 클래펌에 있는 아버지의 정원에서 가져왔고, 나머지는 인근 식물군에서 종자를 구해서 심었다. 또한 해안가를 따라 토종 해안소나무(*Pinus pinaster*)를 심었다.

바다로 내려가는 울퉁불퉁한 산비탈에는 계단식으로 식재된 측백나무와 올리브가 줄지어 있었다. 대부분은 그대로 유지하고 사이사이에 외래종을 심었다. 토마스는 측백나무 길을 추가하고 150미터의 퍼걸러를 보수했으며, 땅파기를 하는

동안 부지에서 발견한 유물과 중국에서 수입한 도자기로 정원을 장식했다.

토마스와 다니엘은 인근 종묘장에서 가져온 묘목을 상당수 식재했다. 1857년 가을에 토마스는 노트에 시계꽃, 제라늄, 작약, 레바논시다, 장미를 언급했고, 1868년 11월 5일에는 멕시코의 다알리아 임페리알리스(*Dahlia imperialis*)가 "매우 건강하고 모양이 근사하다"라고 적었다. 아카시아 80종, 고슴도치알로에나 잎이 흥분제 역할을 하는 카트(*Catha edulis*)를 비롯한 다양한 약용식물, 그리고 파파야와 구아바 같은 이국적인 과일도 재배했다. 그는 커피와 차 같은 작물은 모두 재배에 실패했지만, 한때는 세상의 모든 감귤류를 재배해보았다. 다니엘은 다육식물을 특별히 좋아했다. 1868년 6월에 그가 40종이라고 기록했는데, 그해 말에 그 수가 두 배로 되었다. 그리고 금세 저명한 다육식물 전시장이 되었다.

1868년 12월까지 토마스와 다니엘은 직접 정원 일을 하고 가끔 지역 일꾼들에게 일손을 부탁할 뿐이었지만, 이후부터는 약 30명의 정원사를 고용했고 다니엘이 여러 독일 기관과 관련이 있었기 때문에 독일 식물학자가 상주하며 주된 관리 감독을 맡았다. 이들 중 가장 유명한 사람은 루트비히 빈터로 이곳에서 6년간 일했고, 초기에는 다니엘의 일을 이어받아 수석 정원 건축가로서 일했다.

바늘유카
Yucca flaccida

E. A. 보울스는 자신의 책 『내 정원의 여름』에서 이 꽃이 "풍성하게 피는 꽃 중에서 최고"라고 적었다. 수상꽃차례가 1.2미터에 이른다.

종자를 재배하여 가꾼 정원

식물 대부분을 종자로 재배했고, 양이 많이 모이면 해마다 방대한 양을 교환했다. 인심을 후하게 베풀 때는 종자를 무료로 나누어 주었다. 1900년에는 6,378통, 1908년에는 13,085통을 배포했다. 씨앗 포장 뒷면에는 토마스가 작성한 재배 요건이 적혀 있었다. 종자는 국제 종자 거래를 통해 도착하기도 했는데, 상당수는 지중해성 기후의 나라들로부터 온 것들이었다.

토마스는 1월에 정기적으로 '야외에서 꽃을 피운' 식물 목록을 영국의 원예 정기 간행물 「정원사 연대기」에 보냈다. 1874년 1월 10일에 개화한 식물이 103종이었고, 천사의나팔(Datura arborea)과 서양애기풀(Polygala myrtifolia) 등이 있었다. 한동안 새해 첫날에 꽃이 핀 식물의 목록을 작성하는 것으로 전통이 바뀌어 1895년에는 294종, 1898년과 1926년에는 405종이었고, 토마스가 세상을 떠나고 한참 후인 1985년에는 232종이었다. 1889년에 토마스는 라 모르톨라 정원에서 자라는 식물의 목록을 정리한 『라 모르톨라 가든 Hortus Mortolensis』을 출간했다. 1897년에 출간된 두 번째 판에는 3,600종이 실렸으니, 이것만 보아도 그의 정원이 얼마나 큰 성공을 거두었는지 알 수 있다.

고슴도치알로에
Aloe ferox

토마스 핸버리와 위슬리 가든

1902년에 왕립원예협회의 전 재무 담당 이사 조지 퍼거슨 윌슨이 세상을 떠나자 바로 왕립원예협회 평의회는 위슬리에 있는 그의 부동산이 매물로 나와 있는지 알아보았다. 그들은 당시 치즈윅에 있는 정원을 대체할 새로운 장소를 물색 중이었는데, 그들의 제안을 수락한 곳이 없었다. 이때 토마스 경이 평의회에 은밀한 제안을 했다. 그가 위슬리를 매입해서 협회에 기부하고 싶은데 단, 위슬리 가든을 관리할 위원회를 설립하자는 조건을 내걸었다. 2주 후에 조건이 승인되었고, 1902년 10월에 왕립원예협회는 새로운 정원을 매입했다고 발표했다. 그리고 1903년에 토마스 경이 위슬리 정원을 왕립원예협회에 신탁했다.

원래 정원은 조지 퍼거슨 윌슨이 만든 것이었다. 그는 1878년에 부지를 매입하여 '기르기 어려운 식물을 성공적으로 재배하겠다'는 생각으로 '오크우드 실험 정원'을 조성했다. 이 정원은 백합, 용담, 꽃창포, 앵초, 수생식물 전시장으로 유명해졌고, 여러 차례 변화를 겪으면서도 본래의 콘셉트를 충실하게 유지하고 있다.

> "이국적인 식물로 가득한 이 정원은 화려하고 흥미롭다는 점에서 전 세계 주요 식물 컬렉션 중 으뜸이다."
>
> 전 큐 왕립식물원장 조셉 후커의 라 모르톨라에 관한 언급, 1893년

토마스 핸버리

토마스 핸버리는 아열대식물이 지중해성 기후에서 미리 적응하여 체질이 바뀌면 서늘한 유럽의 기후에 적응할 수 있다는 이론을 실험하려고 라 모르톨라 정원을 조성했다. 하지만 아열대 기후와 유럽의 기후는 서로 너무 달랐다.

› 냉온대 기후에서는 실내에서 자란 식물이 2-3주 동안 서서히 '내한성 강화' 과정을 거치고 나면 실외에서 살 수 있을 만큼 강해진다. 봄에 온실에서 번식한 화단용 화초, 관상용 묘목, 채소 모종, 내한성이 약해 노지 월동을 하지 못하는 식물 모두 이런 과정을 거친다. 대개 2-3주 동안 낮에 비바람이 치지 않는 외부 공간에 두었다가 밤에는 실내로 들인다. 최종적인 식재일은 서리 피해의 위험이 지난 이후라야 한다.

› 라 모르톨라의 식물 수천 그루가 종자에서 자랐다. 종자로 재배하면 멀리 떨어진 곳의 식물을 교역하기 수월하고, 본래 서식하는 토종 식물에 해가 되지 않는다. 모든 식물이 씨앗에서 그대로 나지 않고(즉, 부모 형질이 그대로 나오지 않는다), 금세 자라지도 않는다. 하지만 비용이 적게 들고, '까다로운' 씨앗이 성공적으로 발아하는 경우 그 만족감은 이루 말할 수 없다. 토마스

핸버리가 깨달았듯, 종자 재배는 지금도 특이한 식물을 얻을 수 있는 좋은 방법이다.

› 라 모르톨라에서 가장 큰 위협은 가뭄이라서 지중해성 기후에서 온 식물은 가을에 밖에 내다 심어 겨울비를 맞게 하고, 가뭄에 강한 아열대식물은 봄에 심는다.

› 토마스는 1월에 정원에서 꽃을 피우고 그 기쁨을 함께 나누고 싶었다. 겨울에 항상 눈이 덮여 있지 않다면 겨울에도 꽃이 필 수 있다. 이런 꽃들로 서향, 납매, 영춘화, 설강화 등이 있다. 문 옆이나 창문에서 바라볼 수 있는 자리에 배치하면 좋다.

미모사아카시아
Acacia dealbata

화사한 노란 꽃과 독특한 초록잎으로 유명한 미모사는 따뜻하고 서리가 내리지 않는 곳에서만 잘 자란다.

윌리엄 로빈슨

William Robinson
1838-1935
영국

유카
Yucca gloriosa

중간 크기의 상록 관목으로, 조형미가 두드
러지는 형태와 꽃이 높이 평가받는다. 잎의
끝에 가시가 있으므로 통로에서 멀리 떨어
진 곳에 조심스럽게 배치해야 한다.

윌리엄 로빈슨은 1838년 7월에 태어났다. 정원사로 처음 일한 곳은 워터포드의 커래모어 하우스로, 강에서 물을 길어 온실로 나르는 일을 했다고 전해진다. 아일랜드와 런던에서 수년간 정원 가꾸는 일을 한 후, '원예에 관한 문헌과 영국의 훌륭한 정원'을 열심히 공부해 보고 싶다는 결심에 이르렀다. 그는 유럽과 북미를 돌아다니며 다양한 출판물을 접하고 영감을 받았으며, 가드닝에 관한 자신만의 확고한 견해를 다지고, 구체적인 미래를 꿈꿨다. 정기 간행물 「정원*The Garden*」(1871)과 두 권의 베스트셀러 『야생 정원*The Wild Garden*』(1870), 『영국 화원*English Flower Garden*』(1883) 덕분에 명성을 공고히 다졌고 영향력을 꾸준히 발휘했으며, 서식스주 그레이브타이 저택에 있는 그의 정원을 통해 아이디어를 실현했다.

정원 역사 연구자 리처드 비스그로브가 '호전적인 역설가'라고 이른 로빈슨은 양심이 살아 있는 정원사였다. 예술가이자 비평가, '사상가'인 존 러스킨은 집에서 보호받아야 할 아이들을 공장으로 내몰아 소모품으로 사용한 산업혁명의 불의를 비난했는데, 로빈슨은 러스킨의 추종자로서 당시에 유행하던 빅토리아 시대의 정형적 화단에 빗대어 설명했다. 즉, 전 세계에서 가져온 수천 그루의 식물을 고온의 온실에 심고, 일렬로 배치하여 각 식물의 고유성을 무시하고, 그 식물의 역할이 끝나면 폐기하는 것과 같다고 말이다.

자연이나 코티지 정원, 즉 '야생 정원'의 식물처럼 사람이든 식물이든 자기 자신과 개성을 자유롭게 표현하고, 규율이나 통제 없이 존재하도록 민주적인 가드닝 스타일로 바꾸어 나가는 것을 자신의 의무라고 생각했다. 로빈슨은 이 의무를 던져 버리는 것을 죄악으로 여겼다. 또한 예술과 가드닝은 선과 색이 흐른다는 점에서 서로 통한다고 생각했다. "정원사는… 우리가 삭막한 기하학에서 자유로워지고 우리의 정원이 진정한 그림이 되려면, 사물을 있는 그대로 존중하고, 꽃과 나무의 자연적인 형태와 아름다움에 기쁨을 느끼는… 진정한 예술가가 되어야 한다." 거트루드 지킬(60쪽 참조)이 정형식 정원의 경직된 식재 방식에 반감을 갖고 정원에 그림을 그리듯 식물을 배치했듯이, 로빈슨은 자연을 모방하여 식재했다.

그는 저술에 힘써서 책과 저널을 많이 출간하며 자신의 생각을 널리 알렸다. 1871년 11월 25일에 창간한 「정원」의 기고자 중에는 거트루드 지킬과 윌리엄 모리스도 있다. 그의 아이디어가 항상 새로운 건 아니었지만, 깊은 생각을 거쳐 개선되고 구체적으로 다듬어진 것이었다. 1870년경 출간된 일련의 책에서 그는 아열대식물부터 고산식물까지 다양한 주제를 상술하고, 각 식물을 정원에서는 어떻게 식재해야 하는지를 설명했다.

1870년에 출간된 『야생 정원』에서 로빈슨은 "나의 목적은… 혼합 식재의 장점을 잃지 않으면서… 우리의 숲, 야생 지역, 반야생 지역, 공원의 황량한 구역 등, 그리고 거의 모든 정원의 비어 있는 공간에 여러 지역의 수없이 많은 아름다운 토종 식물들을 들여오거나 야생 환경에서 생존하게 하려면 어떻게 해야 하는지를 보여 주는 것"이라고 적었다. "그때까지 쓰여진 책 중에서 가장 널리 읽히고 가장 영향력 있는 원예 서적"으로 평가받는 『영국 화원』(1883)은 그의 생전에 15판까지 찍었다.

로빈슨은 앞을 내다보았다. 「정원」의 창간호에는 그가 미국에서 보았던 옥상 정원에 관한 기사가 실렸다. 그는 런던의 모든 지붕을 평평하게 만들어 사람들이 먹거리를 재배하는 정원을 갖추어야 한다고 생각했다. 그는 올바른 정부 정책과 채소를 집약적으로 키우는 프랑스식 시스템이 있으면 더 많은 사람, 특히 가난한 사람들에게 먹거리를 제공할 수 있다고 생각했다. 이 생각을 바탕으로 원예와 사회에 관한 급진적인 아이디어를 제안했다. 그는 아스파라거스 재배 방식에 관해서도 글을 썼는데, 누구나 아스파라거스를 쉽게 즐길 수 있기를 바랐기 때문이다.

그의 제안은 모두 공원, 녹지 공간, 신선한 음식을 제공해 국민들, 특히 가난한 사람들에게 혜택을 주려는 목적이 있었다. '생태학'이라는 용어가

은방울수선
Leucojum aestivum

'그레이브타이 자이언트'로 알려진 이 식물은 윌리엄 로빈슨이 선발했다. 키가 90센티미터에 이르며 은은한 향이 나는 꽃을 여덟 송이까지 피운다. 로빈슨은 그레이브타이 저택의 나무들 사이에 은방울수선을 이식했다.

윌리엄 로빈슨

로빈슨은 당대에 유행하던 정형식 정원에 거부감을 느꼈고, 정원사들에게 자연을 모방하라고 권장했다. 오늘날 정원에는 대부분 '자연주의 스타일'의 요소가 깃들어 있다.

› 로빈슨은 자신의 땅에서 잘 자라는 식물만 길러야 한다고 생각했다. 토종 식물이든, 기후와 서식 환경이 비슷한 곳에서 온 외래종이든 밖에서 잘 자라는 식물은 모두 해당한다.

› 로빈슨은 여행하는 동안 식물의 서식지가 매우 다양하다는 사실을 알게 되었고, 각 서식지에서 번성하는 식물들에 주목했다. 이를 정원에 적용하여 '적재적소'에 배치한다면 식물과 정원사 모두 행복해질 것이다.

› 정원 식물은 정원사 마음대로 식재하여 부자연스럽게 자라선 안 되고, 정원사는 식물의 형태와 습성을 고려한 후 이를 창의적으로 활용하는 방안을 고안해야 한다.

› 로빈슨은 알프스를 다녀온 후에 쓴 『영국 정원을 위한 고산 지대의 꽃 *Alpine Flowers for English Gardens*』에서 바위 정원을 만들면 고산 지대의 꽃을 재배할 수 있다고 처음으로 제안했다. 고산식물도 화분, 나무통, 틈새 정원에서 소규모로 키울 수 있다. 틈새 정원은 수직 바위를 이용하거나 석판이나 타일을 양쪽으로 세우고 그 사이에 식물을 심어서 만들 수 있다.

› 로빈슨은 키가 큰 표본 식물 사이에 지피식물을 심어 맨땅이 드러나지 않게 하는 것을 권장한다. 잡초의 성장을 억제하고 토양 침식을 방지하는 멋진 방법이기도 하다.

› 로빈슨은 초본식물을 주로 심고 여기에 관목을 약간 섞은 혼합 식재를 만들었다. 아주 작은 정원에도 적용할 수 있는 스타일이다.

› 로빈슨의 저서 『야생 정원』과 그레이브타이 저택의 정원은 수선화나 초본식물을 무리 지어 식재하여 자연스러운 식재 스타일을 만드는 방법을 보여 주었다. 자연주의 식재도 관리가 필요하지만, 정원사의 손이 닿았다는 사실이 눈에 띄지 않는다. 식물을 제대로 선택하기만 하면 작은 규모로도 자연주의 식재 디자인을 완성할 수 있다.

로사 모예시
Rosa moyesii

교배종 '제라늄'으로 유명하며 강렬한 빨간색 꽃에 이어 가을에는 잎이 근사하게 물들고, 겨울에는 병 모양의 선홍색 로즈힙이 크게 열린다.

만들어지기 40년 전부터 로빈슨은 이미 환경과 지속 가능성에 관심이 있었고, 화석 연료의 사용, 환경 오염, 벌목으로 인한 기후 변화를 걱정했다.(그래서 그는 자신의 땅에 수천 그루의 나무를 심었다.) 또한, 공원을 문명의 지표로 여기고, 자연과 인간이 함께 살아가야 한다고 믿었으며, 공중 보건을 위해 녹지 공간이 얼마나 중요한지 익히 알고 있었다.

그레이브타이 저택

출판물이 많이 팔리고, 통찰력 있는 사업 감각을 발휘한 덕에 로빈슨은 부자가 되었다. 그는 1884년 8월에 웨스트서식스의 그레이브타이 저택으로 이사해서 바위 정원과 관목을 제거하며 빅토리아 양식의 흔적을 벗겨 냈다. 당대 최고의 건축가어니스트 조지의 도움으로 테라스와 여름 별장을 지었다. 그는 정원의 레이아웃을 설계하고 그의 '자연주의 식재 방식'을 실험했다.

　로빈슨은 식물 군집을 잘 이해하여 정원과 숲의 자연미를 한층 드높이고 싶었다. 나이가 들어 휠체어에 의지할 때도 구근과 종자를 무릎 위 가방에서 꺼내 뿌리곤 했다. 집으로 이어지는 공간에는 정형식 식재와 반정형식 식재를 섞어 구성했고, 집 너머의 초원과 숲에는 블루벨, 투구꽃, 수선화를 한가득 심어 장식했다. 그는 영향력 있는 동료들과 함께 영국의 숨 막히는 정형식 정원을 변화시키자고 주장했고, 결국 오늘날 우리에게 친숙한, 편안하고 '자연스러운' 정원 스타일로 바꾸어 놓는 데 성공했다.

들바람꽃
Anemone nemorosa

들바람꽃 중 윌리엄 로빈슨의 이름을 딴 '로빈소니아나Robinsoniana'는 푸른색을 띤다. 그는 아일랜드에서 온 이 꽃을 옥스퍼드 식물원에서 발견하였다고 기록했다.

로빈슨이 남긴 유산

로빈슨은 새로운 여러해살이풀 심기 운동(196쪽 참조)이 등장하기 훨씬 이전부터 그래스에 관하여 이야기했고, 가드닝에 관한 그의 아이디어는 정원 설계와 초원형 정원을 가르치는 독일 학교 '뉴 와일드 가든'으로 이어졌다. 로빈슨은 작은 땅이라도 자연을 닮은 공간으로 꾸밀 수 있다고 생각했다. 사람들이 자신만의 자연주의 스타일로 식재하고 녹지 공간이 건강에 미치는 혜택을 이해하게 된 데에는 그의 영향력이 컸고, 이로써 그는 시대를 앞서가는 사람이자 위대하고 영향력 있는 정원사로 자리매김하게 되었다.

" 그는 영국의 얼굴을 바꾸어 놓았다. 새로운 가드닝의 원로이다. "
「런던 이브닝 뉴스」

클로드 모네

Claude Monet
1840-1926
프랑스

디기탈리스
Digitalis purpurea

모네가 어느 해는 봄에 꽃이 피지 못했다고 기록했다. 이런 일이 다시 일어나지 않도록 디기탈리스 같은 식물은 미리 실내에서 파종한 다음, 밖에 옮겨 심었다.

가장 유명한 인상파 화가 중 하나인 클로드 모네는 대지에 꽃이 가득한 그림을 그려 위대한 작품을 탄생시켰다. 이런 작품을 그리기 위해 모네는 가드닝에 빠져들어서 해박한 지식을 갖춘 열정적인 정원사가 되었다. 그는 꽃을 사랑했다. 그림을 그리지 않을 때는 식물을 심고 가꾸거나 정원에 관한 생각을 하며 시간을 보냈다. 정원은 색상, 빛, 형태를 실험하는 장이었고, 이후 캔버스에 붓으로 옮겨 그렸다. 모네의 '가장 아름다운 걸작'인 정원은 그의 가장 유명한 회화에 영감을 불어넣었고, 그 자체로 정원 예술을 대표하는 예였다.

모네가 지베르니의 집을 임대한 것은 1883년 5월이었다. 토양이 물이 잘 빠지지 않는 알칼리성 점토라서 사과 과수원과 관상용 텃밭으로 조성된 곳이었는데, 그는 이곳을 독특하고 영감을 주는 정원으로 탈바꿈시키겠다고 작정했다.

모네는 가족들이 먹을 채소를 재배하기 시작했다. 그는 "헛간이 거실이나 다름없었습니다. 우리는 모두 정원에서 일했습니다. 저는 땅을 파고, 채소를 심고, 잡초를 뽑고, 괭이질을 했습니다. 저녁이면 아이들이 물을 주었지요"라고 말했다. 이윽고, 정원은 이젤만큼이나 그가 사랑하는 곳이 되었다. 정원 한가운데로 넓은 길이 뻗어 있었다. 현관부터 집 앞길까지 완만한 경사가 이어지고 양옆에 다듬은 회양목이 늘어섰다. 세월이 흐르면서 일부는 뽑히고 일부만 남았다. 회양목은 모두 사라졌다. 사과나무 대신 벚나무와 살구나무가, 측백나무 대신 금속 아치가 자리 잡았고, 이는 오늘날에도 남아 있다. 가문비나무는 몇 그루 남아 있지만 가지를 많이 쳐내서 덩굴장미의 지지대 역할을 한다. 집 옆 원형 화단을 제외하고는 사각형을 기본 레이아웃으로 했으며, 격자형 화단이 조성되었다. 제멋대로 자란 풀밭은 직사각형 잔디밭으로 탈바꿈하여 군데군데 수선화 같은 구근과 작약 등의 초본식물을 심어 장식했다.

그림물감 통으로 만든 화분

1886년에 모네는 네덜란드의 튤립밭을 방문한 후 이전과는 다른 구조와 색상을 사용하게 되었다. 여행에서 돌아오자마자 단순한 화분에 한 종류의 식물만 심어 대담한 색상의 꽃 무더기를 만들었다. 그는 이와 같은 '그림물감 통 화분' 38개를 만들어 내려가는 길을 따라 한 쌍씩 배치하였고, 각각은 해마다 또는 2년마다 계절을 알렸다.

모네는 그림을 그릴 때와 마찬가지로 정원에서도 원근법과 빛을 활용했다. 그는 앞쪽에 진한 색상을, 뒤쪽에 연한 색상의 식물을 다양하게 심어 화단이 더 길어 보이는 효과를 노렸다. 나무 밑에 파란색 꽃을 심어 나뭇가지가 드리우는 그림자의 색을 두드러지게 하고, 밝은 주황색과 빨강색 꽃은 반짝이는 석양을 등지는 곳에 식재했다.

장미와 클레마티스 같은 덩굴식물은 지지대를 세워 타고 오르도록 했는데, 지지대의 일부는 모네가 직접 디자인했다. 화분과 화단에는 일 년 내내 꽃이 만발했다. 헤스페리스 마트로날리스(Hesperis matronalis)와 튤립으로 봄의 시작을 알리고, 이어서 아름다운 백합, 장미, 기타 밝은 색상의 한해살이와 여러해살이가 꽃을 피웠다. 또한 그는 독일붓꽃처럼 두 가지 색상으로 된 꽃을 매우 좋아했고, 분홍색의 반대색이나 '모네의 녹색'이라고 알려진 모네의 집과 대비되는 색상을 사용했다. 가운데 큰 통로의 양편으로 패랭이, 범의귀, 아우브리에타, 특히 한련을 심어 화단 경계를 부드럽게 보이게 했다. 종종 계절의 막바지에 이 초록색 물결이 길 안쪽으로 밀려 들어와 보석으로 장식된 녹색 카펫이 만들어지곤 했다.

"저는 항상 꽃을 보아야 합니다"라고 모네는 말했다. 그래서 봄부터 가을까지 정원에 꽃이 피어 있지 않은 때가 없었다. 모네는 자연 파종하는 홑꽃 야생화의 소박함을 좋아했다. 노란 꽃을 피우는 우단담배풀, 디기탈리스, 바늘꽃, 양귀비 등 식물 하나하나를 살펴보고 필요한 것을 선발했다.

물망초
Myosotis scorpioides

물망초는 지베르니에서 가장 눈에 띄는 초점 식물이다. 그림에 나오는 물망초 같은 다른 품종도 정원에 잘 어울린다.

툴리파 게스네리아나
Tulipa gesneriana L.

1753년에 현대 분류학의 아버지 칼 린네가 오래된 튤립 품종에 이 이름을 붙였다.

수초 정원

몇 년 후에 모네는 "형편이 나아지면서 정원을 조금씩 확장했더니 결국에는 길 건너에 수초 정원을 만들게 되었습니다"라고 말했다. 처음에는 작은 연못을 파고(나중에는 커졌지만) 주위에 매발톱꽃, 장미, 루피너스, 군네라를 심어 연못의 형태와 질감을 구성하고 가장자리를 부드럽게 만들었다. 일본 판화에서 영감을 받아 일본풍 다리 위에 버드나무, 단풍나무, 대나무, 등나무를 심었고, 모두 수면에 반사되었다. 모네는 네덜란드 튤립밭에서 밝은색의 꽃무리(모든 에너지가 구근으로 들어가고 원치 않는 곳에 쏠리지 못하게 가꾼 것)가 어떻게 수면에 반사되는지를 자세히 살펴보았다. 수면에 비친 꽃들이 수로 가장자리에서 층층이 겹쳐 보였다. 모네는 "이 작은 수로에 하늘이 반사되어 파란 바탕을 이루고 그 위에 노란색 점들이 마치 뗏목처럼 떠 수를 놓았습니다"라고 말했다.

갖가지 수련이 잔잔한 수면에 비쳤다. 푸른색, 진자주색, 노란색과 분홍색과 살구색이 섞인 불타는 노을빛 등 다양한 색조의 열대성 수련과 코럴핑크, 흰색, 노란색, 주황색, 빨간색, 진홍색의 내한성 강한 품종이 완벽하게 어우러진 모습을 바라보고 있으면 절로 깊은 생각에 빠져든다.

모네는 스스로를 "그림을 그리고 정원을 가꾸는 것밖에는 할 줄 아는 게 없으며 손으로 하는 일

> " 여름 정원에 있는 모네의 모습은
> 볼 만했다. 그의 자랑이자 호사였던
> 그 유명한 정원에서 그는 연인에게
> 호화로운 선물을 퍼 주는 왕 같았다. "
>
> 루이 질레

은 잘하는 사람"이라고 칭했다. 꽃을 심고 땅을 일구느라 그의 "팔은 퇴비로 인해 검게 변했다". 이후에는 여유가 생겨 정원사를 고용할 수 있었지만, 여전히 정원을 돌보는 일에서 손을 놓지 않았다. 한번은 그림을 그리러 잠시 집을 비우면서 수석 정원사에게 업무를 자세하게 지시했다. "양귀비와 스위트피를 각각 300포트, 60포트 파종해 주세요. 제일 먼저 블루 세이지와 파란수련을 온실 화분에 심으세요. 그다음 다알리아와 꽃창포를 심으세요. 15일에서 25일 사이에 다알리아가 자라기 시작합니다. 제가 돌아오기 전까지 순을 잘라 놓고 백합 구근을 잘 살펴봐 주세요."

모네는 꽃 박람회에 참석하고, 카탈로그를 훑어보고, 식물 전문 공급업체를 방문하고, 우편으로 식물을 주문했다.(그는 1875년에 설립되어 지금도 세계적으로 유명한 라투르 말리악 종묘장에서 수련을 구입했는데, 그의 주문 기록이 라투르 말리악 기록 보관소에 아직 남아 있다. 흰색이 아닌 수련은 당시 유럽에서 새롭고 희귀했으며, 모네가 처음으로 화폭에 담았다.) 그는 정원을 가꾸는 친구들과 식물에 관한 환담을 즐겼고, 르누아르와 함께 감자를 캤으며, 일본 중개인이 일본에서 사 오는 식물과 씨앗을 거래했다고 전해진다. 또 사람들에게 선물하기를 좋아해서 식물에 관심을 보이는 사람에게는 푸짐하게 선사하곤 했다. 그의 정원에서 꾸려진 소포는 기차에 실려 프랑스 전역에 전달되었다. "저는 가진 돈을 모두 정원에 사용합니다. 정말 큰 기쁨을 누리며 삽니다."

그는 색을 사랑했고, 삶을 사랑했고, 그의 말처럼 "꽃을 사랑했다". 소박한 야생화부터 정원에 핀 소중한 꽃, 진귀한 꽃까지 모두 사랑했다. 예술을 하는 정원사들이 있다. 그중 한 사람이 모네다.

클로드 모네

지베르니는 정원사라면 꼭 한번 가 봐야 하는 곳이다. 클로드 모네의 생동감 있는 3차원 인상주의 그림 속으로 걸어 들어가는 기회를 놓칠 순 없다. 정원을 둘러볼 때, 실눈을 뜨고 보거나 카메라의 뷰파인더를 통해 약간 초점이 맞지 않게 보는 것이 좋다. 근시라면 잠깐 서서 안경을 벗고 봐야 한다. 이렇게 하면 정말 인상주의 작품을 보는 듯한 느낌이 든다.

› 모네는 일본 문화에 매료되어 판화들을 모았고, 여기에서 영감을 얻었다. 나에게 영감을 주는 것, 나만의 생각과 딱 맞는 것을 찾아보자. 그것이 자연일 수도 있고, 그림이나 도자기의 문양일 수도 있다. 정원사는 어디에서나 영감을 발견한다.

› 모네의 정원에는 식물이 빼곡하다. 이것은 코티지 정원 분위기를 자아낼 뿐 아니라, 지면을 뒤덮어서 잡초가 뿌리를 내리지 못하게 한다.

› 세심하게 가지를 치고 다듬은 다리 위의 등나무는 '적은 것이 더 좋다'는 말을 그대로 보여 주는 듯하다. 집의 앞면을 덮으려고 등나무를 심기도 하지만, 가지 몇 개만 과일나무를 받치는 울타리처럼 가꾸면 정형적인 느낌이 나면서도 강렬한 인상을 주고 매력적으로 보인다. 가지 모양을 잡아 주어 나무처럼 키울 수도 있다.

› 모네는 항상 꽃을 보길 원했다. 구근, 일년생식물과 다년생식물을 섞어 심고, 특정 색상의 품종을 골라 심으면 항상 꽃이 핀 정원을 만들 수 있다. 그는 꽃의 세계에서는 흔하지 않은 파란색 꽃을 많이 키웠다.

시베리아붓꽃
Iris sibirica

초여름에 꽃을 피우고 가느다란 잎과 줄기를 가진 이 우아한 식물은 볕이 잘 들고 축축한 토양을 좋아하는데, 그늘진 자리에서도 잘 자란다. 교배종과 재배종이 다양해서 정원사가 선택할 수 있는 폭이 넓다.

자기만의 아이디어로 예술을 하는 모네가 일본 문화의 영향을 받아 수련 정원을 만든 것이 이상하게 보일지 모른다. 사실 그는 여러 일본 예술가에게 많은 영감을 얻었는데, 그들의 그림은 인상주의적이었지만 화풍이 달랐다. "운 좋게도 네덜란드의 상점에서 목판 인쇄물을 발견했다. 암스테르담의 델프트 도자기 가게였다. …갑자기 진열대 아래에서 그림이 가득한 접시가 눈에 띄었다. 앞으로 다가가서 보니 일본 목판이었다!"라고 그는 적었다. 그 목판의 가치를 몰랐던 가게 주인은 모네에게 도자기와 함께 목판을 팔았다. 모네가 생을 마감할 즈음에는 소장한 목판이 231점에 이르렀다. 그는 풍경화를 좋아했지만 꽃이 있는 그림은 거의 사지 않았고, 우타마로, 호쿠사이, 히로시게 이 세 예술가의 작품을 주로 수집했다. 옆의 사진과 료안지의 연못과 다리(7쪽)를 비교해 보면 흥미롭다.

5월 말과 6월 초가 되면 지베르니는 연보라색과 보라색으로 물든다. 알리움 홀란디쿰(*Allium hollandicum*)과 패럿 튤립의 미묘한 색조 변화가 파스텔톤 인상주의를 완성한다. 이들의 각기 다른 습성도 인상적이다. 예를 들어 겹꽃의 튤립은 구름처럼 떠 있고, 알리움 홀란디쿰은 꼿꼿하게 올라와 조밀한 꽃을 피운다. 이와 같은 작은 대비가 정원을 조화롭게 구성한다. 관상용 알리움은 잎이 깔끔하지 않기 때문에 지피 식물로 덮어서 감추곤 한다. 라임색 잎과 꽃이 피는 알케밀라 몰리스(*Alchemilla mollis*)를 알리움과 어우러지게 심으면 매력적이다.

거트루드
지킬

Gertrude Jekyll
1843–1932
영국

뉴욕아스터
Aster divaricatus

지킬은 지피식물인 돌부채 사이에 작고 하얀 데이지형 꽃을 피우는 뉴욕아스터를 심어 늦여름의 질감과 색상에 변화를 더했다.

거트루드 지킬은 1843년 11월 29일에 태어나 생애 대부분을 영국 서리주의 전원 지역에서 살았다. 1897년에 그녀가 마침내 자리 잡은 곳은 서리주 고덜밍 인근의 먼스테드 우드 정원이었다. 삼림이 우거진 이곳은 6만 제곱미터에 달했다. 다작하는 작가이자 예술적 소질을 겸비한 정원사였던 지킬은 식물로 '조형 예술'을 창조하여 화단을 만들고, 오늘날까지도 많은 사람이 감탄하고 따라 하는 식재 원리를 정립했다. 코티지 정원에 알맞은 품종을 특별히 좋아했고 종자로 새로운 품종을 재배했다. 60여 년에 걸쳐 영국, 유럽, 북미에서 400개 이상의 정원을 설계했고, 14권의 책을 저술했으며, 저널과 신문에 천여 개의 기사를 게재하여 다른 정원사에게 가르침을 주고 영감을 불어넣었다. 지금도 정원사들이 그녀의 이름을 언급할 때 존경심이 깃든다.

지킬은 어릴 적에 키우기 힘든 아이였다. 그녀는 아버지로부터 '괴짜'라고 불렸고, 원예용 부츠를 신고 집에서 가장 좋은 방들을 쿵쾅거리며 돌아다녀 어머니의 화를 돋우었다. 거트루드는 집에서 가정 교사로부터 교육을 받았다. 게다가 어머니는 펠릭스 멘델스존 밑에서 음악을 공부했고 아버지는 전기와 폭발물에 관심이 있어서 마이클 패러데이와 친분을 쌓는 등 세계적으로 유명한 예술가와 과학자가 끊임없이 집을 방문하여 폭넓고 흥미진진한 교육을 받을 수 있었다. 거트루드

를 두고 사람들은 "영리하고 재치 있게 말하며, 적극적이고 몸과 마음에 생기가 넘치고, 범상치 않은 예술적 재능을 가졌다"라고 말했다.

1861년에 거트루드는 사우스 켄싱턴에 있는 국립예술학교에 입학했다. 그곳에서 회화를 공부한 첫 여학생이 되어, 미셸 외젠 슈브릴이 개발한 색채 구성의 바탕이 되는 조화의 원리를 배웠다. 그녀의 예술적 기법은 인상파 화가의 영향을 받았다. 그녀는 "순수 미술과 관련한 여러 측면과 색의 아름다움을 즐기고 이해하는 데 허큘러스 브라바

존 씨에게 가장 많은 도움을 받았습니다"라고 말했다. 그녀는 윌리엄 터너도 존경하여 그의 그림을 따라 그리기도 했다. 터너의 그림에 담긴 여러 구성 요소 가운데 특히 색채 사용 방식이 그녀의 디자인에 반영되었다. 지킬은 1908년에 자신의 아이디어를 모아 『화원의 색상Colour in the Flower Garden』을 출간했다.

하지만 그녀의 재능은 붓을 능숙하게 다루는 것만이 아니었다. 세월이 흐르면서 조각, 목공, 도금, 벽 쌓기, 지붕 이기, 정원 가꾸기 등 실용적인 기술을 다양하게 익혔다. 1888년에 '미술 공예'라는 단어가 만들어지기 전에 이미 그녀는 미술 공예 정원사였다. 예술가였던 그녀가 예술가다운 정원사로 점차 변화한 이유는 고도 근시가 성인기에도 계속 진행했기 때문이다.

정원을 가꾸는 예술가

지킬은 가드닝을 순수 미술과 같은 것으로 생각해서 인상주의를 갤러리에서 정원으로 옮겨 놓았다. 식물을 팔레트로 삼은 것이었다. 빅토리아 시대의 정형성을 탈피하여 덧칠한 듯 비슷한 색상의 꽃들을 무리 지어 식재하고, 윌리엄 네스필드 같은 영국 조경가의 구조에 윌리엄 로빈슨의 '야생 정원' 스타일(50쪽 참조)을 결합한 레이아웃을 구성했다.

그녀는 "정원의 첫 번째 목적이 눈을 즐겁게 하고 기쁨을 주고 정신을 맑게 해 주는 조용하고 아름다운 공간이 되는 것"이라고 생각했다. 비록 자연에서 영감을 받지만, 그녀는 "인공 식재가 자연 식재와 같을 수 없어도 인공 식재를 통해 절제와 신중함, 단순한 의도, 명쾌한 목적, 회화의 '폭'이 갖는 귀중한 가치에 관하여 많이 배울 수 있다"고 인정했다. "땅에 식물을 심는 것은 생물로 경관에 그림을 그리는 것과 같아서, 훌륭한 가드닝은 순수 미술의 범주에 든다고 생각합니다. 잘 식재하려면 뛰어난 예술적 자질이 필요합니다. …식물로 구성된 살아 있는 그림은 어느 곳에서든 어떤 빛에서든 완전해야 하기 때문입니다."

지킬은 집 주변 시골의 자연에서 자라는 초목에서 영감을 받았다. 1863-1864년에 튀르키예, 로도스, 그리스를 처음 방문했을 때 접한 지중해의

스카치 엉겅퀴
Onopordum acanthium

배수가 잘되는 토양과 햇볕이 필요한 두해살이풀로, 조형미가 두드러진다. 라틴어 오노포르둠은 '엉덩이의 방귀'라는 뜻인데, 스카치 엉겅퀴가 소화계에 영향을 주기 때문이다.

> **"아무리 메마르고 척박하고 거친 땅이라도
> 잘 가꾸면 아름답고 상쾌한 부지로 만들 수 있다."**
>
> 거트루드 지킬

식물, 풍경, 건축물에서도 감동을 받았다. 이후에 여러 차례 방문하여 특별히 제작한 곡괭이로 식물을 채집해서 영국으로 보냈다. 그러고는 이들이 영국 정원 식물이 될 만큼 내한성과 유용성이 있는지 시험해 보았다.

지킬은 대개 공동 작업으로 정원을 설계했다. 전쟁 묘지 위원회, 개인 고객, 지방자치단체, 교회, 학교, 병원을 위한 정원을 조성하고, 로치데일에 사는 기술자의 집 창가에 화분 상자를 만들어 주기도 했다. 그중에서도 가장 성공적인 협업은 건축가 에드윈 루티엔스와 작업한 정원이었다. 루티엔스는 먼스테드 우드에 있는 지킬의 집을 설계해서 1897년에 완공했다. 그는 집과 정원을 세세하게 설계했고, 지킬은 루티엔스의 설계와 식물이 서로 잘 어우러지게 식재 디자인을 했다. 이들의 협업 관계를 지킬은 다음과 같이 말했다. "루티엔스와 일하는 것과 건축가 로버트 로리머와 일하는 것의 차이는 수은과 소기름을 다룰 때의 차이와 같아요."

정원에 심은 모든 식물이 정확하게 연출되고 다른 식물로 대체되는 일이 없도록 지킬은 먼스테드 우드에 종묘장을 만들었다. 스위스인 조경사 알베르트 줌바흐의 도움을 얻어 해마다 수천 그루를 발송했다. 더비셔주 레니쇼에 있는 조지 시트웰 경의 정원에 1,250그루의 식물이, 버컴스

램스이어
Stachys byzantina

부드러운 털로 덮여 있어서 어린이들이 매우 좋아한다. 다른 품종보다 튼튼하고 오랫동안 말끔한 모습을 유지한다.

테드에 있는 고객에게는 3,000 그루 이상이 전해졌다.

지킬이 설계한 정원은 상당 부분 소실되었지만, 일부가 복원되었다. 즉, 지킬 소유의 먼스테드 우드 정원, 지킬의 대표 정원인 헤스터쿰 가든이 남아 있고, 햄프셔주 윈치필드 인근 업턴 그레이에 있는 올드 매너 하우스는 로자먼드 월링거가 복원했다. 정원 스타일과 색상 사용에 지킬이 미친 영향은 21세기 초 '새로운 여러해살이풀 심기 운동'에 반영되었다.(196쪽 참조)

지킬은 1932년 12월 8일에 세상을 떠났다. 서리주 고덜밍 버스브리지 교회 뜰의 묘비에 적힌 세 단어는 그녀의 삶과 재능을 단적으로 보여 준다. "미술가 정원사 공예가".

거트루드 지킬

거트루드 지킬은 정원사이자 정원 디자이너였다. 지킬은 식물을 키우면서 식물에 대해 배웠는데, 이것이 식물과 그 습성을 이해하는 유일한 방법이었다. 다음은 지킬의 정원 디자인 원칙이다.

› 화단이나 걸림돌이 없는 한적한 잔디밭을 조성한다.

› 잘 죽지 않는 식물들을 단순하게 무리 지어 식재하면, 예쁜 꽃과 잎을 즐길 수 있고 전체적으로 아름답다.

› 장소에 맞는 식물을 심어야 한다. 이를 위해선 기술적인 지식과 예술적 능력이 필요하다.

› 한 번에 한 가지를 너무 많이 사용하지 말고, 수와 양에서 절제와 비율을 고려한다.

› 식물의 형태, 높이, 개화 시기, 아름다운 단풍을 고려하여 색이 어울리는 순서대로 식물을 배치한다.

› 집과 정원, 정원과 숲이 어떻게 연결되는지 살핀다.

› 식물들을 앞으로 당기는 요령을 써 본다. 이 방법은 개화가 끝난 꽃을 가릴 때, 종묘업자가 키 작은 품종을 가져온 실수를 만회할 때, 화단의 윤곽을 변경할 때 사용할 수 있다. 예를 들어, 톱풀(*Achillea filipendula*)과 에린기움(*Eryngium oliverianum*)의 꽃이 지면, 버들잎해바라기(*Helianthus salicifolius*)를 앞으로 구부러뜨려 위에 묶어 둔다. 줄기를 따라 잎 겨드랑이에서 나온 노란 꽃이 커튼처럼 가려 준다.

› 화분에서 적절한 색과 크기의 식물을 키운 뒤 화단으로 옮겨 심어 빈틈을 채운다. 호스타부터 백합까지 다양한 식물이 사용되지만, 지킬은 연분홍색 수국을 가장 선호했다.

우바리아니포피아
Kniphofia uvaria

유럽 정원에서 재배된 첫 니포피아였다. 늦여름과 가을에 멋진 색채를 자랑한다. 지킬은 니포피아와 다른 식물들을 섞어 관목을 부드럽게 연출했다.

먼스테드 우드에 있는 지킬의 집은 루티엔스가 설계했다. 이곳 정원에서 지킬은 식물들을 실험했다. 집과 정원 모두 미술공예운동의 원칙에 맞게 현지 바게이트에서 생산된 석재로 지었고, 화단 사이에는 모래로 소박한 길을 만들었다. 화단은 여러해살이 초본,

관목, 덩굴식물, 생울타리 등 계절과 색상을 고려한 강한 초목으로 구성하고, 숲 가장자리에는 윌리엄 로빈슨의 영향을 받아 자연주의 식재 디자인을 했다. 아스터를 많이 심었는데, 전체가 아스터로 이루어진 화단도 있다.

정원을 둘로 나눌 때 그 사이에 이와 같은 출입구가 있다면 그 자체로 마법 같은 매력을 연출한다. 목재 문과 돌담이 미술공예운동의 창의적인 기술을 빛내고 하나의 틀을 형성하여, 그 틀 너머의 정원이 그림처럼 펼쳐진다. 햇살이 은빛 잎을 비추며 두 정원을 연결하고, 정원의 영묘한 분위기를 강조한다. 벽과 문은 서로 다른 두 공간을 가르는 장벽이지만, 출입구 앞에 선 방문객은 안으로 들어가고 싶은 마음에 설렌다.

헨리 E. 헌팅턴

Henry E. Huntington
1850-1927
미국

동백나무
Camellia japonica

큼직한 장밋빛 꽃을 피우는 동백나무 '캘리포니아'는 남부 캘리포니아의 동백나무 중 가장 오래된 품종으로 알려져 있다. 1888년, 일본의 부정기 화물선에 이름 없는 묘목으로 실려와서 정착했다.

철도 및 부동산 업계의 거물 헨리 E. 헌팅턴은 대부호였다. 그의 숙모 아라벨라 헌팅턴도 그에 못지않은 자산가였는데, 둘이 훗날 부부가 되어 재산도 하나가 되었다. 두 사람 모두 수집가로서 미술품, 희귀 서적, 필사본 분야에서 세계적인 컬렉션을 구축했다. 헨리 헌팅턴은 식물 수집에도 대단히 열정적이었다. 정원 구성과 조경술, 원예술에 탁월했던 윌리엄 허트리치의 감독하에 헌팅턴이 캘리포니아주 샌마리노에 조성한 48헥타르 규모의 식물원은 현재 십여 개의 테마 정원으로 나뉘어 운영되고 있다.

교외의 공원 같은 풍경 속에 자리한 헌팅턴 식물원은 1만 5,000여 품종의 식물을 보유하고 있다. 테마 정원으로는 '수련 연못', '야자수 정원', 세계적으로 이름난 '사막 정원' 등이 있다. 국제동백협회에서 '국제 우수 동백 정원'으로 지정한 '동백 정원'에는 80여 종, 1,200여 아종의 동백나무가 식재되어 있는데, 이 중 다수는 희귀하거나 역사적으로 중요한 품종이다.

헨리 헌팅턴은 샌마리노 랜치를 매입하고 1년 후인 1904년, 오스트리아에서 원예학을 공부한 26세의 독일인 조경가 윌리엄 허트리치를 처음 만났다. 두 사람은 인근 종묘장을 순회하고 수집가를 찾아다니며 독특한 성목 표본, 씨앗 수집품, 세계 각지에서 건너온 희귀 식물과 이국적인 식물을 사들였다. 이로써 샌마리노 랜치는 미국에서 가장 훌륭한 식물 전시장으로 발돋움했다.

허트리치는 샌마리노 랜치에 대량으로 식재할 수 있는 종묘장부터 지었다. 그는 "삼나무, 향백, 개잎갈나무, 카나리아야자를 비롯한 여러 야자나무의 종자를 구해 번식시켰더니… 불과 몇 년 만에… 1만 5,000그루가 넘었다"라고 기록했다. 그다음 허트리치는 랜치에 관개 시설을 설치하고 캘리포니아에서 어떤 종류의 식물이 잘 생장하는지, 특히 어떤 상업용 작물이 잘 재배되는지 알아내기 위한 실험에 착수했다. 헌팅턴은 프랑스와 에스파냐에서 먹어 본 멜론의 씨앗을 우편으로 보냈고, 어느 날 로스앤젤레스의 사교 클럽에 다녀오며 아보카도 씨앗을 들고 왔다. "아보카도가 정말 맛있어서 그곳 요리사에게 있는 씨앗을 몽땅 달라고 했다"고 한다. 그리하여 헌팅턴은 캘리포니아주 최초로 상업적인 아보카도 대농장을 경영했다. 이 밖에도 감귤류, 호두, 체리 등도 판매할 목적으로 함께 재배했다.

그럼, 시작해 봅시다

헌팅턴은 식물원에서 수련 연못을 가장 먼저 조성했다. 1.6헥타르 부지에 큰 연못과 작은 연못을 각각 두 개씩 만들었는데 1904년에 완공했다. 연못의 물은 자연 수원에서 공급했고 열관을 설치해 수온을 올렸다. 그 덕분에 거대한 아마존빅토리아수련을 비롯한 수련의 화기가 길어져 헌팅턴 가족은 캘리포니아의 비교적 서늘한 겨울철에도 꽃을 즐길 수 있었다. 이곳에 연꽃(*Nelumbo nucifera*)은 1905년에 처음 식재했고, 높은 쪽에 있는 연못의 가장자리에는 파피루스(*Cyperus papyrus*)도 심었다.

야자나무 컬렉션도 일찍부터 아끼는 것이었다. 헌팅턴은 이 식물의 생김새와 비율에 감탄했다. "그는 특히 여러 종류의 여왕야자에 지대한 관심을 보였는데, 열대식물 특유의 생김새가 조경에 한 역할을 했기 때문이다." 헌팅턴은 다른 야자나무 품종도 가정의 정원이나 공원, 도로, 고속도로 등에 식재할 조경 재료로 적합한지 시험했

다. 그는 1906년에 지진으로 무너진 삼촌 콜리스의 집에서 카나리아야자(*Phoenix canariensis*)를 가져다 이식했는데, 이 나무에는 그때의 화재로 인한 흉터가 지금도 남아 있다.

허트리치는 야자나무 컬렉션을 확장하는 과정에서 좌절도 여러 번 경험했다. 예를 들어 1913년 겨울에는 기온이 섭씨 5도까지 떨어지면서 컬렉션의 절반이 동사했다. 주로 추위에 취약한 새로 심은 표본이나 어린 표본이 죽었다. 1922년 겨울에도 또다시 같은 일이 벌어졌다. 다행히 나무들이 나이가 들면서 내한성이 강해졌다. 헌팅턴은 1930년대 말까지 캘리포니아, 유럽, 일본의 야자나무 가운데 내한성이 뛰어난 품종을 찾아냈다. 그의 야자 컬렉션은 450그루에 달하며, 이 가운

닥틸리페라야자
Phoenix dactylifera

닥틸리페라야자는 적어도 기원전 4000년부터 과실수로 재배되었다. 현재는 여러 지역에서 재배되고 있어 자생적 기원은 알 수 없다. 단맛과 감칠맛이 필요한 요리 및 빵에 쓰이며, 발효하면 술이나 식초 등 다양한 식품이 된다.

헨리 E. 헌팅턴

헌팅턴은 정원 조성 사업에는 노련한 감독이 필요하다고 느꼈고, 운 좋게도 윌리엄 허트리치를 만났다. 두 사람은 완벽한 팀을 이루었다. 훌륭한 정원을 만드는 데 필수적인 요소가 바로 팀워크이다. 친구의 조그만 도움도 좋은 성과를 낼 수 있다.

› 헌팅턴은 아보카도에서 씨앗을 수집하여 캘리포니아주 최초의 아보카도 과수원을 조성했다. 씨앗을 모아 두면 유용하며, 특히 여행 중에 수집하기 좋다. 간혹 식사 중이나 지역 시장에서 새로운 종자를 발견할 수 있다. 멕시코 탐험에 나섰던 어떤 식물학자는 양말에 들러붙은 씨앗을 발아시켜 보았고, 그렇게 해서 영국에 새로운 식물 종이 들어왔다. 가능성은 무궁무진하다! 농림축산검역본부는 병해충 차단과 농업 생산 보호를 위해 식물 검역을 실시하고 있으니, 식물 반입 전에 확인이 필요하다.

› 헌팅턴은 허트리치가 어릴 때 선인장을 길렀다는 말을 듣고 다육식물을 수집했다. 다육식물은 특히 어린이가 처음 기르기 좋다. 성장 속도가 대체로 느리고 관리가 쉽기 때문이다. 볕이 잘 드는 밝은 곳에서 키우며, 성장기에는 적당량의 물을 정기적으로 주어야 한다. 겨울에는 물을 적게 주고, 서리가 내리지 않는 밝고 서늘한 장소에 둔다. 분갈이를 할 때는 두꺼운 장갑을 착용하든지, 아니면 여러 번 접은 신문지로 두꺼운 띠를 만들어 선인장에 두르고 양 끝을 모아 쥔 채 들어 올린다.

› 헌팅턴은 큰아마존빅토리아수련을 야외에서 기르고 싶어서 수련을 전시할 연못을 여럿 조성했다. 기후가 서늘한 지역이라도 수온을 높일 수만 있다면 여름에는 야외에서, 겨울에는 실내에서 수련을 기를 수 있다. 네덜란드 암스테르담의 식물원 호르투스 보타니쿠스에서 이 방법으로 수련을 기른다.

› 헌팅턴은 종묘장, 공원, 정원에서 식물을 수집했다. 정원에 방문해서 마음에 드는 식물을 발견하면 주인에게 줄기를 조금 잘라 달라고 부탁해 보자. 정원사들은 너그러우니까 어쩌면 식물을 뿌리째 주기도 하고 꺾꽂이하기에 가장 좋은 부분을 골라 주기도 한다. 물어보지도 않고 잘라 와선 안 된다. 모두가 그러면 정원에 식물이 하나도 남지 않을 것이다.

꽃기린
Euphorbia millii

마다가스카르가 원산지로 가시가 아주 많다. 기후가 온난한 지역에서는 정원에서, 서늘한 지역에서는 실내에서 기른다. 포엽이 선명한 색을 띠도록 품종을 개량해서 빨간색, 분홍색, 레몬색, 심지어 얼룩덜룩한 색조를 띠는 것도 있다.

데 148그루는 샌마리노 랜치 내에 있는 야자수 정원에 심었다.

사막 정원

1907년, 헌팅턴과 허트리치는 랜치 동편의 척박한 땅을 어떻게 활용하면 좋을지 고민했다. 어렸을 때 창턱에 선인장을 키운 적 있는 허트리치가 사막 정원이라는 해법을 내놓았으나, 헌팅턴은 철도를 놓을 때 겪은 일 때문에 선인장을 싫어했다. "그는 땅을 고르는 장비가 지나갈 때 뒤로 물러서다가 가시투성이 선인장에 처음 찔렸는데, 그때 일을 영 잊을 수 없었다."(허트리치, 『헌팅턴 식물원*The Huntington Botanical Gardens, 1905-1949*』) 헌팅턴은 선인장을 대량 식재하는 데에는 회의적이었지만 남쪽을 바라보는 바짝 마른 비탈에 작은 정원을 만들어 보는 데에는 동의했다. 허트리치는 처음에 약 300그루로 시작하여 컬렉션을 점차 확장했다. 그는 공원과 정원에서 선인장을 비롯한 다육식물을 구입하고 캘리포니아주와 애리조나주의 사막에서 표본을 다량 수집했다. 또 수 톤의 화산암으로 4헥타르의 사막 정원을 조경했으며 알로에, 용설란, 유카가 무럭무럭 자랐다. 헌팅턴이 애초에 우려했던 것과 달리 이 정원은 식물 애호가와 헌팅턴의 부유한 실업가 친구 사이에서 명성이 자자해졌다.

이제는 세계에서 가장 오래되고 가장 큰 정원 중 하나로 꼽히는 4헥타르 규모의 사막 정원에는 60개의 화단에 5,000종의 다육식물과 사막식물이 자란다. 푸른색의 세네치오 세르펜스(*Senecio serpens*), 밝은 노란색 가시가 있는 금호선인장(*Echinocactus grusonii*), 가지가 촛대처럼 위로 솟은 에키놉시스 파사카나(*Echinopsis pasacana*) 등 다양한 품종이 각각 가장 살기 좋은 위치에, 저마다 다른 생김새가 서로 대비되고 어우러지도록 빽빽이 심어져 있다. 여기에 바늘방석이나 배불뚝이를 닮은 선인장이 무리 지어 자리하여 어딘가 비현실적이기도 하면서 보기 좋은 풍경이 구성된다. 같은 나라에서 온 식물을 종종 한곳에 모아 심기도 한다. 사막 정원의 하이라이트는 무게가 15톤에 달하는 케레우스 크산토카르푸스(*Cereus xanthocarpus*), 키가 18미터인 알로에, 수령이 100년 넘는 금호선인장 등이다.

헌팅턴과 허트리치의 식물과 정원에 대한 열정은 내내 식을 줄 몰랐다. 허트리치는 1948년까지 현장을 관리 감독했고, 1966년에 세상을 떠날 때까지 고문으로 활동했다.

헌팅턴은 향후 자신의 컬렉션을 중심으로 학술 연구가 활발해지고 발전할 수 있도록 컬렉션을 보존할 방안을 마련했다. 오늘날 헌팅턴 식물원을 방문하면 그의 바람대로 번창하고 있는 컬렉션과 정원을 확인할 수 있다.

"그의 위대한 업적은 영국 미술의 방대한 컬렉션을 구축한 것, 여러 식물원을 조성한 것, 그리고 이를 바탕으로 인류의 지식과 문화에 기여하는 연구 기관을 설립한 것이다."
제임스 소프

금호선인장과 청회색을 띠는 길상천용설란은 사막 정원을 대표하는 식물이다. 헌팅턴 식물원에 있는 금호선인장 중 다수는 1915년 이전의 씨앗에서 자라난 것으로, 현재 그 무게가 각각 수백 킬로그램에 달한다. 야생에서 수집한 금호선인장도 있다. 윌리엄 허트리치는 다음과 같이 기록했다. "나는 전시 목적으로 아주 매력적인 금호선인장을 몇 개 골랐다. 선발 기준은 선인장의 크기와 형태, 가시 색깔이었다. 그러나 사막에서 선인장을 당나귀에 실어 오는 일을 맡은 멕시코 사람들이 뾰족한 가시 때문에 운반하기 어려워지자 벌채용 칼로 가시를 잘라 버렸다."

선인장을 비롯한 다육식물의 모양과 수형이 얼마나 다양한지 알 수 있는 사진이다. 현재 20여 과의 다육식물을 비롯한 건조 지역 식물이 4헥타르 면적의 정원에 전시되어 있다. 헌팅턴 식물원에서 가장 중요한 보존 컬렉션으로, 60개의 조경된 화단에 5,000여 종의 다육식물과 사막식물이 자라고 있다. 모든 선인장이 다육식물이지만, 모든 다육식물이 선인장은 아니다. 선인장은 대부분 아메리카 대륙에서 발견되고 전부 선인장과에 속한다. 반면에 다육식물은 아프리카 등 세계 여러 지역에 서식하며 선인장과 외에도 여러 과에 속한다.

엘런
윌모트

Ellen Willmott
1858-1934
영국

베르누스크로커스
Crocus vernus

키가 큰 베르누스크로커스 변종 대부분이 이 종에서
선발 육종되었다. 보라색, 자주색, 흰색, 줄무늬 등 여
러 모습의 변종이 있다.

엘런 윌모트는 열정적이고 박식한 정원사가 많은 집안에서 태어났다. 윌모트 가족은 정원을 향
한 열정을 대대적으로 실현하고자 에식스주 브렌트우드 근처의 월리 플레이스에 터전을 잡았
다. 윌모트는 양친과 대모가 모두 세상을 떠난 뒤 막대한 유산을 상속받았다. 그녀는 이 돈으로
세 군데에 거대한 정원을 조성했는데 그중 두 곳은 프랑스에, 한 곳은 이탈리아에 만들었다. 사
업 감각이 부족했던 윌모트는 열정이 넘쳐서 가드닝과 식물 수집, 신종 탐색 사업에 아낌없이 돈
을 쓰다가 결국 전 재산을 탕진하고 말았다. 월리 플레이스에 있는 그녀의 정원은 이제 유기되어
과거의 위풍을 거의 찾아볼 수 없는 상태이고, 현재는 자연 보호 구역으로 지정되어 있다.

윌모트의 부친은 '의심스러운 금융 업자'였고 모
친과 대모가 모두 부자였으며 동생 로즈에 이르
기까지 온 가족이 가드닝 애호가였다. 부친 프레
드릭 윌모트는 가드닝을 향한 열정으로 에식스주
그레이트 월리에 있는 월리 플레이스를 구입했
다. 이곳은 일기 작가이자 수목학자인 존 이블린
이 심었다고 하는 참나무와 유럽밤나무가 자라는
땅이었다. 가족이 총출동하여 월리 플레이스의
기반을 다졌다. 이곳은 훗날 "미스 윌모트가 열정
적으로 솜씨를 발휘하여 세계 전역에 이름난 정

원"(1935년 4월 18일 자 「타임스」 광고), "잉글랜드에
서 가장 아름다운 동시에 가장 흥미로운 정원"(윌
리엄 로빈슨, 「정원」)으로 발전했다. 이곳에서 윌모
트는 초원과 과수원, 텃밭과 정형식 정원, 포도밭,
온실을 누비며 열심히 일했다. 그녀의 모친은 그
누구보다 활기차고 진취적인 정원사였다. 그는
씨앗으로부터 장미 컬렉션을 키워 내고, 정형식
정원에 에식스주의 자생식물을 심고자 두 딸을
대동하고 길을 나서 주변 지역을 샅샅이 살폈다
고 한다.

고산 정원

1882년, 스물네 살이 된 윌모트는 생일마다 대모에게 천 파운드를 받아 모인 돈으로 고산 정원을 조성하기 시작했다. 그녀의 첫 대규모 정원 사업은 당시 가장 유명한 조경 회사였던 요크의 제임스 백하우스가 맡았다. 잉글랜드 북부에서 거대한 규질암 바위를 실어 왔고, 식물이 비바람에 잘 버틸 수 있도록 땅을 깊이 팠다. 물웅덩이, 개울이 흐르는 골짜기, 다리, 곡선형 계단, 유리 덮개를 얹은 동굴, 처녀이끼로 덮인 석굴 등으로 부지를 조성했고, 보물 같은 식물을 식재했다. 그중에는 뉴질랜드, 안데스산맥, 그린란드, 카슈미르, 캘리포니아, 파미르 고원, 티베트 등지에서 들여온 희귀하고 기르기 어려운 식물이 많았다. 윌모트는 '빅토리아 시대 중반의 볼품없는 바위 정원'에서 벗어난 혁신적인 설계로 칭송받았다. 윌리엄 로빈슨에 따르면 "윌리 플레이스에서는… 매우 희귀한 고산식물이 멋지게 자란 것을 볼 수 있을 뿐만 아니라 알프스 초원에 버금가는 인상과 색채를 느낄 수" 있었다. 근처에는 목동의 장비와 가구를 갖춘 작은 산장이 있었는데, 1800년에 나폴레옹 보나파르트(윌모트가 집착했던 인물이기도 하다)가 알프스를 넘어 이탈리아로 진격하는 길에 하룻밤을 머물렀다고 알려진 곳이었다. 윌모트는 산장을 구입해 자신의 정원에 옮겨 지었다.

뜨거운 가드닝 열정

윌모트는 1898년에 윌리 플레이스를 상속받았다. 그녀의 재정은 탄탄했지만 아이디어는 엉뚱했다. 언덕에 거대한 뱃놀이용 호수를 판다든지, 온실로 이루어진 마을을 만든다든지, 고산식물 컬렉션을 전시할 인공 골짜기를 만들었다. 정원이 가장 번성하던 때 윌모트는 100명이 넘는 정원사를 고용했다. 이들은 윌모트가 직접 디자인한 녹색 띠를 두른 뱃놀이용 밀짚모자와 녹색 실크 넥타이, 남색 앞치마를 입었다. 이들이 아침 여섯 시에 정원에 도착하면 '타고난 꽃 애호가'인 윌모트가 벌써 나무 바구니와 흙손을 들고 식물을 심거나 잡초를 제거하고 있는 모습을 자주 볼 수 있었다.

큰에린지움
Eryngium giganteum

위대한 정원사 엘런 윌모트는 다른 사람의 정원을 방문할 때면 마치 명함을 남기듯 이 매력적인 가시투성이의 씨앗을 뿌렸다고 한다. 두해살이 또는 수명이 짧은 여러해살이식물이다.

월모트는 햄프셔주 애플쇼에 사는 육종가 조지 허버트 잉글하트 신부에게서 구입한 수선화를 교배하는 것을 시작으로 600여 품종 및 교배종을 축적했다. 그 결과 1900년대 초까지 각종 상을 받았으며, 왕립원예협회에서는 새로운 품종을 도입한 월모트에게 공로상을 수여했다. 그녀는 자신이 개량한 품종에 주로 친척과 친구의 이름을 붙였다. 월리 플레이스의 드넓은 잔디밭과 나무 밑에는 노란색과 미색의 수선화가 강처럼 바다처럼 넘실거렸다.

월모트는 위대한 식물 채집가 어니스트 윌슨의 세 번째 중국 여행을 재정적으로 후원한 이후 씨앗과 구근에 관심을 돌리더니, 윌슨이 들여오는 새로운 품종을 그 누구보다도 빨리 왕립원예협회 플라워쇼 심사에 제출하여 유명해졌다. 1911년에 윌슨이 월모트의 정원을 방문했을 때, "그 누구도 제대로 키우지 못하는 씨앗과 식물을 그녀가 놀랄 만치 훌륭하게" 키우고 있는 것을 보고 기뻐했다. 월모트가 후원한 또 다른 식물 채집가는 남아프리카에서 희귀한 제라늄을 발견하여 그녀의 온실에 옮겨 놓았고, 반 투베르겐 종묘장이 소개한 아르메니아, 페르시아, 투르키스탄의 구근도 월모트의 정원에 한자리씩 차지했다.

월리 플레이스의 컬렉션은 10만 종이 넘었다고 한다. 그러나 이에 만족하지 못한 월모트는 부지를 두 곳 더 매입했다. 한 곳은 프랑스의 엑스레뱅에서 가까운 트레세브르의 성으로, 여기에서도 고산식물에 대한 사랑이 계속되었다. 또 한 곳은 지중해 식물의 안식처, 이탈리아의 보카네그라였다. 월모트는 두 정원을 1년에 각각 두 차례 방문했고 한 번에 길어야 한 달씩 머물렀다.

1894년에 왕립원예협회 회원이 된 월모트는 여러 위원회에서 활동하며 박람회에 정기적으로 참여하여 수많은 상을 받았다. 빅토리아 명예 훈장도 받았고, 서리주 위슬리에 왕립원예협회 정원이 새로 생겼을 때는 초대 관리인 3인 중 하나로 임명되었다.

월모트는 물려받은 막대한 재산을 정원에 쏟아부었다. 그러다 1914년 세계 1차대전이 발발하자 결국 파산했으며, 그 뒤로는 수중에 남은 재산과 물건을 맡기거나 팔아 생계를 유지했다. 월모트가 세상을 떠난 뒤 월리 플레이스는 매각되었고 저택은 철거되었다. 버려진 정원은 현재 에식스주 와일드라이프 트러스트에서 관리하고 있다.

월모트는 큰에린지움 씨앗을 뿌리고 다닌 습관으로 유명하다. 이 식물은 색깔이 은빛이라서, 그리고 어쩐지 월모트가 방문한 정원마다 나타나곤 해서 '미스 월모트의 유령'으로 불리게 되었다. 거트루드 지킬은 월모트를 "현존하는 가장 위대한 여성 정원사"라고 칭송했다.

"내 삶에서 식물과 정원은 그 무엇보다 중요해서,
나는 여러 정원을 가꾸는 데 시간을 온전히 바친다.
날이 어두워 식물이 보이지 않을 때면 나는 식물에 관한 글을 읽거나 쓴다."
엘런 월모트

엘런 윌모트

월리 플레이스 정원은 엘런 윌모트의 친구인 윌리엄 로빈슨과 그의 저서『야생 정원』,『영국 정원을 위한 고산 지대의 꽃』 등에서 지대한 영향을 받았다.(두 사람은 1931년도 첼시 플라워쇼에 함께 참여했다.) 윌모트 가족이 월리 플레이스에 정착한 무렵인 1875년에『영국 정원을 위한 고산 지대의 꽃』 2판이 출간되었다. 로빈슨은 "내가 여태껏 자연이나 정원에서 본 가장 아름다운 광경은 작고 희귀한 수선화가 만발한 월리 플레이스의 강둑 풀밭이다"라고 기록했다.

> "이 가드너 집안에서는 아이들을 외바퀴 손수레에 태우고 땅에 구근을 뿌리라고 한 다음, 그 자리에 그대로 심었다." 오드리 르 리에브르가 쓴『월리 플레이스의 미스 윌모트Miss Willmott of Warley Place』에 나오는 이야기이다. 윌모트 가족은 구근을 한 번에 1만 개씩 주문했다고 한다. 이러한 식재 방법으로 '자연주의' 스타일을 연출할 수 있다. 크로커스, 카마시아, 수선화, 나팔수선화 같은 품종을 전부 이 방법으로 심을 수 있다.

> 엘런 윌모트는 원예가이자 식물학자로서 특정 식물군을 수집했다. 그리고 자신의 정원에 있는 식물을 사례로 들어가며『장미 속The Genus Rosa』이라는 책을 출간했다. 이 책의 목적은 식물의 예술적 가치를 이용하는 것이 아니라, 식물을 재배하며 하나하나가 가진 아름다움과 역사, 진기함을 살펴보고 정원을

'한층' 더 즐길 수 있게 하는 것이다.

> 고산 정원과 바위 정원을 잘 조성하려면 야생에서 볼 수 있는 자연 지층을 만들어야 한다. 건포도 푸딩처럼 흙더미에 바위를 아무렇게나 박아 놓아선 안 된다. 산에 가서 사진을 찍으며 영감을 얻는 것도 좋은 방법이다. 바위들이 배치된 모양을 눈여겨

보아야 한다. 어떤 바위는 몸체 대부분이 흙이나 잔자갈, 셰일에 묻혀 있고, 바위 사이사이로 물줄기가 흐를 것이다. 여러 개의 큼직한 바위로 그런 장면을 재현하면 자연스럽고 인상적인 분위기를 연출할 수 있다.

케라토스티그마 윌모티아눔
Ceratostigma willmottianum

위대한 식물 채집가 어니스트 윌슨이 1908년 중국에서 발견했다. 엘런 윌모트는 씨앗으로부터 두 그루를 길러 냈고, 영국에서 처음 자란 케라토스티그마 윌모티아눔 대부분이 이 표본에서 파생되었다.

에드워드 아우구스투스 보울스

Edward Augustus Bowles
1865-1954
영국

레티쿨라타붓꽃
Iris reticulata

겨울 막바지에 일찍 꽃을 피우는 이 유명한 붓꽃은 색상이 여러 가지다. 겨울에도 얼지 않고 배수가 잘되는 양지바른 땅에서 키워야 한다.

에드워드 아우구스투스 보울스(친구들은 '거시'라는 애칭으로 불렀다)는 예술가, 곤충학자, 원예가, 자선가, 저술가였고 당대의 가장 훌륭한 아마추어 정원사였다. 보울스는 미들섹스주 엔필드의 미들턴 하우스에 정원을 조성하고, 야생에서 발견한 표본 등으로 식물을 수집, 육종, 재배하는 데 열정을 쏟았다. 크로커스와 설강화를 특히 사랑했으며(설강화 애호가를 뜻하는 단어 galanthophile 을 그가 만들었다), 특이하고 희귀한 식물에도 관심이 많았다. 보울스는 신실한 성공회교도로서 자선사업에 헌신했고, 친절하고 관대하며 유머 감각이 뛰어났다. 보울스라는 인물과 그의 정원은 지금까지도 사람들에게 큰 영향을 미치고 있다.

보울스는 여덟 살 때 오른눈의 시력을 거의 잃은 뒤 집에서 교육받았다. 이후 신학을 공부하여 성직자가 되겠다는 뜻을 품고 케임브리지에 있는 지저스칼리지에 진학했으나 형과 누나가 석 달 사이 차례로 세상을 떠나자, 부모님을 위로하기 위해 미들턴 하우스로 돌아왔다. 그는 집에서도 계속 자연사, 가드닝, 회화에 관심을 두었고 종교에 헌신했다. 보울스는 열정적인 정원사이자 학자이며 "그에게 원예를 가르친 스승 중 가장 일찍 만났고 가장 유능"했던 헨리 니콜슨 엘라쿰(1822-1916)과 인연을 맺으면서 원예학에 입문했다.

1893년에 보울스는 바위 정원을 조성하기 시작했다. 하층토가 자갈이고, 강우량이 적은 환경은 보울스가 특히 좋아한 크로커스를 비롯한 구근식물을 키우기에 안성맞춤이었다. 그는 과거 프랑스, 이탈리아를 여행한 경험을 되짚어 1898년 몰타, 이집트, 이탈리아, 그리스를 돌아보았다. 건초열이 있었던 터라 여름이면 으레 알프스산맥으로 휴양하러 갔는데, 이때 '20세기 바위 정원 조성의 시조'로 일컬어지는 식물 수집가 레지널드 패러 같은 친구들이 동행하기도 했다. 보울스는 시력이 나빴어도 집에서든 휴양지에서든 늘 아름다운 수채 세밀화를 그렸다. 여행지에서는 식물을 유심히 관찰했고, 건조한 토양에서 잘 자라는 종을 골라 집으로 보냈다.

보울스의 정원

보울스는 여행 경험을 바탕으로 미들턴 하우스에 고산 정원을 만들었다. 이 정원에는 지금도 여전히 봄이면 설강화와 크로커스, 수선화와 카마시아가 만발하고, 여름이면 푸른 제라늄이 무리 지어 핀다. 여름에 보울스는 파란색과 흰색 줄무늬가 있는 에드워드 시대풍 수영복과 밀짚모자 차림으로 연못에 저벅저벅 들어가 수면을 뒤덮은 잡풀을 치우곤 했다.

보울스는 신앙심이 깊고 인정이 많아서 가난한 이웃들에게 큰 친절을 베풀었다. 그 일환으로 야간학교를 열어 소년들에게 읽고 쓰기를 가르쳤는데, '보울스 보이스'라고 불린 이들은 보울스의 정원에서 일하기도 했고, 주말이면 축구, 크리켓, 낚시, 스케이팅 같은 단체 활동을 했다. 보울스의 바위 정원은 바로 이들이 수집한 바위로 조성되었고, 정원의 한가운데에는 칭퍼드에 있는 조지 5세 저수지 발굴 사업에서 발견된 화석화된 나무 기둥이 있다.

작가로서의 명성

1912년에 「정원사 연대기」의 편집장이 보울스에게 정원의 사계절에 관해 글을 써 보라고 권유했다. 그리하여 보울스의 유명한 3부작 『내 정원의 봄My Garden in Spring』(1914), 『내 정원의 여름My Garden in Summer』(1914), 『내 정원의 가을과 겨울My Garden in Autumn and Winter』(1915)이 출간되어 당시 베스트셀러가 되었고 지금도 읽을 수 있다. 레지널드 패러는 보울스의 3부작이 "유쾌한 신사가 위엄차면서도 소탈하고 기발하고 친근한 유머를 발휘하며 지식의 옷을 입은 모습을 보여 주었다"라고 평했다.

이어 1924년에 보울스는 자신의 '정원에서 만난 첫사랑'인 크로커스(그에게 '크로커스 왕'이라는 별명이 붙었다)를 재배하고 관찰하고 그림에 옮긴 경험을 바탕으로 『정원사를 위한 크로커스와 콜키쿰 안내서A Handbook of Crocus and Colchicum for Gardeners』를 출간했다. 이 책은 수년간 중요한 참고서로 읽혔고, 1934년에는 후속작 『수선화 안내서A Handbook of Narcissus』가 출간되었다. 보울스는 식물학자인 윌리엄 토머스 스턴(1911-2001)과 함께 아네모네를 연구했지만, 자금이 부족한 탓에 작업을 끝마치지 못하고 1954년에 세상을 떠

설강화
Galanthus nivalis

이 식물은 수백 년 전부터 여러 지역에서 재배되었고 종류가 매우 다양하다. 겹꽃도 있고, 꽃잎 끝에 녹색이 아닌 노란색 얼룩이 있는 것 등 다양한 무늬가 있다.

에드워드 아우구스투스 보울스

에드워드 아우구스투스 보울스는 관대한 사람이라서 가드닝에서도 베풂과 나눔을 강조했다. 사실 이런 특징은 정원사들에게 흔히 발견된다. 보울스는 시간과 지식과 열정을 가드닝에 쏟아부었을 뿐 아니라, 자신이 키운 식물을 흔쾌히 다른 이들에게 나누어 주었다. 이것만 봐도 그가 사랑과 존경을 한 몸에 받은 이유를 알 수 있다.

› 식물을 친구들에게 나누어 주어라. 그러면 내가 가진 식물이 죽더라도 대체할 방법이 있다. "나는 이제껏 한 번도 돈을 받고 식물을 준 적이 없고 앞으로도 그러하기를 바란다."(『내 정원의 여름』) 이 조언은 희귀하거나 특이한 식물에 더 중요하게 적용된다. 반대로, 자연 파종하는 식물은 골칫거리가 될 수 있어서 이런 식물을 주면 비난받을 수 있으므로 주의해야 한다.

› "내가 하려는 일은, 어떻게 보아도 특별하지 않은 이 정원에서 내가 얼마나 큰 즐거움을 얻고 있는지를 보여 주는 것, 그리고 비슷한 환경에 있는 다른 사람들도 각종 식물을 수집, 재배하고 그 특색을 기록하고 매력을 알아보고 그중 가장 좋은 것을 순수한 마음으로 식물을 사랑하는 사람에게 나누어 주라고 권유하는 것뿐이다."(『내 정원의 가을과 겨울』) 보울스는 다양한 식물에서 기쁨을 맛보았다. 정원에 새로운 것을 심어 해마다 품종을 하나씩 늘려 보는 것이 좋다. 새로운 분위기를 느낄 수 있고 정원은 무리를 이루는 식물로 그득해질 것이다.

› "식물을 심을 자리를 고를 때는⋯지식을 모두 동원해서 해본 적 없는 시도를 하라."(『내 정원의 여름』) 식물이 잘 자라지 않는다면 잘 자라는 자리를 찾을 때까지 조심조심 수차례 자리를 바꾸어 본다. 그 식물의 자생지가 어디인지 알면 더 쉽게 찾을 수 있다.

› 거트루드 지킬은 미들턴 하우스를 방문해 보울스를 만나고 정원을 둘러보았다. 안내를 받으며 정원을 둘러보면 그곳에 사는 식물과 그 재배법을 가장 잘 배울 수 있다.

헤데리폴리움시클라멘
Cyclamen hederifolium

재배하기 쉬운 이 식물은 매우 튼튼하고, 양지바른 곳이나 반그늘에서 잘 자라며, 건강할 때는 자연 파종을 한다. 분홍색이나 흰색 꽃이 지고 나면 매력적인 무늬가 있는 잎이 나서 겨우내 이어진다. 알줄기는 매우 오래 산다.

났다. 그의 마지막 저서는 프레드릭 스턴(106쪽 참조)과 함께 쓴 『설강화의 정원용 교배종Garden Varieties of Galanthus』으로, 그가 세상을 떠나고 2년 후에 출간되었다.

보울스는 1897년 5월에 왕립원예협회의 종신 회원이 된 후 15개 위원회에서 성실하게 능력을 발휘했다. 그는 1926년부터 1954년까지 부회장을 역임하는 등 36년간 협회에서 활동했다. 1916년에는 협회가 주는 가장 영예로운 상인 빅토리아 명예 훈장을 받았고, 1923년에는 크로커스를 비롯한 구근식물을 연구한 공로로 골드 비치 기념 메달을 수상했다. 또 1898년에 신설된 그렌펠 메달의 디자인을 보울스가 맡았는데, 원예에 관한 회화, 드로잉, 사진 등의 전시 부문에 주는 이상을 보울스는 다섯 번이나 수상했다. 위슬리에 있는 왕립원예협회 정원에는 지금도 '보울스 코너'가 있다. 이곳에 원래 식재되었던 식물은 대부분 사라졌지만 미들턴 하우스의 식물들로 꾸며져 있으며, 2014년에는 보울스 서거 60주년을 맞아 보수되었다.

특이할수록 좋다

보울스는 열정적으로 수집하고 선발했다. 항상 잡종과 변종을 유심히 보고, 희귀한 것, 특이한 것, 참으로 이상한 것까지 받아들였다. 그는 자신의 정원을 '톰 티들러의 땅' 한 명이 돌무더기 위에 서서 침략자를 몰아내는 전통적인 어린이 놀이로, 이익을 쉽게 얻을 수 있는 영역을 비유한다. 과 '괴짜 수용소'로 양분하고 그 안에 베스카딸기 '무리카타'(Fragaria vesca 'Muricata', 존 트레이드스캔트가 1627년에 발견), 왕질경이(Plantago major) 등을 재배했다.

> " 정원의 현재 상태를 요약하면 이렇다. 이곳의 기후와 토양, 나무가 한데 어우러져 영국에서 가장 메마르고 척박한 정원이 만들어졌고, 이것이 지금과 같은 방식의 가드닝을 만들었다. 이는 아름다운 분위기를 연출하거나 상을 탈 만한 꽃을 피우기 위한 가드닝이 아니라, 식물을 수집하고 그들이 죽지 않도록 돌보는 가드닝이라고 말하는 편이 나을 것이다. "
>
> 에드워드 아우구스투스 보울스,
> 『내 정원의 봄』

보울스가 재배한 40여 종의 식물은 지금도 볼 수 있다. 그의 이름을 따서 명명된 식물도 있다. 큰물사초 '아우레아'(Bowles' golden sedge)는 보울스가 케임브리지셔주 위큰 펜에서 발견했고, 빈카 '라 그라브'(Bowles Variety 또는 Bowles Blue)는 프랑스 라 그라브의 교회 묘지에서 발견했다. 나도겨이삭 '아우레움'(Bowles' golden grass)은 버밍엄 식물원에서 나왔다. 그는 크로커스 교배종을 여럿 길러 냈지만, 이들은 거의 남아 있지 않다.

보울스는 여든아홉 번째 생일을 일주일 앞둔 1954년 5월 7일, 미들턴 하우스에서 자신이 가장 좋아하는, 정원이 내려다보이는 방에서 숨을 거두었다. 300여 명의 조문객이 장례식에 참석했고, 보울스의 유골은 그가 정원에서 가장 좋아한 구역인 바위 정원에 뿌려졌다. 오늘날에도 많은 사람이 그를 "누구보다 친절했던 양반"이자 위대한 정원사로 기억한다.

피에르 S. 뒤퐁

Pierre S. du Pont
1870-1954
미국

불꽃철쭉
Rhododendron calendula

애팔래치아산맥에서 발견되는 식물. 꽃봉
오리의 생김새가 촛불을 닮아 불꽃철쭉이
라고 불린다.

피에르 S. 뒤퐁은 1870년에 델라웨어주의 브랜디와인 크리크가 내려다보이는 집에서 태어났다. 그의 직업은 사업가였지만 천직은 정원사였다. 그는 펜실베이니아주 케넷 스퀘어에서 북쪽으로 약 16킬로미터 떨어진 작은 농장을 매입한 후, 여행 중에 본 정원들에서 영감을 얻어 원예 분야에 관한 안목을 키웠다. 롱우드 식물원은 르네상스 시대 이후 서양에서 발전한 정원 양식을 두루 갖추었고, 1920년대 미국 교외 농장 정원의 완성판으로 여겨진다. 모든 사람과 나누고 싶었던 그의 바람대로 롱우드 식물원은 지금까지도 많은 사람이 방문하는 우수한 정원으로 남아 있다.

1798년 쌍둥이인 조슈아와 새뮤얼 피어스 형제는 미국에서 가장 훌륭한 수목원을 조성했다. 그러나 1880년에 가문의 상속자인 조지 워싱턴 피어스가 사망한 이후로 이곳은 점점 쇠락했다. 1906년에 이르러 피에르 S. 뒤퐁이 벌목되는 것을 막으려고 이 땅을 매입했다. 그해 친구에게 보낸 편지를 보면, "전에 썼던 표현을 쓰자면 광기라고나 할까, 아무튼 최근에 그런 발작이 일어났네. 그러니까 내가 작은 농장을 하나 샀어. 이곳을 예전 상태로 복원해서 친구들과 즐길 공간을 만들면 정말 즐거울 거야"라고 적었다. 뒤퐁은 세계 곳곳을 여행하면서 정원 설계 아이디어를 얻었다.

이탈리아와 프랑스에서는 정형식 정원의 기하학적 구조와 형식에 깊은 인상을 받았고, 1876년 필라델피아에서 열린 독립 100주년 기념 박람회에서는 무어 양식으로 건축한 원예관을 방문했으며, 영국에서는 시드넘에 있는 조셉 팩스턴의 수정궁, 큐에 있는 왕립식물원의 온실을 보고 감탄했다. 남아메리카, 카리브해 연안, 플로리다, 캘리포니아, 하와이 등지를 여행할 때도 그곳의 아름다운 자연과 정원을 최대한 많이 접하고자 했다. 뒤퐁은 이렇게 다양한 영감을 얻어 하나의 정원으로 들여왔다. 종합 계획은 따로 없었다. 롱우드에서 일했던 한 직원은 이렇게 회상했다. "뒤퐁 씨는 언제나 그때그때 떠오르는 아이디어로 무언가를 짓거나 덧붙였습니다. 1920년에 온실을 지을 때는 9년 후 자신이 그 앞 옥수수밭에 폭포와 분수를 설치하리라고는 꿈에도 생각하지 않았습니다."

뒤퐁은 1907년에 정원을 조성하기 시작하여 1930년대까지 분수 정원을 위시한 모든 야외 정원을 설계하고 밑그림을 그렸다. 그는 부정확한 것을 싫어했다. 기존의 집 주변의 조경을 맡겼던 인력이 측량 오류를 범하자 당장에 그들을 해고하고 자신이 직접 맡아서 했다. 뒤퐁은 가장 먼저 183미터 길이의 꽃밭 산책로를 조성했다. 산책로 정중앙에는 분사구가 하나 있는 분수를 만들고, 자신이 좋아하는 식물과 코티지 정원풍 초화, 장미가 피어나는 트렐리스, 독특한 벤치, 새를 위한 수반을 배치했다. 그는 "나는 짬이 있을 때마다 손님들과 함께 꽃씨를 심기 시작했다"라고 기록했다. 1910년에 회사를 운영하느라 시간이 부족해지고 정원과 농장의 규모는 급속도로 확대되고 있어서 정원사들을 고용했지만, 설계만큼은 본인이 직접 하는 때가 많았다.

뒤퐁이 1909년부터 개최한 가든 파티는 곧 여름철 가장 인기 있는 행사가 되었다. 가든 파티가 성공을 거두자 뒤퐁은 손님들을 기쁘게 할 방법을 또 궁리했다. 1913년에 뒤퐁과 약혼자 앨리스 벨린은 르네상스 시대에서 영감을 얻기 위해 이탈리아에 있는 빌라 22곳을 방문했고, 시에나 근처의 빌라 고리 야외극장에서 해답을 찾았다. 뒤퐁은 이듬해에 이 아이디어를 처음 구현했다. 이탈리아의 정원에서 '조키 다쿠아(물장난)'를 본 적이 있어서 야외극장의 무대 바닥에 '비밀' 분수를 추가하고 이곳에서 조카아이들이 물놀이를 할 수 있게 했다. 1926-1927년에는 야외극장을 재설계하여 지하 분장실과 750개의 분사구를 설치했으며, 여기서 뿜어져 나오는 3미터 높이의 워터 커튼을 600개의 컬러 조명으로 장식했다.

뒤퐁은 농가의 옛 곁채와 새 곁채를 온실로 연결했으니, 이것이 롱우드의 첫 '겨울 정원'이었다. 그 안뜰에는 이국적인 관엽식물과 1915년에 뒤퐁이 벨린과 결혼할 때 선물로 받은 작은 대리석 분수가 전시되었다.

1916년, 뒤퐁이 건축가 앨릭잰더 J. 하퍼에게 보

오월란
Laelia speciosa

선명하고 아름다운 색의 꽃을 피우는 난초로, 멕시코의 건조 지역 가운데 서늘하거나 한랭한 기후에서 자란다. 가뭄에 잘 견디는 반면, 광량이 충분해야 하고 서늘한 겨울에 휴면을 취한다.

낸 편지에 따르면 "식물과 꽃과 관련된 정취와 아이디어를 대규모로 이용"할 수 있도록 더 큰 겨울 정원을 구상했다. 팔라디오 양식을 취한 1.4헥타르 면적의 롱우드 온실은 가든 파티에 온 손님들이 비를 피하는 용도로 지어져 1921년에 개관했다. 물론 사시사철 관상식물을 기르고 과실수와 채소를 가꾸는 에덴동산으로도 이용되었다. 식재는 주로 수석 정원사가 설계했지만, 당연히 뒤퐁이 설계안을 승인했을 것이다. 그는 식재 선발에도 관여했기에 식물을 주문하러 캘리포니아의 종묘장을 방문하곤 했다. 뒤퐁은 당시 유행하던 이국적인 열대식물이 아닌 관상용 식물로 온실을 채울 계획이었다.

1926년 10월의 한 신문에 다음과 같은 기사가 실렸다. "감귤 농원의 푸르른 화단에는 오렌지나무와 자몽나무가 빽빽했다. 감귤류 위로는 대만향나무가 우뚝 솟아 있었다. 감귤류의 가장자리에는 아열대식물이 심어져 있었다. 사이프러스, 미모사, 나무고사리, 바나나, 코코야자, 커피나무, 구아바, 금감, 망고, 파파야, 베고니아, 후크시아, 헬리오트로피움, 란타나, 난초, 플룸바고, 남아프리카 제비꽃 등이었다. 봄에는 철쭉이 피고, 가을에는 국화가, 크리스마스에는 포인세티아가 피었다."

>   "이 장소의 근본적인 목표는
>   모든 것을 최고로 만드는 것이다."
>   피에르 S. 뒤퐁, 1912년

생명의 분수

뒤퐁은 피렌체 근처의 빌라 감베라이아에서 영감을 얻어 롱우드에 물의 정원을 조성했다. 다양한 형태를 가진 아홉 개의 전시대에 600개의 분수를 설치했고, 파란색 타일로 마감한 여섯 개의 연못 및 열두 개의 수반에서 물이 분사되었다. 양옆은 가지치기한 피나무가, 먼 둘레로는 상록수가 빈틈없이 둘러싼 모습은 베르사유 궁전의 숲에 있는 구획지와 유사했다. 피어스 공원의 중앙 산책로 끝에도 12미터 높이까지 분사되는 분수대를 설치했다. 뒤퐁의 대표작을 꼽으라면 역시 2.5헥타르 면적에 운하, 분수, 조각 장식을 갖춘 분수 정원이다. 이곳에는 뒤퐁이 1893년 시카고 세계박람회에서 목격한 수압기관의 위용과 이탈리아, 프랑스에서 둘러본 분수 정원의 특색이 반영되어 있다. 운하와 연못에 설치된 380여 개의 분수와 분사구는 분당 3만 7,854리터의 물을 40미터 높이까지 쏘아 올렸다. 뒤퐁은 분사되는 물의 양을 직접 여러 차례 계산했다. 밤에는 빨간색, 파란색, 녹색, 노란색, 흰색의 조명이 분수 정원을 채우며 색채의 무한한 가능성을 펼쳤다.

뒤퐁은 이후에도 토지를 계속 매입했고 1954년에 세상을 떠날 때까지 롱우드라는 걸작을 빚어나갔다. 그가 평생에 걸쳐 정원 사업에 지출한 돈이 약 2,500만 달러에 이른다. 1926년에 뒤퐁은 매사추세츠주 원예협회가 주는 미국 최고의 원예상인 조지 로버트 화이트 메달을 수상했고, 1940년에는 뉴욕 원예협회가 주는 금상을 수상했다.

오늘날 롱우드 식물원은 원예적으로 우수하고 구석구석까지 잘 관리된 세계적인 전시 정원으로서, 예나 지금이나 누구나 즐길 수 있다.

피에르 S. 뒤퐁

세계적인 전시 정원으로 꼽히는 롱우드 식물원은 원예적으로 우수하고 구석구석까지 잘 관리되어 있을 뿐 아니라, 설립자 뒤퐁의 바람대로 누구나 즐길 수 있는 정원으로 남아 있다. 또한 여러 종류의 고전주의 정원 양식을 한자리에서 감상할 수 있는 최적의 정원이다.

› 뒤퐁은 물과 관련된 설비를 특히 좋아했다. 연못, 분수, 잔물결이 이는 웅덩이, 폭포 등은 정원에 즐거움을 더한다. 정원사의 취향에 따라 흥미진진하거나 차분하거나 시원한 분위기를 연출할 수 있다. 집의 정원에서도 분수를 만들어 볼 수 있다. 영구적인 설비를 설치할 수도 있지만, 기억에 남을 재미있는 파티를 위한 임시 설비도 괜찮다.

› 롱우드가 자랑하는 화려한 극장은 오락용 공간이다. 이처럼 정원은 다른 여가 활동에도 얼마든지 활용할 수 있다. 흰 벽을 이용하여 야외 영화관을 만들거나, 크로케, 체스, 페탕크프랑스식 구슬치기 등 야외 놀이를 즐길 수 있다.

› 뒤퐁은 자신의 정원이 "친구들과 즐길 수 있는 공간"이 되길 바란다고 썼다. 정원 설계에는 반드시 식사 공간이 들어가야 한다. 긴 식탁을 놓을 수 있고, 의자를 뺐을 때 화단이나 풀밭을 침범하지 않을 만큼 길이와 너비를 충분히 확보한다. 여기에 필요한 치수를 정확히 재야 한다.

› 온실은 크기에 상관없이 겨울 정원의 역할을 겸할 수 있다. 겨울에 꽃을 피우는 식물이 있다면 화분에서 잠시 꽃을 피우더라도 겨울에 활기를 주고, 봄을 앞당긴다. 매서운 겨울날, 아늑한 온실에서 화사한 색을 즐기노라면 마치 정원에 나와 있는 듯한 기분이 든다.

› 뒤퐁은 정원을 직접 가꾸었지만, 시간이 빠듯해지고 정원 규모가 커지자 일손을 고용했다. 정원은 즐거운 장소이어야지 스트레스원이 되어선 안 된다. 필요하다면 생울타리를 다듬거나 풀 베는 일은 남에게 맡길 수 있다. 그래야 소중한 시간을 더 재미있는 일에 쓸 수 있다.

히페아스트룸 존스토니
Hippeastrum x johnstonii

새빨간 꽃이 그윽한 향기를 내뿜는다. 이 품종은 히페아스트룸속 최초의 교배종으로 알려져 있는데, 랭커셔주 프레스콧에 살았던 시계 제작자 아서 존슨이 교배했다고 한다.

롱우드의 온실에는 지중해실, 난초실, 야자나무실 등 20개의 정원이 있다. 온실에서 가장 중요한 공간은 1921년에 지은 전시실과 감귤원이다. 지난 시대의 우아함을 고스란히 간직하고 있는 이곳은 당시에 심은 부겐빌레아가 지금도 벽과 기둥을 뒤덮고 있고, 물에 잠긴 대리석 바닥이 주변의 식물을 마치 거울처럼 반사한다. 뒤퐁은 이곳에서 우아한 만찬회와 무도회를 열었다. 지금도 행사장과 공연장으로 쓰이며, 이용 시에는 바닥의 물을 배수한다. 여기에서 주목할 만한 식물은 넓은잎켄차야자, 키아테아 코오페리(*Cyathea cooperi*), 진분홍색 포엽이 있는 부겐빌레아 '페낭'(*Bougainvillea glabra* 'Penang') 등이다.

로렌스
존스턴

Lawrence Johnston
1871-1958
영국

불꽃 한련
Tropaeolum speciosum

주로 상록수나 주목 생울타리를 기어오르
도록 식재하는데, 이는 히드코트 가든에서
도 볼 수 있다. 윌리엄 롭이 비치 종묘장을
통해 소개하였다.

파리에서 태어난 미국인 로렌스 존스턴의 집안은 부유하고 인맥이 두터웠다. 예술적인 안목이
뛰어난 식물 수집가였던 그는 서로 대비되는 두 지역에 각기 다른 양식의 두 정원을 조성했다.
한 곳은 잉글랜드 코츠월즈의 바람받이 땅인 히드코트였고, 다른 한 곳은 프랑스 남부의 볕바른
비탈에 위치한 세르 드 라 마돈이었다. 두 정원 모두 극장식 식재와 희귀 식물로 꾸며졌으며, 그
중에는 외국에서 채집하여 들여온 식물도 많았다. 존스턴의 다양한 업적 가운데 으뜸은 바로 세
계에서 가장 훌륭한 정원으로 손꼽히는 히드코트 매너 가든이다.

존스턴이 36세였던 1907년, 그의 어머니가 코츠
월즈에 있는 히드코트 바트림이라는 마을의 땅을
매입했다. 원대한 상상력과 활력, 열정의 소유자
였던 존스턴은 작은 너도밤나무 숲과 레바논시다
한 그루만 서 있는 툭 트인 땅에 세계에서 가장 영
향력 있는 정원을 가꾸었다. 그는 준비 단계에 많
은 공을 들였다. 히드코트 매너의 집과 건축물을
복원하고자 건축학을 공부했고, 다음으로 정원을
복원 확장하기 위해 정원 설계를 공부했다.

그는 먼저 정형식의 견고한 윤곽선으로 정원의
'뼈대'를 구축했다. 여기서 그는 생울타리를 이용
하여 널찍한 통경과 작은 '방'들과 공간을 만들고

짜임새와 여백을 확보했다. 설계도는 따로 없었
던 것 같다. 존스턴은 아이디어가 생기는 대로 땅
에 직접 구현해 보았고 정원은 진화하듯 완성되
어 갔다. 비타 색빌웨스트(122쪽 참조)는 존스턴의
설계를 두고 "여러 개의 연속된 코티지 정원"이라
고 평가했고, 여러 종류의 나무를 혼합한 생울타
리의 조화에 칭찬을 아끼지 않았다. 그중 다섯 가
지 나무(주목, 회양목, 감탕나무, 너도밤나무, 서어나무)
를 섞어 심은 생울타리에 대해서는 "녹색과 검은
색으로 된 타탄체크"라고 표현했다.

히드코트 가든은 공간마다 뚜렷한 테마가 있었
고, 설계와 규모, 색채와 분위기 면에서 저마다 독

자적인 성격을 띠었다. 각 공간의 특징을 반영하여 명명한 '수영장 정원', '후크시아 정원', '기둥 정원', '붉은 화단 정원'은 하나하나가 뚜렷하게 대비되고 뜻밖의 즐거움을 선사한다. 밀짚 지붕을 얹은 별채에서 내려다보이는 내밀한 분위기의 '하얀 정원'은 짙은 색의 생울타리와 토피어리가 윤곽을 이룬다. 덤불과 도랑으로 이루어진 여유로운 공간인 '개울 정원'에는 옥잠화와 일명 스컹크 양배추(*Lysichiton americanus*, 고약한 냄새가 나는 샛노란 꽃이 피고 거대한 노 모양 잎이 달렸다) 등 푸릇푸릇한 잎이 무성한 호습성 식물이 가득하다. 여기서 걸음을 옮기면 또 하나의 특별한 공간이 나타난다. 양쪽에 생울타리가 뻗어 있는 '긴 산책로'의 장엄한 전망이 펼쳐진다. 히드코트 가든은 극적이고 건축적인 표현, 질감과 형태, 색채를 이용한 놀라운 요소로 가득하며, 자주색 줄기와 청회색 잎을 가진 매자나무(*Berberis temolaica*) 등 원예가들이 인정하는 희귀한 식물과 세련되고 예술적인 최상급 식재를 자랑한다.

세르 드 라 마돈

훌륭한 정원 하나로 만족하지 못한 존스턴은 프랑스 남부 지중해 연안의 망통에서 가까운 세르 드 라 마돈에 두 번째 정원을 조성했다. 그는 1924년에 농가 한 채를 매입한 뒤 몇 년에 걸쳐 토지를 사들여 10헥타르를 소유하기에 이르렀다. 그는 이곳에서 9월부터 4월까지 겨울을 나다가 1948년에는 완전히 정착했다. 이때 히드코트 가든은 내셔널 트러스트자연환경과 문화유산을 보전 관리하는 비영리단체에 기증하여 관리를 맡겼다.

히드코트에서는 거센 바람이 부는 입지가 정원 설계를 좌우했다면, 세르 드 라 마돈에서는 지형이 관건이었다. 존스턴은 남서향의 가파른 경사면에 노단을 조성하고 그 중앙에 돌길을 냈다. 그리고 높이와 깊이가 각각 다른 노단을 중앙 돌길에서 뻗어 나온 계단으로 서로 연결하고 자연석 돌담으로 지지했다. 노단식 지형이 끝나면 굽이진 지형이 이어진다. 이곳은 정형성이 더 두드러지지만, 식재로 분위기를 누그러뜨렸다. 정원 디

베스코르네리아 이우코이데스
Beschorneria yuccoides

화려한 멕시코산 식물로, 꽃과 줄기가 독특하다. 이국적인 분위기를 연출할 수 있어서 지중해식 정원의 '필수 아이템'이다.

자이너 러셀 페이지에 따르면, 정원의 한 구역에는 땅의 기복대로 매자나무를 심고 "덤불 및 바늘유카(*Yucca flaccida*), 실유카(*Y. filamentosa*), 유카(*Y. gloriosa*) 등의 유카군으로 모두 키를 맞추었다". 노단에는 무어식 정원, 바위 정원, 평면 정원 등 다양한 볼거리가 꾸며졌고 농가에서 다섯 층 아래에 있는 가장 넓은 노단에 직사각형의 잔잔한 연못과 온실을 만들었다.

정원사의 지상낙원

남프랑스의 온화한 기후는 지중해 식물 및 아열대 식물을 재배하기에 안성맞춤이었고, 존스턴은 이 조건을 십분 활용하고자 했다. 그는 이곳에 다홍색 홑꽃을 피우는 월계화 '벵갈 크림슨'(*Rosa chinensis* 'Bengal Crimson') 등 섬세한 아름다움을 지닌 식물, 이국적인 방크시아와 병솔나무, 차나무, 세계 각지에서 들여온 소철과 다육식물을 길렀다.

존스턴은 대담하고 화려하게 식재하여 극적인 분위기를 연출하기도 했다. 예를 들면 회양목을 다듬은 파르테르에 보라색 페리윙클을 융단처럼 깔고 그 사이로 붉은색과 흰색 줄무늬가 있는 툴리파 클루시아나(*Tulipa clusiana*)를 키웠다. 한 경사면에는 감청색을 띠는 케라토스티그마 플룸바기노이데스(*Ceratostigma plumbaginoides*)를 융단처럼 깔고 그 위로 분홍색의 나팔 모양 꽃을 피우는 아마릴리스 벨라도나(*Amaryllis belladonna*)를 재배했다.

또 어느 노단은 진분홍색 줄기와 꽃을 가진 베스코르네리아 이우코이데스(*Beschorneria yuccoides*)만으로 채웠다.

존스턴은 식물을 찾으러 자바섬도 가고, 벚나무 권위자인 콜링우드 '체리' 잉그럼 소령과 함께 남아프리카에도 갔다. 위대한 식물 채집가 조지 포레스트와 함께한 윈난 여행에서 존스턴은 건강 악화 등의 문제로 일정을 축소해야 했지만, 그곳의 관개 수로 근처에서 파낸 연보라색의 아이리스 와티(*Iris wattii*)와 가마꾼(그는 가마를 타고 다녔다)이 발견한, 진노랑 꽃을 피우는 뿔남천(*Mahonia siamensis*) 등을 얻는 성과를 거두었다. 이렇게 채집한 식물을 자신의 정원에 심어 식물 애호가 친구들과 함께 즐겼다.

존스턴이 수집한 특별한 식물 중 하나인 스테노카르푸스 시누아투스(*Stenocarpus sinuatus*, 영어명은 '불바퀴 나무')는 오스트레일리아의 따뜻한 동해안 열대우림에서 왔으며 주홍색 꽃을 피운다. 오타테아 아쿠미나타(*Otatea acuminata* ssp. *aztecorum*, 영어명은 '멕시코 수양대나무')는 가느다란 잎이 깃털 같다. 존스턴은 이 정도에 만족하지 못했는지 1.2헥타르 면적의 거대한 새장까지 짓고 이국적인 조류를 수집하여 그 안에서 반쯤 갇힌 상태로 살게 했다.

1947년 존스턴은 뛰어난 안목과 창의력을 발휘한 공로로 왕립원예협회의 골드 비치 기념 메달을 받았다.

"베르사유 궁전 시대 이래 가장 아름다운 정형식 정원을 들자면, 규모는 작아도 정교한 기교로 설계된 존스턴의 히드코트 가든이다. 이곳은 과거의 정원들과 달리 흥미롭고 아름다운 식물로 가득하며, 일부는 중국의 산지에서 그가 직접 채집했다."
헨리 덩컨 맥라렌

로렌스 존스턴

로렌스 존스턴의 두 정원은 여러 가지 면에서 서로 닮았다. 희귀하고 독특한 식물과 극적인 분위기를 연출하는 관상용 식물을 한 공간에 심었고, 붉은 화단 정원 등에 식물을 대담하게 배치했으며, 아마릴리스 벨라도나를 대량으로 식재했다. 이처럼 정원에는 희귀한 식물이든, 대담한 식재나 독특한 조각상이든, 감탄을 자아내는 요소가 있어야 한다.

> 정원의 '방'은 여백과 공간을 창출하고 놀라움을 주는 요소이다. 트렐리스, 판벽, 생울타리를 이용하여 방을 만들 수 있다.

> 히드코트 가든의 특징 가운데 하나는 정밀한 가지치기로 윤곽선을 강조한 정형식 생울타리가 견고한 짜임새를 이루는 것이다. 작은 잎이 촘촘하게 나는 주목으로 비교적 쉽게 만들 수 있다. 단, 주목 생울타리는 짙은 그림자를 드리우는 점을 기억해야 한다. 또 주목 생울타리의 단순한 진녹색이 배경이 되면 화단의 다른 색이 돋보인다. 생울타리는 손이 많이 가므로 감당할 수 없이 많은 양을 식재해선 안 된다.

> 대부분의 정원사가 한 종류의 나무로 생울타리를 만들지만, 존스턴은 여러 종류의 나무를 혼합하여 색다른 색감과 질감을 구현했다. 비타 색빌웨스트도 이 점을 높이 평가하면서 "주목의 단조로움이 혼식한 호랑가시

나무의 광채와 대비를 이룬다"고 썼다. 생울타리는 그 자체로 장식적 요소가 된다.

> 존스턴은 세르 드 라 마돈 정원의 가파른 경사면에 식재 공간을 확보하기 위해 노단을 조성했다. 폭이 넓은 노단은 그 하나하나가 작은 정원이었다. 공간이 협소하여 화단이 노단으로 쌓여 있는 경우에는 각 노단의 맨 안쪽에 좁은 진입로를 내면 위쪽 노단에 손이 닿아서 가드닝이 수월해진다.

> 존스턴은 두 정원 모두에서 집에서 가까운 쪽은 정형식으로 설계하고, 가장자리로 갈수록 자연주의 스타일이 두드러지도록 식재했다. 그래서 그의 정원은 주변 환경과 잘 어우러졌다. 규모가 비교적 작은 정원을 설계할 때 정원 밖 식물과의 연결을 염두에 두면 정원이 실제보다 넓어 보이고 주변 풍경이 정원 안으로 들어온다.

> 존스턴은 정원 일에 여러 가지 원칙을 두었다. 그중 제일 중요한 원칙은 '어느 식물을 심든 가장 좋은 품종을 심는 것'이었다. 또 하나는 '가득 심는 것'인데, 남겨진 공간은 자연 파종하는 식물이 차지해 버리는 것을 알았기 때문이다.

스테노카르푸스 시누아투스
Stenocarpus sinuatus

오스트레일리아 열대우림에서 자라는 이 프로테아과 나무는 정원에서 재배하기에 적합하다.

정원을 작은 방으로 나누면 놀랄 만한 요소가 늘어나서 방문객은 저 안에 무엇이 있을지 궁금해진다. 정원을 천천히 돌아다니며 각 방을 자세히 감상하게 되므로 정원이 실제보다 더 넓게 느껴진다. 히드코트에 있는 '단풍나무 정원'이 그 완벽한 예이다. 이 정원은 일본 단풍나무 컬렉션을 비롯하여 헬리오트로피움 '로드 로버츠'(*Heliotropium arborescens* 'Lord Roberts'), 잎이 은색인 센토레아 김노카르파(*Centaurea gymnocarpa*), 대개 거칠게 생긴 미국수국과 달리 잎이 매끈하고 꽃이 미색인 미국수국 '스테릴리스'(*Hydrangea arborescens* ssp. *discolor* 'Sterilis') 등으로 각각의 방이 구성되어, 넓은 정원이 폐쇄형 공간들로 바뀌었다.

베아트릭스 패런드

Beatrix Farrand
1872-1959
미국

에리카 카르네아
Erica carnea

어디서나 잘 자라서 널리 식재되는 키 작은 관목. 무성한 더미를 이루거나 매트처럼 퍼져 자라 잡초 억제에 효과적이다.

조경가 베아트릭스 패런드는 1872년 6월, 5대째 식물 애호가임을 과시하는 가문에서 태어났다. 훗날 하버드대학 아널드 수목원장인 찰스 스프러그 사전트 교수의 부인을 우연히 만났는데, 이를 계기로 조경 분야에 입문했다. 유럽의 정원을 돌아본 후 열정이 불타올랐고 백악관, 덤바턴 오크스 박물관, 프린스턴대학과 예일대학의 교정 등 대규모 프로젝트를 연달아 맡으면서 명성을 쌓았다. 캘리포니아주에 있는 헨리 E. 헌팅턴 도서관 및 미술관의 관장인 맥스 패런드와 결혼한 뒤 메인주의 리프 포인트와 갈런드 팜에서 정원을 가꾸었다.

패런드는 뉴포트에서 최초로 에스팔리어 가든벽에 붙인 지지대를 타고 나무가 자라도록 가꾼 정원을 조성한 할머니 곁에서 정원 가꾸는 일을 즐겼다. 여덟 살 때는 메인주 바하버에서 가족의 여름 별장을 짓는 과정을 지켜보며 장미들의 이름을 익혔고, 시든 꽃을 잘라내는 '데드헤딩'을 배웠다. 나이를 먹을수록 그만큼 열정도 커졌다.

패런드의 어머니 친구 중에 아널드 수목원장 찰스 스프러그 사전트 교수의 아내가 있었다. 친구의 딸이 식물을 매우 좋아하는 것을 눈여겨본 사전트는 그녀에게 조경 원예를 공부하라고 권유했다. 패런드는 사전트 부부의 사유지인 매사추세츠주 브루클라인의 홈리에 살면서 평면도를 현실로 구현하는 법, 즉 '땅을 왜곡해서 설계에 맞추는 것이 아니라 설계를 땅에 맞추는 법'을 비롯해 조경 설계의 기본 원칙을 배웠다. 패런드는 성실하고 관찰력이 뛰어난 데다 안목까지 겸비하여 보스턴 식물원에 대해 "식재가 아주 형편없다. 정원에 아름다운 나무가 많은데도 그 어디로도 접근할 수 없어서 있는 그대로 다 보이지 않으며, 작은 화단들을 배치할 때도 눈을 편안하게 하고 넓어 보이게 하는 효과를 고려하지 않았다"라고 말했다.

가드닝에 영향을 준 경험

패런드는 여행을 떠나 많은 정원을 둘러보며 배우라는 사전트의 조언에 따라 소설가인 고모 이디스 워튼과 함께 프랑스, 이탈리아, 독일, 네덜란드, 잉글랜드, 스코틀랜드를 여행했다. 패런드는 그때 관찰한 내용을 공책에 기록하여 그녀만의 '가드닝 북'을 만들었다. 먼스테드 우드(62쪽 참조)에서는 거트루드 지킬을 만나 여러해살이로 그림을 그리듯 식재하는 법을 배웠고(지킬은 나중에 300여 개의 설계도, 사진첩, 식물 목록이 들어 있는 아카이브를 패런드에게 물려주었다), 켄트주 펜스허스트 플레이스에 있는 정원들을 방문했다. 이 두 경험은 패런드의 마음에 오랫동안 남았다. 그녀는 유럽의 정원을 기준으로 삼아 '정형식과 자연주의'를 절충하여 디자인했으며, 정원과 집의 관계를 강조하고, 가드닝을 예술로 여겼다. 조경가 다이애나 K. 맥과이어는 "그녀는 출중한 디자이너였습니다. 균형감과 표현력이 뛰어났습니다. … 그런데 여자이기 때문에 남자들이 누리는 기회가 주어지지 않아서, 남자들이 공원을 설계할 때 그녀는 한정된 영역을 담당해야 했습니다" 라고 말했다.

> **글라우카가문비나무**
> *Picea glauca*
>
> 생장 속도가 느리며, 수명이 긴 편이다. 북아메리카 최북단에 서식하는 나무로서 내한성이 강하고 비바람에도 끄떡없다.

리프 포인트 정원

패런드가 여행에서 얻은 경험과 지식은 그녀가 만든 정원에 고스란히 농축되어 스며들었다. 패런드는 자신의 정원을 정형식으로 설계했지만, 식재 디자인은 잉글랜드 여행 중에 만난 윌리엄 로빈슨(50쪽 참조)의 '자연주의' 양식을 따랐다. 특히 리프 포인트 정원에서는 식물학 분류상 서로 다른 속에 속하는 식물들을 무리지어 비대칭적으로 배치하고, 토종 식물 시험 정원을 만들고, 미국 최대의 홑꽃 장미 컬렉션을 전시했다. 패런드는 예술과 과학을 결합한 식물과 가드닝에 관심이 있었다.

패런드는 18세기식 영국 조경에서 본 환상적인 공간을 창조하기 위해 통경과 굽이진 통로를 교차시키고, 다양한 식재로 정원을 분할했다. 가령 채소밭으로 가는 길에는 월계수와 만병초를 심고, 키 작은 사과나무 과수원을 조성하고, 가문비나무와 글라우카가문비나무를 방풍림으로 식재했다. 방문객은 정해진 경로를 따라가다 보면 시시각각 달라지는 풍경을 마주하게 된다. 자주색 헤더 위로 펼쳐지는 통경은 뾰족한 전나무 사이의 푸른 수면, 현관 옆 헬리오트로피움 화단을 지나 통로를 따라 늘어선 흰색 꽃 담배로 이어졌다. 낮에는 광채를 발하고 밤에는 향기를 뿜는 풍경이었다. 패런드는 손수 가드닝을 하며 그야말로 "바위 틈바구니에서 몸싸움을 하며 식재"했다. 이 깊은 열정은 이 정원이 자리한 마운트 데저트섬의

태산목
Magnolia grandiflora

서늘한 기후에서는 볕바른 담장에 붙어서 자라고, 따뜻한 기후에서는 지지대 없이 나무로 자라거나 커다란 관목으로 자란다. 꽃의 지름이 최대 25센티미터에 달한다.

식물들에 흠뻑 빠져 지냈던 어릴 적 경험에서 솟아났는데, 패런드는 자칭 "야생식물을 뽑아 대는 야만인"이라고 했다.(지금은 야생식물 채취가 불법이다.)

불확실한 미래를 과감히 청산하다

1954년 겨울, 남편이 먼저 세상을 떠나고 여든두 살에 접어든 패런드는 자신의 처지를 돌아보았다. 지출은 계속 늘어났고, 리프 포인트에 원예와 디자인을 전문으로 하는 재단과 학교를 세우겠다는 꿈을 실현하기엔 세금이 문제였다. 게다가 나이는 점점 들어가는데 자신의 원칙을 고수하며 이 정원을 유지하기는 불가능해 보였다. 그럴 바에야 차라리 없애는 편이 나았다. 주변의 만류가 있었지만 "패런드 부인은 정원을 만들었을 때의 단호함으로 이제 이 정원을 없애기로 결심했다". 집과 정원이 전부 철거되었고, 정원에 있던 식물

> " 정원을 가꾸는 취미는
> 삶에 많은 의미를 더한다.
> …성장하는 존재들과 느끼는 교감으로
> 하루하루가 재미와 흥취로 채워진다. "
>
> 베아트릭스 패런드

은 시민 공원 두 곳을 조성하는 데 쓰였다.

패런드는 2,700권의 장서와 1,800점의 표본 식물, 거트루드 지킬의 아카이브를 포함한 수백 장의 정원 설계도를 캘리포니아대학 버클리 캠퍼스에 기증했다. 마운트 데저트섬의 갈런드 팜에 마련한 새 집에는 자신이 가장 사랑하는 것만 들여놓았다. 리프 포인트에서 가져온 것은 문짝 하나, 세계 곳곳의 식물협회와 식물원에서 받은 귀한 종자 컬렉션, 그리고 산벚나무, 메타세쿼이아, 헤더, 히스, 여러해살이 등 그녀가 가장 좋아하는 식물이었다. 땅에 묻었던 반려동물들의 유해도 발굴해서 가져왔다. 갈런드 팜은 방에서 노단이 보이게 설계하여 그녀가 좋아하는 파란색, 자주색, 회색 식물들, 광활한 헤더 밭, 가지치기한 벚나무, 초원을 향해 펼쳐진 장미 넘불이 다 보였다. 갈런드 팜은 위대한 조경가의 소박한 마지막 작품이었다.

리프 포인트의 집과 정원을 허물겠다는 결단은 상당히 과감해 보였다. 이 장소와 관련하여 소중한 기억과 미래의 포부도 있었지만, 패런드가 조성한 많은 정원 중 하나일 뿐이었다. 대다수의 정원사가 정원 한두 곳에 창의력을 쏟아붓고 강한 애착을 느끼는 것과 달리, 패런드는 자기 작품의 유한성을 인식했다. 그는 이렇게 쓰기도 했다. "글과 그림이 숲보다 더 오래 지속된다."

베아트릭스 패런드

베아트릭스 패런드는 조경가로 인정받길 원했다. 그녀는 설계와 시공, 유지가 유기적으로 연결되어 있으며, 그중에서도 유지가 모든 정원에서 가장 중요하다고 보았다. 최초의 설계를 유지하려면 노련한 정원사의 기술이 필요하다.

› 덩굴식물은 자칫하면 지지대를 잡초처럼 뒤덮을 수 있으므로 가지치기와 다듬기에 늘 신경 써야 한다. 그러려면 정원을 수시로 관찰, 관리해야 한다. 손에서 전지가위를 놓아선 안 된다! 패런드는 이런 방식으로 관리하여 덩굴식물을 지지하는 트렐리스나 담장의 윤곽선이 정원 전체의 짜임새를 흐트러뜨리지 않았다.

› 재배 영역과 자생 영역의 관계에 주목해야 한다. 리프 포인트에서 패런드는 화단의 가장자리를 인접한 숲의 윤곽과 비슷하게 부채꼴로 설계하여 재배 영역과 자생 영역이 조화를 이루게 했다.

› 정원을 설계할 때는 풍경에 정원을 억지로 맞추지 말고 기존 지형과 어울리게 해야 한다.

› 패런드는 엄격한 관리 원칙에 따라 정원을 유지하여 통로와 장식물, 좌석, 조각상 등의 하드스케이프를 비롯하여 식재의 세세한 부분까지 모두 완벽하게 연출했다.

풀산딸나무
Cornus canadensis

산딸나무는 대부분 큰 나무나 관목이지만 풀산딸나무는 특이하게도 다년생 초본인 작은 지피식물이다. 산성을 띠는 습한 이탄이나 부엽토에서 가장 잘 자란다. 꽃잎처럼 생긴 흰색 부분은 사실 포엽이다.

아름답게 설계되고 잘 유지된 덤바턴 오크스 박물관의 통로. 목신(牧神) 판의 조각상과 연인의 수로가 있는 구역으로 이어진다. 삼지구엽초, 수선화, 꽃사과나무, 서양회양목 '수프리티코사'(*Buxus sempervirens* 'Suffruticosa')가 굽이진 길을 따라 혼합 식재되어 있다. 벽돌의 패턴도 눈여겨볼 만하다. 정원에서는 조경 자재와 식재가 똑같이 중요하다. 패런드가 설계한 정원은 하나같이 높은 완성도를 자랑했다.

패런드는 덤바턴 오크스의 정원을 가꿀 때 등나무를 폭넓게 사용하여 정자와 트렐리스를 덮었다. 사진은 '북쪽 통경'의 북단에서 야트막한 돌담 위로 자란 등나무로, 패런드 정원의 단순한 우아함을 대변한다. 등나무의 용도는 다양하다. 키 작은 나무로 키울 수 있고, 과실수의 지주로 쓸 수도 있다. '단순한 것이 아름답다'는 원칙에 따라 줄기 하나로 발코니를 장식할 수도 있고, 야생에서처럼 큰 나무를 타고 올라가게 할 수도 있다. 벽돌이나 자연석이 배경이 될 때 아름다움이 돋보인다.

헨리 던컨 맥라렌

Henry Duncan McLaren

1879-1953

영국

엠보트리움 코키네움
Embothrium coccineum

자연스러운 우아함이 돋보이며 늦봄에 독특한 모양의 주홍색 꽃을 피워서 정원 식물로 인기가 높다.

보드넌트 정원은 애버콘웨이가 3대와 이들의 수석 정원사로 일한 퍼들가 3대의 합작품으로, 두 가문이 힘을 합쳤으니 성장과 성공은 당연한 결과였다. 이 정원의 역사에서 가장 중요한 인물은 제2대 애버콘웨이 남작인 헨리 던컨 맥라렌이다. 그의 조경 기술 덕분에 보드넌트는 영국 최고의 정원으로 우뚝 섰다. 그는 식물을 사랑했고, 특히 진달래에 대한 열정이 뜨거워 영국에서 가장 훌륭한 진달래 컬렉션을 구축했다. 웨일스 콘웨이에 자리한 보드넌트 정원은 지금도 '반드시 방문해야 할' 장소로 꼽힌다. 빼어난 주변 경관 덕분에 날씨가 좋든지 궂든지 아름답다.

헨리 데이비스 포친(1824-1895)은 잉글랜드 레스터셔주에서 자작농의 아들로 태어났지만, 하얀 비누 제조 공정을 최초로 고안한 사람이었다. 그는 이런저런 사업에서 성공하여 부자가 되었고, 이 재산으로 보드넌트와 그 주변의 농장 25곳을 매입해서 이곳에 눈부시게 훌륭한 정원의 기반을 다졌다.

포친이 보드넌트에 살기 시작한 1875년에 이 땅에는 기껏해야 풀밭과 관목, 키 큰 나무가 전부였고, 대개 집이 처음 지어졌던 1792년에 심어진 것들이었다. J. K. 더글러스가 1884년 「정원사 연대기」에 썼듯이 포친은 "나무와 관목, 모든 내한성 식물에 관하여 정확하게 알고 열정적으로 정원을 가꾸었다". 그는 조셉 팩스턴 밑에서 일을 배운 조경가 에드워드 밀너의 도움을 받아 넓은 노단과 그래스로 덮인 둑을 조성하고, 수형이 펑퍼짐한 나무를 식재하고 55미터 길이의 금사슬나무 아치길을 만들었다. 보드넌트 정원에는 진달랫과 식물이 많았고, 그 당시에 구할 수 있는 침엽수를 모두 모아 방대한 컬렉션을 갖추었다. 포친의 노력으로 보드넌트 정원은 두 구역으로 나뉘어 구성되었다. 하나는 혼식을 특징으로 하는 정형식 노단이고, 또 하나는 바위와 오솔길이 많은, '델'이라는 넓은 하곡이었다.

제2대 애버콘웨이 남작

1895년에 포친이 세상을 떠나자 그의 정원과 재산을 모두 딸 로라가 물려받았고, 그녀도 아버지처럼 식물을 사랑했다. 그녀의 남편 찰스 맥라렌(1850-1934)은 1911년에 애버콘웨이 남작 작위를 받았다. 보드넌트 정원을 완성의 경지로 끌어올린 사람이 바로 찰스와 로라의 아들이자 '당대의 가장 뛰어난 원예가'로 평가받는 제2대 애버콘웨이 남작, 헨리 던컨 맥라렌(1879-1953)이었다.

그는 1904년에 설계와 감독을 시작하여 비탈진 풀밭을 다섯 개의 웅장한 이탈리아식 노단으로 바꾸어 놓았다. 신종 식물이 곧 권위와 지위를 상징하던 시대에 맥라렌은 일류 식물 채집가들이 소개하는 식물로 정원을 풍성하게 가꾸었다. 유명한 비치 종묘장이 1914년에 문을 닫게 되자 맥라렌은 그곳에 남아 있는 목련을 전부 사들이기로 하고, 열차를 통째로 빌려 목련을 실어 왔다. 1908년에는 손수건나무의 1세대 묘목을 비롯한 어니스트 윌슨의 컬렉션 일부를 매입했고, 프랭크 킹던워드와 조지 포레스트에게 진달래를 사들였다.

맥라렌은 식물을 수집하면서 즐거움과 불안감을 모두 경험했다. 1926년, 런던에서 열린 역대 최대 규모의 진달래 박람회에서 조지 포레스트가 영국으로 들여온 진달래가 여러 상을 받았다. 보드넌트 정원에도 포레스트가 과거 두 차례의 탐험에서 가져온 아시아 앵초와 진달래가 이미 자라고 있었지만, 맥라렌은 그 이상을 원했다. 1928년에 그는 하이다운

에서 온 프레드릭 스턴(79쪽 참조)과 함께 포레스트를 찾아가 윈난의 '리장과 다리 지역'에서 새로운 고산식물 종자를 가져와 달라고 요청했다. 당시 맥라렌은 한껏 들떠 있었다. 1920년부터 1947년까지 애버콘웨이가의 수석 정원사였던 프레드릭 퍼들과 함께 재배한 앵초를 전시해서 방금 상을 받았고, 「정원의 아시아 앵초」라는 논문으로 호평을 받았기 때문이었다. 맥라렌과 스턴의 요청을 받아들인 포레스트는 때가 벌써 6월이니 자신이 직접 이끌지 않아도 알아서 식물을 채집할 줄 아는 충직하고 유능한 조수들을 보내겠다고 했다. 현장과의 소통은 중국에 있는 그의 친구와 선교사를 통해 가능했다. 맥라렌과 스턴은 쾌재를 불렀다. 하지만 연락이 두절되는 바람에 결국 다른 가드너보다 한발 빠르게 움직이려던 계획은 무산됐고, 이듬해에 포레스트가 직접 종자 채집에 나섰다. 그런데 맥라렌은 그에 앞서 해럴드 코머의 1926-1927년 안데스산맥 탐험을 후원했다. 여기서 얻은 식물들은 바로 성공적으로 적응해서 잘 자랐고, 이중 대표적인 식물은 빨간 꽃을 피우는 엠보트리움 코키네움 란케올라툼 그룹(일명 '칠레불꽃나무')으로 지금도 보드넌트에

데이비슨만병초
Rhododendron davidsonianum

꽃의 색이 연분홍색에서 자주색까지 다양하고 반점이 있는 것도 있다. 보드넌트 정원에서 키운 분홍색 꽃의 품종은 1935년에 가든 메리트상을 받았다. (43쪽 참조)

헨리 던컨 맥라렌

북웨일스 기후는 헨리 던컨 맥라렌이 사랑한 진달래속을 재배하기에 안성맞춤이었다. 많은 정원
사가 이 화려한 식물을 키우고 싶어도 재배 조건이나 공간의 제약 때문에 키우지 못한다. 하지만
보드넌트 같은 대규모 진달래 정원을 방문하면 얼마든지 그 장관을 누릴 수 있고, 그보다 작은 규
모로 진달래를 키우는 정원도 많다. 진달래속을 가리키는 *Rhododendron*에는 철쭉, 만병초도 포함된다.

› 진달래속은 교배가 활발하게 이
루어지는 식물이라서 꽃의 색과
형태, 크기가 매우 다양하다. 야
쿠시마만병초처럼 작고 성장 속
도가 느린 품종은 화분에서 기
르기에 알맞다. 이런 품종은 진
달래용 퇴비에 심고 빗물을 받
아서 주어야 한다.

› 독일의 한 석회암 채석장에서
자생하는 진달래에 접목을 시
켜 개발한 인카르호(Inkarho)
품종은 염기성, 중성 토양에서
도 잘 살기 때문에 다양한 환경
의 정원에서 키울 수 있다.

› 진달래는 꽃만 즐기는 식물이
아니다. 어린 싹이 매력적인 종
도 많다. 대표적인 예로 로도덴
드론 부레아비(*Rhododendron bu-
reavii*)는 옅은 회갈색부터 적갈
색에 이르는 색의 싹이 난다. 진
달래의 잎은 밑면이 예쁘다. 예
를 들어, '서 찰스 레몬'(*Rhododen-
dron* 'Sir Charles Lemon')의 밑면
은 황갈색이다. 또는 대만고산
만병초(*Rhododendron pachysanthum*)
처럼 어린 잎이 은빛을 띠며 윗
면과 밑면이 다 예쁜 종도 있다.
수피가 벗겨지는 종이나 향이
강한 종도 있다.

› 겨울에 꽃을 피우는 내한성 강
한 품종은 기후가 서늘한 지
역의 정원에서 선호된다. 예
를 들어 '크리스마스 치어'
(*Rhododendron* 'Christmas Cheer')
는 크리스마스에 맞추어 꽃을
피우게 재배하지만, 기후에 따
라서 2월 말에 개화하기도 한다.
'프라이콕스'(*Rhododendron* 'Prae-
cox')는 2월에 담자색 꽃을 피우

고, 산진달래 '미드윈터'(*Rhodo-
dendron dauricum* 'Mid-winter')는 1
월에서 3월까지 개화한다.

아틀라스개잎갈나무
Cedrus atlantica

이 아름다운 나무는 품종이 다양하다.
그중 하나인 글라우카 그룹에 속한 품종
은 은청색 잎이 특징이며 관상수로 널리
재배된다.

서 잘 자라고 있다. 1947년에는 보드넌트에서 아종으로 재배한 엠보트리움 란케올라툼 '뇨르킨코폼'이 왕립원예협회의 가든 메리트상을 수상했다. 꽃이 한데 촘촘히 모여 피어서 "마치 주홍색 '플러스 포스무릎 아래를 밴드로 조인 골프용 바지'를 여러 벌 입은 것처럼 보인다"라고 「왕립원예협회지」에 기록되어 있다.

맥라렌은 수석 정원사 퍼들을 설득하여 정원에 아시아 진달래를 시범적으로 재배했다. 퍼들은 아시아 진달래가 북웨일스에서 잘 자랄 리 없다고 염려했지만, 다행히 그의 예상이 빗나갔다. 퍼들은 1918년에 보드넌트에 들어오기 전에도 난초 육종가로 유명했다. 1920년에 맥라렌과 퍼들은 포레스트가 들여온 진달래를 육종하여 350여 가지 교배종을 탄생시켰고, 전반적으로 잘 자랐다. 이 중에서 겨울에 흰색이나 진분홍색의 향긋한 꽃을 피우는 올분꽃나무 '돈'(Viburnum x bodnantense 'Dawn')은 1947년도 가든 메리트상을 받았고, 오늘날에도 인기가 많다. 왕립원예협회는 '난초와 진달래를 비롯한 식물의 교배에 관한 연구와 재배 기술'을 인정하여 프레드릭 퍼들에게 빅토리아 명예 훈장을 수여했다.

1939년 맥라렌은 글로스터셔주에 있는 핀 밀이라는 주택을 매입해 본래 부지에서 보드넌트의 커널 테라스로 옮겨서 재건했다. 전해지는 말에 따르면 퍼들이 테라스 가운데에 집을 지으면 경관을 해치니 그 자리에 짓지 말라고 권유했다고 한다. 그리고 퍼들의 생각이 맞았다.

맥라렌은 약 50년 동안 정원을 키우고 가꾸다가 1953년에 세상을 떠났다. 그는 1949년에 저택을 제외한 정원을 내셔널 트러스트에 기증했다. 내셔

비브르눔 패러리
Viburnum farreri

올분꽃나무 '돈'의 원종. 식물 채집가 윌리엄 퍼덤이 비치 종묘장을 위해 식물을 채집하던 시기에 처음으로 영국에 도입되었다.

널 트러스트가 정원을 인수한 경우는 히드코트 매너 정원에 이어 보드넌트가 두 번째였다.

제3대 애버콘웨이 남작

헨리 맥라렌의 아들 찰스(1913-2003)도 정원 가꾸기에 온 힘을 쏟았다. 그 역시 세상을 떠난 2003년까지 50년 동안 정원을 관리하고 확장하고 보강했다. 그는 2주에 한 번씩 주말이면 정원에 들러 말끔하게 차려입은 집사를 앞세우고 자신은 플러스 포스 차림으로 정원을 활보하며 진달래를 감상했다. 또한 부친과 마찬가지로 왕립원예협회 회장을 역임했는데, 해마다 다음과 같은 연설을 한 것으로 유명했다. "어떤 반박을 하셔도 제가 자신 있게 말씀드리는데, 이번 첼시 플라워쇼가 단연코 역사상 최고입니다."

헨리 맥라렌의 전 인생에 걸친 노력, 미래상, 식물과 정원에 대한 사랑, 특히 진달래에 대한 열정으로 완성된 보드넌트 정원은 지금도 많은 사람에게 황홀한 기쁨을 선사하고 있다.

레이 셀링
베리

Rae Selling Berry
1880-1976
미국

로도덴드론 데코룸
Rhododendron decorum

중국의 자생식물 중 매우 광범위하게 자라는 종으로, 1901년에 식물 탐험가 어니스트 윌슨이 처음으로 소개했다.

시작은 미약했다. 현관 옆 화분 몇 개에 불과했던 레이 셀링 베리의 토종 식물과 외래 식물의 컬렉션이 발전하여 미국에서 가장 멋진 야외 식물원이 되었다. 베리는 1930년대부터 진달래속과 앵초속, 고산식물을 수집했으며 그중 다수가 희귀종이었다. 그러자 여러 저명한 식물학자와 원예가가 그녀의 정원을 자주 방문했고, 서신으로 연락하는 사람들도 많아졌다. 모두들 베리의 작품에 찬사를 보냈고, 그녀와 논의하고 씨앗이나 식물을 맞교환했다. 베리는 세상을 떠난 뒤에도 자연에 공헌했다. 즉, 그녀의 토종 식물 컬렉션은 포틀랜드 주립대학의 유전자은행 및 보존 프로그램의 성공에 이바지했다. 그녀는 오늘날에도 원예가로서 귀감이 되고 있다.

1908년, 레이 셀링 베리는 꽃 화분 몇 개로 현관을 화사하게 꾸며 보고 싶었다. 애초의 생각은 이렇게 소박했지만, 식물을 향한 열정이 빠르게 불타올랐다. 베리의 정원은 곧 캅카스, 히말라야산맥, 알프스산맥에서 온 식물과 본인이 태평양 연안 북서부에서 직접 채집한 식물로 가득 찼다. 빈 땅을 두 군데 빌려 식물을 심었으나 이곳도 가득 차고 말았다. 1938년에는 더 이상 빈 자리가 없어서 예순을 바라보는 나이에도 베리는 남편과 함께 아예 새로운 곳에 자리를 잡았고, 정원의 식물도 거의 옮겨 심었다.

새로운 정원

이들이 이주한 곳은 오리건주 레이크 오스위고의 북쪽, 어느 언덕 꼭대기 언저리였다. 우묵한 형태의 이 땅은 2.5헥타르에 이르고 샘과 개울, 초원과 골짜기, 늪과 습지 등 서식 환경이 다양했으며, 앞으로 더 다양해질 수도 있었다. 집 주변의 식재와 잔디밭은 조경가가, 나머지 정원은 베리가 디자인했다. 베리는 미관보다도 식물의 습성을 우선시하는 진정한 원예가였다. 집 뒤편의 통나무 노대와 오래된 돌 수반에 앵초와 고산식물을 키웠고, 설난속(*Rhodohypoxis*)처럼 특별한 관리가 필요한 식물을 위해서는 돋움 화단을 만들었다.

베리는 선호하는 품종을 대량으로 식재했다. 이곳을 방문한 사람들은 꽃이 무더기로 핀 장관을 잊지 못했다. 플레이오네 포르모사나(*Pleione formosana*), 소르티아 우니플로라(*Shortia uniflora*) 화단도 있었다. 1950년대에는 베리가 야생에서 멸종된 줄로 알았던 테코필라에아 키아노크로커스(*Tecophilaea cyanocrocus*) 알줄기 하나를 입수했다. 이것이 베리의 정원에서 번성하여 한창때는 75포기가 되어 꽃을 피웠으니, 인위적인 재배 공간에서는 보기 드문 진풍경이었다.

종자들이 이룬 장관

베리는 가드닝을 시작하면서부터 잉글랜드에서 발행되는 가드닝 잡지를 구독했고 전문 종묘장에서 식물을 사들였다.

그녀 역시 영국의 조지 포레스트, 프랭크 킹던 워드, 프랭크 러들로, 조지 셰리프와 미국의 조셉 록 등 일류 식물 탐험가가 곧 중국, 미얀마, 인도를 돌며 냉온대 기후의 정원에서 재배할 수 있는 식물을 탐색하려 한다는 정보를 알게 되었다. 그들은 탐험 후원자들에게 종자로 보답했다. 베리는 포레스트에게 편지를 보냈다. "저는 포레스트 씨의 탐험에 후원자로 참여하고 싶습니다. 그 간절함은 이루 말할 수 없

테코필라에아 키아노크로커스
Tecophilaea cyanocrocus

푸른색 꽃이 매우 인상적인 식물로, 정원사들이 매우 귀하게 여긴다. 보통 화분에서 기르거나 바위 정원에서 소량 재배한다. 일명 칠레 청크로커스로 불린다.

습니다. 여기서 아름다운 식물을 볼 수 있는 유일한 방법이고, 또 그 자체로 가치 있는 일이니까요." 1930년 8월 27일에 답장이 도착했다. "당신은 미국인으로서는 유일하게 이 탐험의 후원자가 되셨습니다. 탐험이 순조롭게 진행된다면, 미국의 정원에서 새로운 식물이 많이 자라는 걸 보시게 될 겁니다."

베리는 식물을 구석구석 살피고 면밀하게 관찰하여 식물들을 잘 키워 냈다. 그녀는 재배하기 어려운 종을 성공적으로 키우는 등 식물 번식에서 탁월한 실력을 보이며 명성을 떨쳤다.

베리는 새로운 앵초속 식물들을 매우 좋아해서 총 61종을 길렀는데, 북아메리카에서 가장 큰 규모였다. 앵초 컬렉션은 베리가 가장 자부심을 느끼는 구역이었고, 그곳에 가장 많은 정성을 쏟았다. "키 큰 프리물라 비알리(*Primula vialii*, 포레스트가 1906년에 도입)를 심은 크고 멋진 화단이 있습니다. 가장 인상적인 앵초로 손꼽히는 종이지요." 이 밖에도 베리는 수많은 앵초를 재배했는데 몇 가지 언급하자면, 프리물라 무스카리오데스(*P. muscari-*

odes, 포레스트, 1905년), 프리뮬라 시노푸르푸레아 (_P. sinopurpurea_, 록), 노란 꽃이 무리 지어 피고 잡초처럼 잘 자라는 프리뮬라 플로린대(_P. florindae_, 킹던 워드, 1924년)가 있었다.

베리의 진달래속 컬렉션도 미국에서 가장 훌륭하다는 평가를 받았는데, 160종을 대표하는 2,000여 그루로 구성되어 있었다. 키가 작은 종들은 바위 정원에서 재배했다. 로도덴드론 데코룸 (_R. decorum_, 포레스트, 록, 킹던워드가 모두 이 종을 도입했다)과 로도덴드론 칼로피툼(_R. calophytum_, 윌슨, 1908년)이 유독 두드러졌다. 이 정원에 진달래가 대량으로 식재된 이유는 묘목의 뿌리가 육묘판을 뚫고 내려왔을 때, 제2차 세계대전이 한창이라 묘목을 옮겨 심을 인력이 없어서였다. 약한 묘목은 죽고, 강한 묘목은 성장해서 십여 군데의 임분(林分)이 4.5-6미터 높이의 빽빽한 캐노피를 형성했다. '진달래 숲'이라고 불리는 이 구역에 꽃이 피면 그야말로 장관이었다. 거의 모두 식물 탐험가가 보낸 종자에서 자란 것들이었다. 이 중에서 가장 희귀한 종은 연노란색의 로도덴드론 크리세움(_R. chryseum_, 포레스트, 1918년)과 로도덴드론 상귀네움 클로이오포룸(_R. sanguineum_ ssp. _cloiophorum_, 포레스트, 1917년경)이었다.

> "열정적인 가드너이자
> 비범한 원예가이며 원예학계에
> 영감을 불어넣은 위인 레이 셀링 베리는
> 선천적으로 청각장애가 있었지만
> 식물 애호가들에게
> 위대한 유산을 남겼다."
> 앨리스 조이스, 정원 작가

아메리카 북서부 토종 식물

베리는 미국 서부, 캐나다 서부, 알래스카로 이어지는 산맥에서 자생하는 희귀한 토종 식물 채집에도 열중했다. 노년에 이르러서도 왈로와산맥에서 오리건주의 유일한 자생 앵초인 프리뮬라 쿠시키아나(_Primula cusickiana_)를 찾아다니곤 했다. '쿠키'라는 애칭을 가진 이 앵초는 베리에게 '문제아'였다. 재배에 거의 실패했고 설사 성공해도 오래 살지 못했기 때문이다. 베리는 식물을 관찰하며 두루 다니다가 미 북서부 주민으로서는 처음으로 서식지 파괴에 경종을 울리기도 했다. 그녀는 5,000종에 가까운 이 지역의 토종 식물 중에서 약 200종을 자신의 정원에서 재배했다.

베리가 세상을 떠난 후, 미국의 멸종 위기 자생종을 보호하기 위한 최초의 종자 은행이 베리의 북서부 자생식물 컬렉션을 중심으로 설립되어, 종자를 보관하고 식물을 야생으로 돌려보내는 활동이 시작되었다.(베리 시대 이후에 법이 바뀌어 이제는 야생식물 채취가 불법이다.)

베리는 미국 앵초협회와 미국 진달래협회의 창립 멤버였다. 또한 미국 진달래협회의 우수상을 비롯해 '고산식물, 앵초, 진달래에 관한 놀라운 지식과 가장 까다로운 식물 재배에 성공한 공로'로 미국 정원클럽의 플로렌스 드베부아즈 메달과 '미국 토종 식물을 특별히 연구한' 미국의 위대한 정원사로서 미국 바위정원협회의 표창장을 받았다.

레이 셀링 베리

레이 셀링 베리는 위대한 정원사이자 특출난 원예가였다. 그가 이룬 성공과 방대한 컬렉션의 바탕에는 식물에 대한 넘치는 열정과 세심한 정성이 있었다. 그와 같이 열정과 정성을 쏟고, 나아가 자신이 좋아하는 가드닝 분야를 찾는다면 시간이 지나도 변치 않는 기쁨과 행복을 누리게 될 것이다. 베리는 여름이면 매일 늦은 오후에 제초 작업을 했다. 잡초는 재배 식물이 흡수할 수분과 영양분을 빼앗고 해충과 질병을 끌어들일 수 있으므로 화단에서 제거해야 한다.

› 베리는 고산식물을 돋움 화단과 화분에서 재배했다. 이들은 작은 정원에 이상적이다. 큼직한 화분이나 창가에 놓는 화분에서 기를 수도 있다. 이런 방법을 사용하면 예를 들어, 뜨거운 햇빛이 닿지 않는 곳이라든지, 식물이 자라기 좋은 환경을 쉽게 찾을 수 있다.

› 초보자라면 인근 가든 센터에서 돌나물속, 바위취, 암담초(*Erinus alpinus*)와 같이 쉽게 기를 수 있는 식물을 구하는 것이 좋다. 그러다 관심이 늘어나면 소규모 전문 종묘장을 방문하거나, 고산식물 협회 또는 바위 정원 협회를 찾아본다. 이런 곳에서 엄청나게 다양한 씨앗과 식물을 사거나 교환할 수 있으며 전문가의 값진 조언을 거저 들을 수 있다.

› 크로커스, 튤립, 무스카리처럼 크기가 비교적 작은 고산 구근식물은 화분에서 잘 자란다. 개화기에는 눈에 띄는 곳에 두고, 꽃이 지면 눈에 띄지 않는 곳으로 잘 옮겨 둔다. 이어서 개화하는 다른 식물로 그 자리를 채운다.

› '잡초 없는 곳에 괭이질해봤자다!' 가드닝계의 속담이다. 이 말 그대로, 괭이질은 싹이 트는 데에 방해만 된다. 베리는 매일 정원을 돌아보면서 잡초를 뽑고 별문제가 없는지 살폈다.

프리물라 비알리
Primula vialii

이 멋진 식물은 식물 탐험가 조지 포레스트의 친구인 조지 리턴 영사의 이름을 따서 리토니아나 앵초(*Primula littoniana*)로 불렸다. 야생에서 발견하기 더욱 어려워졌다.

프레드릭
스턴

Sir Frederick Stern
1884-1967
영국

아네모네 블란다
Anemone blanda

프레드릭 스턴은 봄에 꽃을 피우는 아네모네를 많이 심었다. 3월에 피는 이 꽃은 보라색, 분홍색, 살구색 등 다양한 색조를 띤다.

프레드릭 클로드 스턴 경은 런던에서 태어나 이튼 칼리지와 옥스퍼드대학 크라이스트처치 칼리지에서 공부했다. 그는 로이드 조지영국 제53대 총리의 개인 비서로 정치에 입문했으나, 그의 부고에 쓰여 있듯 "원예학계로서는 다행히도 큰 손실을 볼 위험을 면했다". 제1차 세계대전 때 전장에서 활약한 공로로 십자 훈장을 받았고 아마추어 기수로도 잠시 활동했으며, 원래 원예보다는 사냥에 관심이 많았다. 그러다 1909년 웨스트서식스 워딩 근처에 있는 하이다운 저택을 매입하면서 가드닝과 식물 교배에 빠져들었다. 이 열정은 평생 수그러들지 않았다.

3.2헥타르가 조금 넘는 하이다운의 정원은 대부분 단단한 석회질 토양인 것으로 유명하다. 처음에는 저택 주변으로 아담한 풀밭과 방풍림 정도가 조성되어 있었다. 스턴은 방치되어 있던 남향의 석회 구덩이에 원래는 테니스장을 지을 생각이었으나 대신 연못을 만들고, 당대의 유명한 고산식물 종묘가 클래런스 엘리엇의 설계로 바위정원을 조성했다. 가드닝에 대한 열정이 깊어지자, 스턴은 당대의 저명한 정원사들에게 조언을 구하기 시작했다. 가령 콜스본 공원의 주인이자 왕립원예협회에서 최초로 빅토리아 명예 훈장을 받은 헨리 존 엘위스는 스턴에게 이렇게 권고했

다. "한 종을 최소한 세 그루 심으세요. 한 그루는 친구들이 괜찮은 자리라고 생각하는 곳에 심고, 또 한 그루는 당신 자신이 괜찮다고 생각하는 곳에, 나머지 한 그루는 아무도 괜찮다고 생각하지 않는 곳에 심으세요."

저택 한쪽에는 남쪽을 향해 깎아지른 듯한 절벽이 있었다. 여름이면 무덥고 건조해서 거기서는 아침에만 일할 수 있었다. 처음에 스턴은 배짱 좋은 남자아이를 시켜 밧줄을 타고 내려가게 하여 절벽 표면에 홍자단과 스파르티움 융케움(*Spartium junceum*)을 식재했다. 흙이 거의 없는데도 홍자단, 팥배나무, 덩굴로 자라며 흰 꽃을 피우는 로사

브루노니, 수피가 매력적이고 딸기 같은 열매를 맺는 상록의 우네도딸기나무가 뿌리를 단단히 내렸다. 그 밖에도 여러 식물이 번성하여 이 절벽은 나뭇잎으로 뒤덮였다.

시행착오

스턴은 이런 극단적인 조건에서 어떤 종류의 식물이 자랄 수 있는지 알아내려고 무수히 실험했다. 당대의 내로라하는 정원에는 진달래가 빠지지 않았는데, 많은 이들이 하이다운에는 그런 아름다운 정원이 만들어질 수 없을 것이라고 생각했다. 하지만 스턴은 목련을 재배하려고 했고, 이런 시도는 그가 얼마나 우직하고 저돌적인 정원사였는지를 보여 준다. 그는 30종이 넘는 목련을 실험 재배한 끝에 딱 한 종, 윌슨함박꽃나무(*Magnolia wilsonii*)가 하이다운에서 잘 자란다는 사실을 발견했다.(실험

결과를 기록한 카드 색인에 '죽음', '죽었다', '죽었다!'는 메모가 수두룩하다.) 또한 그 무렵 영국의 정원에 소개되기 시작한 중국 식물 중에 하이다운에서 자랄 수 있는 종이 많다는 사실을 발견하고 큰 희열을 느꼈다. 이에 스턴은 레지널드 패러의 1914년 히말라야산맥 탐험대, 어니스트 헨리 윌슨의 탐험대 등 유능한 채집가들의 식물 탐험 여행을 후원해서 식물 종자를 직접 확보하기로 했다.

스턴에게 가장 큰 성공을 선사한 식물은 지중해와 중국에서 온 것들이었다. 그다음이 아시아 기타 지역과 일본, 북아메리카에서 온 것들이었다. 스턴은 가드닝 기술도 실험했다. 그 결과, 석회질 토양에서는 단단한 땅에 구멍을 내기보다는 석회를 잘게 파쇄해서 심으면 식물이 더 잘 자랐다. 이 발견을 토대로 좋은 성과를 낸 스턴은 특유의 익살스러운 문체로 다음과 같이 썼다. "석회질 토양에서 무엇이 잘 자라는지 알아내려고, 그리고 이용하지 않는 석회 구덩이를 오아시스로 만들려고 애를 쓰면서 느끼는 즐거움은 끝이 없다." 이러한 경험과 성과를 기록한 그의 저서『석회 정원 *A Chalk Garden*』(1960)은 널리 알려졌고, 이는 지금도 이 주제에 관한 가장 믿을 만한 참고서로 통한다. 이 책의 색인에는 여섯 쪽에 달하는 식물 목록이 실려 있으니, 석회질 토양에서는 식물이 살지 못한다고 생각하는 사람이 있다면 이 목록을 보고 다시 생각해 보는 것이 좋다.

수선화
Narcissus cultivars

봄의 전령인 수선화는 가장 인기 있는 정원 구근식물이다. 종류가 매우 다양해서 그룹으로 나뉘어 분류된다.

프레드릭 스턴

스턴은 "의외로 많은 식물이 석회질 토양을 싫어하지 않아서 흙을 잘게 부수고 땅을 갈아 주면 식물이 자라는 데 아무 문제가 없다"라고 기록했다. 스턴이 수년간 시행착오를 하고 고생하며 얻어 낸 결과는 오늘날 많은 정원사에게 유용하게 쓰이고 있다.

› 석회질 토양에서는 구근식물, 특히 초봄에 꽃을 피우는 종이 아주 잘 자란다. 스턴은 수선화, 다양한 색조의 아네모네 블란다(*Anemone blanda*), 보라색과 빨간색 꽃이 피는 아네모네 파보니나(*A. pavonina*), 노란색 꽃이 피는 툴리파 실베스트리스(*Tulipa sylvestris*), 붉은색의 툴리파 프라이콕스(*T. praecox*) 등을 내규모로 재배했다.

› 스턴이 발견했듯이 단단한 석회질 토양은 최소 60센티미터 깊이까지 갈아 주어야 관목이 자랄 수 있다. 먼저 쇠스랑과 곡괭이로 10센티미터 깊이까지 표층 '상판'을 깨서 제거하고 아래의 석회질 토양을 분쇄한다.

› 수분을 보존하려면 멀칭이 필수이다. 화단은 흙에 수분이 아직 남아 있는 한겨울에 버섯 배지로 멀칭해야 한다. 흙이 다 말라 버렸다면 시기를 놓친 것이다.

유다박태기나무
Cercis siliquastrum

봄에 라일락을 닮은 진분홍 꽃이 잎보다 먼저 나오는 점이 특이하다. 전설에 따르면 가룻 유다가 목을 매단 나무라고 한다.

› 하이다운 정원에서는 황갈색 수피가 벗겨지는 모습이 독특한 중국복자기, 봄에 맨 줄기에 진분홍색 꽃부터 피어나는 유다박태기나무, 겨울에 끈적끈적한 새순을 내고 진홍색 열매를 맺었다가 가을에 단풍이 드는 사전트마가목(*Sorbus sargentiana*), 봄에 적갈색의 새순이 자라고 가을에 빨간색 씨를 맺는 고로쇠나무(*Acer cappadocicum* ssp. *sinicum*) 등이 있다.

› 석회질 토양에서는 어린 식물일수록 잘 살아남는다. 일찌감치 뿌리를 내리면 주변 토양에 확실하게 자리 잡은 뒤 환경에 적응하며 성장할 수 있기 때문이다.

› 이러한 환경에서는 튼실하고 억센 장미만이 살아남을 수 있다. 하이브리드티 같은 교배종이나 여러 송이가 모여 피는 플로리분다 품종은 연약해서 살아남지 못한다.

영감을 주는 식물

하이다운 정원은 초봄부터 초여름까지 절정에 이르는데, 특히 장미가 필 때면 언제나 흥미로운 볼거리가 있다. 1920년대에 이 정원에서 육종한 장미 '하이다우넨시스'(*Rosa* 'Highdownensis')는 튼실하고 잎이 무성한 관목으로, 새로 난 줄기가 1년 만에 3미터 길이의 아치형으로 자란다. 진분홍색 홑꽃과 목이 가는 술병 모양의 주홍색 열매가 개화기 내내 정원을 우아하게 장식한다.

스턴의 정원에서 또 중요한 식물은 매력 넘치는 모란 '하이다운'(*Paeonia* (Gansu Group) 'Highdown')이다. 눈처럼 하얗고 지름이 최대 20센티미터나 되는 거대한 꽃이 피고, 꽃잎 맨 안쪽에 진자주색 반점이 있다. 스턴은 관목류 모란과 초본류 작약을 모두 사랑하여 『작약속 연구*A Study of the Genus Paeonia*』(1946), 『설강화와 은방울수선*Snowdrops and Snowflakes*』(1956)을 집필했다. 그는 수선화와 키 작은 에레무루스속(*Eremurus*)을 비롯해 여러 식물을 교배하기도 했다. 에레무루스 '하이다운 드워프', 에레무루스 '선셋' 등 몇몇 식물은 가든 메리트상을 수상했다. 이후에 스턴은 붓꽃협회의 회장으로 선출되었고, 1930년대에는 '앨라인'과 '마조리'처럼 키 큰 교배종 붓꽃을 만들어 냈다. 그 밖에도 헬레보루스, 꽃벚나무와 백합 등의 교배에도 성공했다. 스턴의 가장 중요한 업적

로사 브루노니
Rosa brunonii

이 튼실한 덩굴장미는 비바람이 없는 자리나 따뜻한 기후에서 잘 자란다. 키가 최대 12미터에 이르므로, 덩굴이 뻗어 나갈 수 있는 넉넉한 공간이 필요하다.

은 역시 토양이 알칼리성이라도 다양한 종이 자라는 흥미롭고 아름다운 정원을 가꾸는 데 아무 걸림돌이 되지 않는다는 사실을 처음으로 증명한 것이었다. 스턴이 재배한 식물은 이제 '국립 컬렉션'으로 지정되어 있다. 하이다운 정원을 방문하는 사람들은 20세기 가드닝 역사에서 가장 유용하고 멋진 실험의 결과들을 보고 배우며, 조건이 아무리 열악하더라도 정원사가 적절한 식물을 선택해 과감하고 성실하게 키운다면 어느 곳이든 아름다운 정원이 될 수 있다는 사실을 되새길 수 있다.

> " 스턴이 위대한 정원사가 될 수 있었던 자질을 꼽으라면,
> 무엇보다도 평생 식을 줄 모르는 열정이었다. 그 열정은 사람들을 친근하게
> 끌어당기고 물들여서 그의 정원을 방문한 사람은
> 마치 강장제를 복용한 듯 새로운 실험에 도전할 힘을 얻었다. "
>
> 루이스 팔머

자크
마조렐

Jacques Majorelle
1886-1962

모로코

연성각
Cereus repandus

꽃이 단 하룻밤 핀 뒤 먹을 수 있는 열매가 열린다. 과육이 하얗고 달콤하며 씨앗이 촘촘히 박혀 있다. 주로 관상용으로 재배한다.

화가이자 공예가이며 정원사인 자크 마조렐은 1886년 프랑스 낭시에서 태어났다. 그의 부친 루이 마조렐은 가구 제작자로 자연, 그중에서도 식물을 영감의 원천으로 삼은 아르누보 운동의 핵심 인물이었다. 자크 마조렐 또한 낭시와 파리의 에콜 데 보자르에서 미술을 공부하면서 자연의 아름다움에 눈을 떴고, 이때 싹튼 동식물을 향한 열정은 평생 커져만 갔다. 그는 에스파냐, 이탈리아, 그리스, 이집트를 여행하다가 1919년에 모로코에 터를 잡았다. 마조렐의 정원은 이슬람 양식, 식물 컬렉션, 생동하는 현대 회화, 그리고 우리에게도 유명한 '마조렐 블루'가 한데 어우러진 특별한 공간이다.

1923년, 자크 마조렐은 모로코 마라케시의 어느 야자나무 숲 가장자리에 위치한 1.6헥타르 면적의 땅을 매입하고 그곳에 집을 지었다. 그는 이 집에 '부사프사프'(포플러를 뜻하는 아랍어)라는 이름을 붙였다. 이후 주변 땅을 추가로 사들여 총 4헥타르의 대지를 소유하게 되었다. 마조렐은 오아시스에 정원을 조성했다. 마라케시 같은 지역에서 정원이 오래 존속할 수 있는 유일한 입지가 오아시스이다. 1931년 마조렐은 공방과 작업실, 생활 공간을 아우르는 두 번째 건물의 설계를 건축가 폴 시누아르에게 맡겨 '큐비스트 빌라'를 지었다.

낙원을 창조하다

1924년 마조렐은 잔잔한 거울 연못, 분수, 수로, 그늘을 드리우는 식물, 다양한 과실수(오렌지, 레몬, 석류, 대추야자)를 갖춘 정원을 만들어 이슬람의 상징적 표현과 인근 정원의 특징을 반영했다. 그의 정원에서 공작, 원숭이, 그리스 땅거북, 플라밍고가 풍성한 초목 사이를 자유롭게 돌아다녔고, 정원 우리에는 가젤 두 마리가 살았다. 다만 마조렐은 두꺼비 소리에 정신이 분산된다며 "밤의 정원은 시끄러운 불협화음"이라고 언급했다.

마조렐은 식물 중에서도 특히 나무를 사랑하여

희귀하고 아름다운 나무로 정원을 꾸몄다. 그는 식물 탐험대를 후원했고 가끔 미술 작품과 선인장을 맞바꾸었다. 또 직접 아틀라스산맥으로 채집을 다니곤 했다. 그는 아메리카 남서부의 선인장, 아시아의 수련과 연꽃, 남태평양의 야자수 등 '세계 구석구석에서 나는' 식물을 수입하고 거래했는데, 상당수가 모로코에 처음 소개되는 종이었다. 어떤 종은 정원의 식생 구성에 놀라운 변화를 가져왔다. 가령 뾰족하고 각진 다육식물과 통모양의 가시투성이 선인장은 부드럽게 물결치는 부겐빌레아, 대나무와 현격한 대비를 이루었다. 이리저리 얽힌 나뭇잎은 다채로운 질감을 만들고 분위기와 향기에 미묘한 변화를 주었으며 시원한 그늘과 차분한 공간을 창출했다.

마조렐은 화가 특유의 시선으로, 하루 동안 스포트라이트를 비추다가 역광이 되기도 하는 빛의 방향을 고려하여 각 식물에게 어울리는 자리를 찾아 주었다. 빛과 그늘의 효과를 집중적으로 연구한 마조렐은 식물 하나하나를 감상할 수 있는 갤러리 공간에는 주로 다육식물을 배치하고, 식물 사이사이 공간이 그 자체로 볼거리가 되게 했다. 그는 이 구역을 '그늘과 색채의 대성당'이라고 불렀고, 그림을 그릴 때 배경으로 이용하곤 했다. 식물에 대한 열정과 욕망은 그에게 좌절과 행복을 반반씩 안겨 주었다. 1847년에 마조렐은 본인의 뜻과 무관하게 정원을 대중에게 개방해야 했다. 그는 "정원에 투자하느라 심각하게 고갈된 재정을 회복하기 위해 카사블랑카에서 전시를 열어야 한다. … 이 탐욕스러운 도깨비 같은 정원에 지난 22년간 내 기운을 소진했지만, 낙원의 천사들을 만족시키려면 앞으로 20년도 더 걸릴 것이다" 라고 기록했다.

부겐빌레아
Bougainvillea spectabilis

유명한 열대식물 부겐빌레아는 자생종과 교배종이 많다. 종이같이 얇고 색이 화려한 포엽 안에 자그마한 꽃이 숨어 있다.

> "이 정원은 나 자신을
> 온전히 바쳐야 하는 중대한 과업이다.
> 정원은 여생을 송두리째 앗아갈 것이고,
> 나는 모든 사랑을 정원에 쏟아부은 뒤
> 나무 아래 지쳐 쓰러질 것이다."
>
> 자크 마조렐

마조렐 블루

1937년에 마조렐이 선명하고 강렬한 색을 새로 만들어 냈는데, 오늘날 '마조렐 블루'라고 불리는 파란색이다. 그는 '색채의 나라' 모로코를 구석구석 탐험하던 중 아마도 아틀라스산맥 지역의 건축물에 쓰인 파란색을 보았을 테고, 파란 마을로 알려진 셰프샤우엔도 방문했을 터이다. 당시 유럽에서는 그 누구도 선뜻 시도하지 않았을 일을 마조렐은 감행했다. 공방의 외벽을 군청색으로 칠해 정원의 초록색을 돋보이게 하고 별채, 대문, 퍼걸러, 화분 등을 추가하여 정원을 완전히 쇄신했다. 통로와 돋움 화단에는 마라케시의 대표색이라 할 수 있는 진한 빨간색을 칠했다.

야자나무는 온대의 정원은 물론 열대의 정원에도 이국적인 감성을 더해 준다. 여러 종을 한데 심으면 다양한 형태의 잎이 어우러져 상당히 아름답다.

죽음, 쇠퇴, 재생

안타깝게도 마조렐의 만년은 비극으로 점철되었다. 이혼으로 힘든 시간을 보냈고 큰 교통사고를 두 번이나 당했다. 그는 자신의 정원에 작별 인사도 제대로 하지 못한 채 1962년, 파리에서 세상을 떠났다. 정원은 마치 창조주의 죽음을 슬퍼하기라도 하듯 쇠락하기 시작했다.

그러다 1966년에 이브 생 로랑과 피에르 베르제가 마라케시를 처음 여행하다가 마조렐의 정원을 발견했고, 1980년에 정원을 사들였다. 두 사람은 "마조렐 정원이 가장 아름다운 정원이 되도록, 자크 마조렐의 안목을 존중하며" 정원을 복원했다. 정원은 점차 본래의 모습을 되찾아 갔다.

1998년에 로랑과 베르제는 식물생태학자인 아브데라자크 벤차바네 박사에게 식재 조사를 의뢰했다. 박사는 정원을 보존할 몇 가지 방안과 120종의 식물 목록을 작성했다. 현재 정원에 있는 식물은 325종이다. "저는 마조렐의 선택을 존중하고 싶었기 때문에 그가 심은 것과 같은 과에 속한 새로운 종을 들였습니다. 식물학적으로나 심미적으로 충돌하지 않도록 하며 정원에 풍성함을 더했습니다." 그는 시간대 및 각 식물의 습성에 따라 조절되는 자동 관개 시설도 설치했다. 그 결과 비용이 절감되고 물 사용량이 40퍼센트나 감소했다.

자크 마조렐은 "제가 그린 어느 작품보다도 꽃이 만발한 이 정원이 아름답다고 생각합니다"라고 말했다. 그는 "정원이 거대한 장관을 품고 있고 나는 조화롭게 지휘했을 뿐"이라고 말했지만, 마조렐 블루가 없었다면 이곳이 지금처럼 아름답지 못했을 것이다.

자크 마조렐

자크 마조렐은 장장 40년에 걸친 사랑의 결실로 오감을 즐겁게 하는 정원을 조성했다. 그는 주변 이슬람 문화를 정원의 구조에 효과적으로 반영했고, 이국적인 식물을 곁들여 독특한 낙원을 창조했다. 마조렐의 상상력이 마음껏 발휘된 장이었다.

› 표본 식물이 본래의 형태와 수형대로 자라려면 공간이 넉넉해야 한다. 선인장과 다육식물을 지나치게 빽빽하게 심으면 식물의 기하학적 윤곽이 뭉개지기 때문에 마조렐은 각각의 독특한 형태가 제대로 드러나도록 식물을 띄엄띄엄 배치했다. 식물의 형태가 독특할수록 배경이 단조로워야 효과가 배가된다. 예를 들어, 마조렐 블루를 배경으로 다육식물을 배치하거나, 흰 꽃이 피는 나무는 짙은 색 생울타리 앞에 심으면 좋다.

› 계획적으로 배치한 벤치는 정원의 중요한 자산이다. 벤치에서 방문객이 휴식을 취하며 전망과 통경, 초점이 되는 요소를 감상하고 주변 풍경을 만끽할 수 있다. 물론 정원사도 작업을 잠시 멈추고 일의 진척을 평가하거나 정원을 즐길 수 있다. 정원을 가꾸는 행위뿐 아니라 노동의 결실을 즐기는 것도 가드닝이 주는 즐거움이다.

› 높은 담에 에워싸인 정원은 번잡스러운 외부 세계(마라케시가 딱 그런 도시이다)에서 물러나 고요와 평온을 느낄 수 있는 나만의 공간이다. 키 큰 생울타리도 비슷한 효과를 내는데, 이웃의 영역을 침범하지 않도록 늘 신경 써야 한다. 혹은 정원 한쪽 구석에 식물로 소리를 차단하여 조용한 공간을 만들 수도 있다.

› 마조렐은 군청색을 활용해 극적인 분위기를 조성했다. 하지만 군청색은 마라케시의 밝은 햇빛과 잘 어울리는 색이라서 모든 지역에 적용되진 않는다. 페인트는 단숨에 정원에 색깔을 입힐 수 있는 좋은 재료지만 외관을 산뜻하게 유지하려면 가끔씩 다시 칠해야 한다. 비교적 소박하고 손쉽게 정원에 색을 더하는 방법은 화분에 페인트를 칠하거나 유약 바른 화분을 들이는 것이다.

› 소리의 중요성도 간과해선 안 된다. 개구리 우는 소리, 새의 노랫소리, 잎이 바스락거리는 소리, 곤충이 윙윙대는 소리, 물이 똑똑 듣는 소리, 분수에서 물이 졸졸 흐르는 소리 등 모든 소리가 정원에 또 하나의 차원을 더하고 감각을 만족시킨다.

코치닐선인장
Opuntia cochenillifera (L.)

선인장과를 통틀어 크기가 가장 큰 속인 오푼티아는 주로 관상용으로 기른다. 성장 속도가 매우 빠르고, 떨어진 잎에서 뿌리가 나와 새로운 개체가 된다.

이 풍경의 분수와 수로, 대담한 형태와 색채, 양식은 자크 마조렐이 마라케시에서 창조한 걸작의 정수를 보여 준다. 전통적인 아이디어를 현대적인 설계로 전환한 훌륭한 예시이다. 이슬람 정원의 전형적인 요소인 물로 이슬람 문화를 반영했고, 마조렐 블루라는 고유의 색으로 이곳이 마조렐의 작품임을 분명하게 나타냈다. 예술적인 형태와 양식이 전면에 두드러지는 정원이지만, 평화롭고 고요하고 멋있다. 예술과 문화가 결합한 완벽한 사례이다.

테라스나 발코니, 하드 스케이프 구역에서 식물을 기르기에 가장 좋은 방법은 바로 화분을 이용하는 것이다. 화분은 해당 공간의 디자인을 고려해야 한다. 화분에 재배할 수 있는 식물은 매우 다양하다. 나무나 토피어리처럼 영구 재배가 가능한 것도 있다. 또, 여름 한철 관상하는 종이나, 겨울이 추운 지역의 경우 여름에는 실외에서 키우다가 겨울에는 실내에 들여야 하는 종 등 수명이 짧은 식물도 있다. 화분은 뿌리가 문제없이 자랄 수 있을 만큼 크기가 넉넉해야 하고, 바람에 넘어지지 않도록 형태가 안정적이어야 한다. 밑바닥에 배수구가 있는 화분에는 거의 모든 식물을 키울 수 있다. 배수구가 없는 화분에는 습지식물을 키울 수 있고, 크기가 크다면 미니어처 연못을 만들 수 있다.

가나 왈스카

Madame Ganna Walska
1887-1984
미국

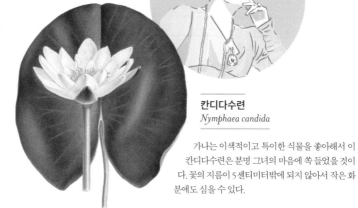

칸디다수련
Nymphaea candida

가나는 이색적이고 특이한 식물을 좋아해서 이 칸디다수련은 분명 그녀의 마음에 쏙 들었을 것이다. 꽃의 지름이 5센티미터밖에 되지 않아서 작은 화분에도 심을 수 있다.

가나 왈스카는 캘리포니아의 땅을 매입해서 일련의 정원을 조성하고 이 멋진 작품을 '로터스랜드'라고 불렀다. 한 번도 본 적 없는 식물을 대량으로 식재해서 규모 면에서 놀라운 정원이었다. 다른 문화에서 얻은 영감이 정원을 만드는 데 한몫했지만, 그녀의 독특한 창의성이 매력을 더했다. 그녀의 정원은 특이하고, 아름답고, 경외감을 불러일으키는 동시에 독창성이 빛나는 순수한 무대였다.

왈스카의 평범하지 않았던 삶을 살펴보면 무슨 자금으로 그녀가 사치스러운 생활을 감당했는지 알 수 있다. 폴란드에서 한나 푸아흐라는 이름으로 태어났고, 여권 10개에 기재된 생일이 제각기 다르지만 출생 연도는 1887년으로 추정된다. 스무 살에 러시아 백작과 눈이 맞아 달아나서 오페라 가수로 활동하기 시작했고, 가나(Ganna)라는 활동명을 썼다. 왈스카는 가나가 춤을 좋아해서 왈츠에서 따온 이름이다. 그래서 모두들 그녀를 '우아한 왈츠 부인(Madame Graceful Waltz)'이라고 불렀다.(한나는 우아하다는 뜻이다.)

그녀는 미모와 매력, 성격으로 사람의 마음을 끌어서 여섯 번 결혼했다. 한 명을 제외하고 모두 대단한 재력가였으며, 그중에는 당대에 '세상에서 가장 부유한 총각'으로 알려진 알렉산더 코크런도 있었다. 그래서 평생 쓸 돈이 있었고, 맨해튼과 파리에 있는 집, 샹젤리제 극장, 일드프랑스의 갈루이성을 유지할 수 있었다. 오페라 가수로서 성공하지 못하자 동양의 신비주의에 관심을 돌렸다가 자칭 '백인 라마티베트 불교의 수행자'라고 하는, 스무 살도 더 어린 테오스 버나드를 만나 결혼했다. 1941년에 그는 캘리포니아 몬테시토에 있는 부동산을 보고 가나를 설득해 매입하게 했다. 하지만 4년 후, 그들은 이혼했다. 이런 격동의 세월을 거친 후에 왈츠는 생의 열정을 불태울 다른 일에 관심을 돌렸다. 바로 가드닝이었다.

몬테시토 로터스랜드

남편 없이 홀로 된 왈스카는 여생을 15헥타르에 이르는 자신의 정원에 쏟아부었는데, 이 정원을 두고 「뉴욕타임스」의 션 K. 맥퍼슨은 "왈스카의 넘치는 열정을 그대로 보여 주는 생생한 화신"이라고 기술하기도 했다. 그녀는 정원을 희귀하고 이색적인 종으로 채웠는데, 이름을 모르면서도 이들의 아름다움에 반했기 때문이다. 여사(그녀는 자칭 '수석 정원사'라고 했지만, 여사라는 호칭을 붙일 때만 대답했다)는 식물이 항상 예쁘게 보이길 원해서 식물로 꾸며 낸 예술, 스타일, 아름다움에 더 관심이 있었다. 각 정원을 조성하기 전에 미리 기사와 사진들로 스크랩북을 만들었다. "저의 창의력을 발달시키는 가장 좋은 방법은 위대한 예술가들의 기술을 배우고 따라 하는 것이에요. 처음에는 그들만큼 잘하려고 하고, 다음에는 그들을 능가하려고 노력해요. 그다음은 자신을 뛰어넘는 것입니다."

정원

왈스카는 샌타바버라에서 가장 유명한 조경업자 락우드 디 포레스트(그녀는 그가 한 일이라곤 바위를 갖다 놓은 것뿐이라고 불평했지만), 정원사와 도급업자로 구성된 팀의 도움으로 정원을 조성했다. 왈스카는 서로 다른 분위기를 내는 18개 구역을 만들었다. 나비 정원, 선인장 정원, 고사리 정원, 오스트레일리아 정원, 일본 정원 등이 그것이다. 토피어리 정원에는 낙타, 기린, 물개 등 26개의 동물 토피어리를 가꾸었다. 이

밖에 전구 눈이 달린 토피어리 말과 왈스카가 머리핀을 떨어뜨리면 머리핀이 붙는 자석 바위 등 여러 희한한 장식품들도 있었다. 모두 아무나 흉내 낼 수 없는 그녀만의 스타일이었다.

분홍색 스터코로 마감된 집의 현관문 밖으로 용혈수(Dracaena draco) 숲이 있었고, 개중에는 19세기부터 있던 나무도 있었다. 전해지는 바에 따르면, 그녀는 차를 타고 주변을 돌아다니며 식물을 수집했다고 한다. 좋은 식물을 발견하면 운전기사에게 그 집의 현관문을 두드리고 그 식물을 팔라고 제안하게 했다. 주인이 팔고 싶어 하지 않으면 샴페인 한 상자를 전달했다. 그러면 대부분 마음을 돌이켰다!

에케베리아 글라우카
Echeveria secunda var. *glauca*

서늘한 온대 기후에서는 실내 화분용 화초로 키우거나 야외 화단 경계에 사용한다. 지중해성 기후에서는 일 년 내내 멋진 모습을 자랑한다.

가나 왈스카

로터스랜드의 정원과 상당히 다양한 식물들은 현재 지속 가능한 방식으로 세심한 관리를 받으며 전시되고 있다. 정원이 눈을 즐겁게 하는 화려한 장식이며, 동시에 훌륭한 원예 활동의 귀감이 될 수 있음을 보여 주는 산 증거다.

› 로터스랜드에는 나비 정원이 있다. 정원은 나 자신만이 아니라 자연을 위한 것이므로, 정원에 꿀, 알을 낳을 장소, 심지어 애벌레 먹이까지 준비해야 한다. 책과 웹사이트를 찾아보면 식재할 식물을 결정하는 데 도움이 되는 정보를 많이 찾을 수 있다.

› 우물이 있는 정원이 있다. 특히 오래된 집에서 사는 경우, 기록을 확인해서 우물이 있는지 알아보는 것이 좋다. 우물이 복원되면 정원에 큰 도움이 될 것이다. 우물을 사용하기 전에 지하수 추출에 관한 법률을 관계 당국에 확인해야 한다.

› 로터스랜드의 빙대한 컬렉션은 현재 그 수가 208가지 과(科)와, 3,286가지 품종에 이른다. 대다수가 희귀종이며, 이 정원에서 잘 보존되고 있다. 당시에는 이런 희귀종 수집이 사치로 여겨졌지만, 이제는 과학적으로 너무나도 소중한 컬렉션이 되었다. 뒷마당에 몇몇 희귀한 야생식물이나 정원용 식물을 길러 생태계 보호에 참여하거나 환경 운동을 실천하는 단체에 가입할 수 있다.

› 식물의 종이 매우 다양하게 구비된 이 정원은 화학 비료나 제초제를 사용하지 않고 지속 가능한 방식으로 관리되고 있다. 본받을 만한 일이다.

› 왈스카는 정원을 만들기 전에 기사와 사진들로 스크랩북을 만들었다. 이와 같은 '무드 보드'는 조경가들도 흔히 사용한다. 무드 보드를 활용하면 식물을 사서 심기 전에 완성된 정원이 어떤 느낌일지 미리 알 수 있다.

› 자신만의 스타일을 추구하는 것이 좋다. 대부분이 '훌륭한 사람'의 작품을 모방하지만, 독창적인 스타일도 시도해 보자.

에피필룸 옥시페탈룸
Epiphyllum oxypetalum

이 선인장의 꽃은 절묘하게 아름답고 달콤한 향이 난다. 각 꽃이 단 하룻밤만 핀다. 온대 기후에서는 서리를 맞지 않는 실내나 온실에서 키우며 즐길 수 있다!

연꽃 정원

1953년부터 1956년에 걸쳐 왈스카는 기존의 수영장을 수생 정원으로 바꾸는 공사를 거의 혼자서 감독했다. 그곳에 너무나도 좋아하는 연꽃을 심은 다음, 새로운 수영장을 또 만들었다. 1958년에는 현지 예술가 조셉 놀즈 시니어와 협력하여 뾰족하고 아름다운 알로에 정원을 조성하고, 강낭콩 모양의 연못가를 전복 껍데기로 장식했다. 두 개의 산호 받침 위에는 물이 흘러내리는 대형 조가비를 올려놓았다. 이 정원에는 170종 넘는 알로에가 있다.

사람들은 대개 식물이 하나씩만 있어도 만족하지만, 왈스카는 같은 종을 수십 그루, 때로는 수백 그루씩 화단에 채우며 대량 식재라는 아이디어를 제시했다. '하나가 좋으면 백 개는 더 좋다'는 식의 철학을 가진 것 같았다. 야자수협회가 방문하기로 하자, 나무가 충분하지 않다는 생각에 보석 몇 개를 팔아 야자수를 더 구매해서 총 375그루가 되었다.

그녀가 어떤 효과를 연출하고 싶어 했는지는 대표적인 '푸른 정원'에서 잘 드러난다. 은빛에서 황록색을 띠는 잎이 달빛 아래 영묘한 아름다움을 뽐내는 이 정원에는 아틀라스개잎갈나무(Cedrus atlantica 'Glauca'), 김의털(Festuca ovina var. glauca), 브라헤아 아르마타(Brahea armata) 등이 있다. 물병 공장의 가마에서 나온 깨진 청록색 유리 덩어리가 길가에 연이어 늘어서 있다. 이 유리 덩어리가 정원의 장신구가 될 수 있겠다고 생각한 사람은 왈스카밖에 없을 것이다.

아프리카 소철
Encephalartos cycadifolius

소철 정원

200여 종의 소철이 자라는 정원이 왈스카의 재능이 빛난 마지막 무대였다. 정원이 커질수록 왈스카 부인은 사교계 여왕의 자리에서는 점점 멀어졌는데, 백만 달러에 육박하는 보석을 팔아 가며 정원이 주는 즐거움을 택했다. 900그루가 넘는 표본 식물은 세상에 알려진 종의 절반에 해당해서 세계 최고의 소철 컬렉션을 선보였다. 가장 희귀한 식물은 우드 소철(*Encephalartos woodii*)이다. 암컷 소철은 발견된 적이 없다. 그래서 야생에서는 이미 멸종된 식물이라 사람들이 가장 보고 싶어 하는 식물로 꼽힌다. 한 그루만 소장해도 매우 기쁠 텐데 왈스카는 세 그루나 수집했다.

1984년, 97세의 나이에 세상을 떠나기 바로 전날까지도 왈스카는 두 지팡이에 의지해 정원을 거닐었다. "'불가능'이라는 말은 제 사전에 없습니다. 불가능한 것은 없습니다!"라고 말했고, "무슨 일이든 편하게 하거나 어중간하게 할 수 없습니다. 무엇이든 흔한 방식을 그대로 따라 하는 것을 극도로 싫어합니다"라고 고백하기도 했다.

'평범한 것을 적대시'하던 왈스카는 정말로 자신의 적을 쳐부수고 독창적이고 특출한 정원을 조성했다.

> " 나는 평범한 것을 거부한다. "
> 가나 왈스카 부인

조경가 윌리엄 페일런이 설계한 이 고사리 정원은 여러 차례 확장을 거쳐 1988년에 완공되었다. 멋진 깃털 같은 잎이 있는 키아테아 코오페리(*Cyathea cooperi*) 컬렉션이 중심이 되었다. 현재 정원에는 여러 유형의 나무고사리 품종이 있고, 육상 양치식물과 함께 자란다. 예를 들어, 거대한 박쥐란도 나무고사리 위에서 자라고 있다. 온통 다양한 초록빛으로 가득한 정원에 그늘을 좋아하는 베고니아, 칼라, 군자란이 사이사이 화려한 색감을 더해 눈길을 끈다.

왈스카 부인은 동양 종교의 영향을 받아 아름다운 연꽃(lotus)의 이름을 따서 자신의 집을 로터스랜드(Lotusland)라고 불렀다. 기존의 수영장을 연꽃 연못으로 바꾸어 다양한 품종을 재배했다. 신성시되는 연꽃은 아름다움과 향기와 종교적 의미 때문에 지중해성 기후와 열대 기후에서 널리 재배된다. 종교적으로 상징하는 의미가 각 개인에게 중요하든 중요하지 않든, 연꽃은 분명 매우 아름답고 우아한 정원용 꽃이다.

비타
색빌웨스트

Vita Sackville-West

1892-1962

영국

막시마개암나무
Corylus maxima

큰 관목이나 작게 퍼지는 나무로 자라며, 헤이즐 넛이라고 알려진 열매를 먹기 위해 재배한다. 개암나무 그늘에서 지피식물이 잘 번성한다.

귀족 출신 색빌웨스트는 1892년, 켄트주의 대저택 놀에서 태어났다. 콘스탄티노플과 세븐오크스에서 정원을 조성한 후, 폐허가 된 시싱허스트의 성터를 세계에서 가장 유명한 정원으로 탈바꿈시켰다. 외교관인 남편 해롤드 니콜슨이 합리적이고 고전적인 것을 좋아한 반면, 색빌웨스트는 시적이고 낭만적인 것을 좋아했다. 유명한 작품 「정원」을 쓴 시인이자 소설가, 라디오 방송인이었던 색빌웨스트는 1945년부터 1961년까지 영국 일간지 「옵저버」에 가드닝 기사를 매주 실었는데, 꽤 인기가 있어서 나중에 여러 권의 책으로 출간되었다. 1955년에 영국 왕립원예협회는 색빌웨스트에게 골드 비치 기념 메달을 수여했다.

1930년 어느 봄날, 비타 색빌웨스트는 켄트주 시싱허스트라는 작은 마을에 있는 저택을 방문했다. 부동산 중개인은 '농지에 있는 그림 같은 폐가'라고 설명했다. 그녀는 "사랑에 푹 빠졌다. 보자마자 마음에 쏙 들었다. 앞으로 어떤 모습의 집이 될지가 눈앞에 그려졌다"라고 기록했다.

정원 설계와 식재

보수 공사는 1930년에, 이사와 거의 동시에 시작되었다. 18세기 건축가 로버트 애덤의 후손인 니콜슨이 정원의 레이아웃을 설계했다. 대지를 분할하여 여러 개의 정원이 '거대한 집의 방처럼' 서로 연결되도록 만들었다. 벽과 생울타리, 통로, 통경을 계획적으로 배치하여 저택의 탑을 중심으로 '폐쇄형 공간들'이 서로 이어지게 하였다. 당시에 니콜슨은 외국에서 근무하고 있었기 때문에 대부분 편지로 협의했다. 정원이 여러 방으로 나뉘어 있어서 정원에 발을 들인 사람은 호기심과 기대로 가득 차서 안으로 끌려 들어가게 된다. 주목 생울타리가 원을 그리며 둘러싸고 있고, 네 통로를 통해 사방으로 이어지는 깔끔한 중앙 잔디밭이 그 예를 완벽하게 보여 준다. 잔디밭 옆에 있는 작은 L자형 파르테르는 부부의 친구인 에드윈 루티엔스가 설계했다.

색빌웨스트는 방들을 식물로 채색했다. 각 구역에 특정 계절에 피는 꽃이나 색채 조합을 고려한 꽃들을 집중적으로 식재했고, 때로는 대담하고 화려하게, 때로는 부드럽고 섬세하게 연출했다. 어느 것이나 흠잡을 데 없이 매력적이었다. 이 스타일은 기존의 방식을 따르면서도 이국적인 지중해 분위기가 묻어났는데, 색빌웨스트가 옛 네덜란드 꽃 그림 작품을 매우 좋아한 데다 여행 중에 본 식물들에 큰 감동을 받았기 때문이다.

니콜슨과 색빌웨스트의 조화로운 공동 작업을 통해 '엄격한 정형식 정원 설계에 최고로 정형적인 식재'가 결합한 정원이 탄생했다.

유명한 방들

안뜰에는 향이 풍부하고 담황색에서 분홍색으로 변하는 '글루와르 드 디종', 새먼핑크색을 띠는 '폴 트랜슨' 등 연노란색과 분홍색의 장미가 사용되었다. 한쪽에는 보라색(색빌웨스트 부부의 친구인 거트루드 지킬이 싫어했던 색) 화단이 있는데, 1959년에 식재되었을 때는 꽃의 색이 지금처럼 다양하지 않았다. 1959년부터 1990년까지 공동 수석 정원사였던 파멜라 슈워드와 시빌레 크로이츠

로사 갈리카
Rosa gallica

로사 갈리카는 '투스카니'와 '투스카니 수퍼브' 두 품종이 있다. 1848년에 알려진 '투스카니 수퍼브'는 '투스카니'의 변종으로, 부모 장미보다 더 잘 자라고 색이 진하며 잎이 튼튼하다. 색빌웨스트는 '올드 벨벳 로즈'라고도 불리는 '투스카니'를 유독 좋아했다.

베르거는 더 다양한 색을 사용했고 화단이 어두워지지 않도록 밝은 색상을 더하는 동시에, 색이 단계적으로 변화하는 모습은 지양했다. 이런 변화는 색빌웨스트가 싫어했기 때문이다. 이들 중에는 꽃 가운데가 눈에 띄게 까맣고 꽃잎은 선홍색인 제라늄 프실로스테몬(*Geranium psilostemon*), 남색 꽃의 클레마티스 듀란디(*Clematis x durandii*), 안개나무 '폴리스 푸르푸레이스'(*Cotinus coggygria* 'Foliis Purpureis') 등이 있었다.

시싱허스트의 식물 중에서 색빌웨스트의 상상력을 가장 많이 자극한 것은 장미로, 그녀가 제일 좋아하는 계절인 초여름부터 꽃을 피웠다. 장미는 한때 채소밭이었던 비옥한 토양에서 번성했다. 그녀가 좋아하는 장미는 진홍색 꽃잎과 황금빛 수술이 도드라지는 '투스카니 수퍼브', 장미 중에서 가장 어두운 보라색 꽃이 피는 '카르디날 드 리슐리외', 큰 꽃이 피는 '투스카니' 등이었다. 바닥에는 붓꽃, 작약, 패랭이꽃 등 전통적인 초본식물이 카펫처럼 깔려 있고, 서쪽 끝의 둥근 담에는 연한 파란색 꽃이 예쁜 클레마티스 '펄 다쥐르'(*Clematis* 'Perle d'Azur')가 커튼처럼 자라 극적인 효과를 연출한다.

색빌웨스트 부부가 이 집을 샀을 때 이미 견과류 과수원이 있었다. 니콜슨은 아주 오래된 손수레로 주변 숲에서 디기탈리스를 수집해 견과류 과수원에 심었다. 색빌웨스트는 다양한 색상의 앵초를 추가해 상당히 신경 써서 보살폈지만 결국 모두 죽었다. 황록색, 파란색, 흰색이라는 새로운 색상 조합으로 식재된 때는 1975년이었는데,

프리물라 아카울리스
Primula acaulis Fl. Pleno carneo

야생식물 중에서 보통의 식물과 조금 다른 식물
은 종종 관목 숲에 옮겨 심어졌다. 겹꽃이 피는 식
물은 귀하게 여겨졌다.

장식되어 매혹적인 향이 그득하다. 1950년 1월 22일, 색빌웨스트는 「옵저버」에 게재한 글에서 그레이, 그린, 화이트 가든 조성에 관한 아이디어를 처음으로 기술했다. "유령 같은 커다란 외양간 올빼미가 내년 여름 땅거미가 질 때 하얀 정원을 조용히 쓸어 버리기를 바라는 마음이 간절했다. 내가 지금 식재하고 있는 이 하얀 정원에는 첫눈이 소복이 쌓여 있다." 1954년에 이르러 주요 식물이 대부분 자리를 잡았다. 봄에는 둥글레의 흰색 종 모양 꽃이 버들잎배나무의 어지러이 엉킨 은빛 잎과 어우러진다. 한여름에는 홑꽃 장미인 로사 물리가니(*Rosa mulliganii*)가 고딕 양식의 정자 위로 구름처럼 피어오르고, 주위에는 많은 하얀 꽃들이 둘러싼다. 그중 백미는 분홍바늘꽃 '알붐'(*Chamaenerion angustifolium* 'Album'), 향기로운 레갈레나리(*Lilium regale*), 스카치 엉겅퀴이다.

이것이 정원의 대단원이다. 색빌웨스트는 1962년, 세상을 떠나기 직전에 니콜슨에게 편지를 썼다. "우리는 최선을 다했어요. 아무것도 없던 곳에 정원을 만들었지요." 이것이 일개 정원 그 이상의 의미였다.

색빌웨스트는 이보다 한참 전에 세상을 떠났다. 지금은 잎이 우아하게 펄럭이는 청나래고사리, 수수한 흰 꽃이 피는 큰꽃연영초, 아치형 개암나무 캐노피 아래 그늘을 좋아하는 꽃들이 봄을 알려 주고 있다.

과수원은 덩굴장미가 둘러쌌고, 바닥 여기저기에 수선화와 야생화가 모여 피어 있다. 코티지 정원에는 봄부터 튤립과 꽃무가 피고, 늦여름과 가을까지 꽃생강, 살비아, 다알리아, 칸나 등 부드러운 식물들이 이어져 노을빛 오렌지색, 빨간색, 노란색의 강렬하고 따뜻한 색상이 펼쳐진다. 색빌웨스트는 "식재하기 전부터 마음속에서는 여기를 노을빛 정원이라고 부르곤 했다"고 적었다.

하지만 무엇보다 그때까지 있던 모든 정원 중에서 화이트 가든이 가장 유명하고, 화이트 가든을 모방한 정원은 많았어도 이를 능가하진 못했다. 화이트 가든은 낭만적이고 정교한 꽃과 잎으로

> **"**그녀는 자신이 낳은 사랑스러운 풍경 속으로 걸어 들어간다.
> 사과꽃과 물 사이로, 아롱진 비단 속에서 발을 옮긴다.
> 꽃 하나하나가 그녀의 아들이고, 나무 하나하나가 딸이다.**"**
>
> 장편 서사시 「대지*The Land*」, 비타 색빌웨스트

비타 색빌웨스트

비타 색빌웨스트는 상상력이 풍부하고 기술이 뛰어난 정원사로서 '이해한다는 건 성장시킨다는 것'이라는 옛 속담을 삶 속에서 보여 주었다. 그녀의 작품 속에서 정원은 그대로 가만히 있지 않으므로 항상 더 나아지는 방법을 찾아야 한다는 사실을 새삼 깨닫게 된다.

› 제2차 세계대전이 발발하고 독일이 영국을 침공할 것으로 예상되자, 색빌웨스트는 피난을 대비하여 수선화 구근 11,000개를 심었다. 구근을 옮겨 심을 때 야생에서 자라는 것처럼 보이게 하면 식재 규모가 작더라도 인상적인 분위기를 효과적으로 연출할 수 있다. 봄에 구근의 잎이 다 지기 전까지 풀을 깎아선 안 된다.

› 색빌웨스트는 식물이 적재적소에 있지 않으면 바로 제거했지만, 지나치게 정돈된 모습도 원하지 않아서 자연 파종하는 야생화를 선호했다. 그녀는 "자연은 때때로 딱 맞는 장소에 자손을 퍼뜨리는 신이 주신 본능을 따르지 않는다"라고 적었다. 생각지도 못했던 예쁜 꽃을 우연히 발견하면 큰 기쁨에 깜짝 놀라게 된다. 스스로 자란 식물이 있다면 부정적인 영향을 줄 것이라는 확신이 들 때까지는 그대로 두어야 한다.

› 어느 해 겨울, 여행에서 돌아온 색빌웨스트는 수석 정원사 잭 바스가 가꾼 장미를 보고 매우 기뻐했다. 통발처럼 생긴 둥근 테에 묶인 관목 장미가 '콘월 항구'에서의 추억을 떠올렸기 때문이다. 이 기법은 덩굴장미에도 적용할 수 있다. 새로 돋은 가지를 반원 모양으로 구부려 벽이나 아래에 나는 가지에 고정한다. 그러면 바닥이 가려지고 꽃이 무더기로 피어난다.

› 후임 수석 정원사들은 시싱허스트 정원의 기조에 맞춰 식재 계획을 수정했다. 오래된 식물은 새롭고 비슷하고 더 나은 식물들로 다양하게 대체해서 더 오랜 기간 즐길 수 있게 했다.

› 색빌웨스트는 커다란 잎, 대조적인 형태, 무늬가 있거나 급격한 변화를 주는 식물은 거의 사용하지 않았다. 화이트 가든은 단색이라도 톤에 미묘한 변화를 주면 멋진 효과를 낼 수 있다는 예를 보여 주었다.

› 흰색 꽃이 피는 식물은 신중하게 선택해야 한다. 흰 꽃은 질 때 따 주지 않으면 갈색으로 변한다. 또는 꽃이 작으면 전체적으로 강한 인상을 주지 못한다.

둥글레
Polygonatum odoratum

견과류 과수원에 심은 둥글레는 잎에 무늬가 있는 품종이었다. 색빌웨스트의 정신에 따라 계속 더 나은 정원으로 변화시키면서 몇 년 후에 추가된 초본식물이다.

시싱허스트성에 있는 비타 색빌웨스트의 화이트 가든은 새벽녘과 저물녘의 어슴푸레한 빛이나 여름밤의 청명한 달빛이 비출 때 가장 낭만적인 모습을 드러낸다. 회색, 녹색, 흰색, 은색의 다양한 색조로 가득하고 다양한 질감, 형태, 수형이 흥취를 더한다. 공간이 충분히 넓지 않아서 이렇게 뛰어난 정원을 모방할 수 없다면 화단이나 화분에 식재할 수 있다. 이 차갑고 세련된 색상들은 그늘진 구석을 밝히는 데 특히 유용하다. 이 정원의 배치는 정형식 정원 양식을 따르고 있으며, 길에 깔린 벽돌의 패턴은 베아트릭스 패런드가 덤바턴 오크스에서 사용한 패턴과 같다.(96쪽 참조)

마저리 피시

Margery Fish
1892-1969
영국

제라늄 왈리키아눔
Geranium wallichianum

다년초인 제라늄은 열악한 환경에서도 잘 자라고 예쁜 꽃이 오래 핀다. 이 품종은 줄기가 길게 뻗어 낮게 자란다.

마저리 피시는 인내심이 강했고 쉬지 않고 일했다. 이런 성품이었기에 플리트가 신문사가 많은 런던 중심부에서 20년을 일한 뒤 정원을 가꾸는 힘든 일을 또 했다. 1917년에 노스클리프 경 영국의 출판인, 언론인이 로이드 조지 총리로부터 미국 파견 사절단장으로 임명되었을 때 마저리에게 개인 비서로 동행해 줄 것을 제안했다. 적의 어뢰 위협이 도사리는 가운데 대서양을 건너야 했지만 그녀는 제안을 받아들였고, 전시에 기여한 공로를 인정받아 대영제국 훈장을 받았다. 신문사에서 일할 때는 영국 조간신문 「데일리메일」의 편집장 6명을 돕는 비서였다. 그 편집장 중 한 명인 월터 피시가 은퇴하고 3년 후에 마저리와 결혼했다. 결혼 후 마저리는 정원을 조성했다.

1937년, 전쟁이 발발하기 직전 마저리와 월터 피시는 시골로 내려가 살기로 결정하고 집을 구하던 중, 다 쓰러져 가는 이스트 램브룩 저택에 잠깐 들렀다. 서머싯주 사우스 페서톤에 위치한 그 집에는 0.8헥타르의 직사각형 정원이 있었다. "월터가 홀에서 한 발자국도 떼지 않으려고 할 만큼 엉망이었지요." 석 달 동안 적당한 집을 찾지 못해서 다시 그 집으로 돌아왔고, 그녀는 "살 만하게 만들려면 다 뜯어내야 하는 폐가를 샀다. 정원은 황무지나 다름없었다"라고 기록했다. 친구들은 런던 출신의 두 사람이 쓰레기로 뒤덮인 농가에서 어떻게 정원을 만들겠느냐며 희한하게 생각했다.

정원 설계

40대 후반의 미저리는 가드닝에 관하여 아무것도 몰랐고 관심을 둔 적도 없었지만, 일단 팔을 걷어붙였다. 월터는 자갈길과 깔끔하게 정리된 잔디밭에 키 큰 델피니움, 다알리아, 하이브리드티 장미가 있는 정원을 원했지만, 마저리는 야생화와 자생하는 묘목이 가득하고 일 년 내내 즐길 수 있는 코티지 정원을 원했다. 월터와 마저리는 각자 정원에 대한 결정권이 자신에게 있다고 생각했다. 하지만 "뼈대를 이루는 좋은 구조가 우선이고 상록수를 잘 이용해서 일 년 내내 정원에 푸른 잎이 있어야 한다는 것… 좋은 정원이란, 한겨울에도 보기 좋아야 한다는 것"에는 의견을 같이했다.

마저리는 집 옆의 테라스 가든부터 시작했다. "저는 며칠 동안 계속 부지를 연구했고, 다각도로 바라보며 설계도를 그렸습니다. 그러자 점차로 아이디어가 구체화되었습니다." 그녀의 에너지는 가히 전설적이었다. 빠르게 말하고 잽싸게 움직이는 사람으로 유명했다. 가끔씩 도움을 받을 뿐 하루에 대개 18시간 동안 정원에서 일했다. 노년에도 연합신문에서 일했을 때처럼 아침 일찍부터 저녁 늦게까지 책과 기사를 썼다.

그녀는 도랑을 파고, 건식 돌담을 쌓고, 구불구불한 좁은 통로를 만들고, 테라스를 만들었다. 겨울에는 축축한 점토를 파내고 연이어 널빤지를 놓아서 여러 영역을 하나로 이었다. "우리의 소원 중 하나가 정원을 집의 일부로 만드는 것이었습니다. …그래서 정원이 집 주위를 둘러싸게 했습니다. …현관에 판석

앵초과
Primulaceae

프리물라 베리스를 비롯한 앵초과 식물은 새로운 환경에도 잘 적응해서 코티지 정원에 적합하다. 다른 식물들처럼 적응하기 좋은 장소를 찾아 뿌리를 내린다.

을 깔고 바깥 정원도 판석으로 포장했습니다. 현관이 어디에서 끝나고 어느 지점에서 정원이 시작하는지 구분하기 어렵게 만들었지요." 마저리의 의도대로 정원은 집처럼 수수하고 소박했으며, 통로는 구불구불해서 갑자기 모퉁이가 나왔다.

마저리는 일상에서 흔히 보는 식물과 희귀 품종을 혼합하는 식재에도 뛰어났다. 그늘진 구석에 앵초가 빼곡했고, 화단에는 삼지구엽초, 초본식물, 관목이 가득했다. 그리고 한 줌의 꽃이 개울가에 자리를 잡거나 돌길과 돌담 위에 드리워지곤 했다. "식물을 하나씩 골라서 심었기 때문에 하나하나와 친해지는 재미가 있습니다."

한낮의 열기를 막아 주는 구불구불한 길이 가로지르는 실버 가든에는 쑥, 패랭이꽃, 뾰족뾰족한 아티초크가 있다. 낡은 창고 뒤로 개울이 흐르는 습하고 그늘진 정원에는 물을 좋아하는 식물과 설강화, 그녀가 가장 좋아하는 헬레보루스를 길렀다. 형식에 얽매이지 않게 설계된 정원은 평온한 느낌을 주었고, 절제되고 단순한 식재 디자인은 익숙하고 친근하게 다가왔다.

마저리는 식물을 인근 종묘장에서 사거나 우편으로 주문했고, 정원을 가꾸는 친구들과 꺾꽂이용 가지를 교환했으며, 정원에서 발견한 식물들로 컬렉션을 만들었다. 그녀가 전시한 식물들은 향쑥 '램브룩 실버'(*Artemisia absinthium* 'Lambrook Silver'), 유포르비아 카라키아스(*Eu-*

phorbia characias ssp. *wulfenii*), 앵초 '램브룩 모브'(Primula 'Lambrook Mauve')였다. 그녀는 비비추와 돌부채처럼 유행을 타지 않는 식물을 홍보했고, 초본 제라늄을 매우 좋아했다. "이들은 적응력이 강하고 풍성하게 자랍니다. 대부분이 한 계절 내내 꽃을 피우고 어디서나 잘 어울리는데, 예쁜 잎도 이들을 추천하는 이유입니다. 이 식물들은 제 정원에 없어선 안 됩니다." 1950년대 후반에 그녀가 종묘장을 개업하자 식물이 다양하다고 입소문을 탔다. 그래서 고객들은 이스트 램브룩의 식물을 집으로 가져갈 수 있게 되었다.

좋든 나쁘든, 모두 경험이다

피시는 이해하기 쉽고, 솔직하고, 참신한 방식으로 책을 썼다. 『우리의 정원을 만들었다*We Made a Garden*』(1956)에는 '우리는 실수를 했다'라는 장이 있을 정도로 숨김없었다. 이런 고백은 전문가가 된 사람은 좀처럼 하지 않는다. 그녀의 조언은 실용적이고 다양하고 때로는 참신하며, 직접 체득한 지식이었다. "겨울에는 항상 현관의 벽난로에 장작불을 땐다. 장작더미를 만들면 위험하고 쓸모없는 나무를 없애기 좋고…정원에 잿물이나

숯이 필요할 때 간편하게 쓸 수 있다."

이후에 피시는 7권을 더 집필했고, 여러 책에 기고를 했다. 1950년대 말에는 「아마추어 가드닝*Amateur Gardening*」에, 다음으로 「파퓰러 가드닝*Popular Gardening*」에 정기적으로 칼럼을 게재했으며, BBC에 고정으로 출연했다. 1990년대에 램브룩 종묘장에서 그녀가 언급한 식물을 모두 종합하여 데이터베이스를 만들었을 때, 이름이 6,500개에 달했고 설강화만 해도 200여 가지 품종이 있었다.

피시는 그녀의 정원과 저서가 미친 영향을 인정받아 1963년에 영국 왕립원예협회가 수여하는 실버 비치 기념 메달을 받았다. 피시가 세상을 떠난 후, 조카를 비롯하여 그의 뒤를 이은 정원주가 정원을 발전시켰다. 피시의 정원은 그녀의 즐겁고 평온하고 친근한 마음을 오늘날에도 우리에게 전달하고 있다.

> "끊임없이 배워야 한다. 새로운 정원에서는 항상 영감을 얻을 수 있다.
> 새로운 꽃, 색다른 배치, 진부한 주제를 참신하게 다룬 방식을 보게 된다.
> 이미 잘 알고 있는 정원이라도 열두 달 동안 열두 번 변화한다.
> 이번 달의 정원은 지난달의 정원과 사뭇 달라서 놀랄지 모른다."
>
> 마저리 피시

마저리 피시

마저리 피시의 책에는 실용적인 조언이 가득하다. 솔직한 대화체라서 이해하기 쉽다. 그녀의 남편인 월터는 재미있는 아이디어와 관찰력이 뛰어났고 가드닝에 관하여 많이 알고 있었지만 아는 것을 다 표현하진 않았다!

› 낡은 통에 빗물을 모아 식물에 준다. 목제 통이 플라스틱 통보다 보기 좋다. 홈통에서 내려오는 물은 수직 우수관이나 튼튼한 레인 체인을 통해 배수한다.

› 피시는 "건식 돌담을 쌓을 때 갈라진 곳이나 틈새에 고산식물을 심어… 고산장대, 돌나물속, 캄파눌라가 있었다"라고 적었다. 이 방법은 건식 돌담을 장식적인 요소로 탈바꿈시킨다. 볕이 잘 드는 곳인지 그늘진 곳인지를 보고 이에 맞는 식물을 선택해서 틈새에 퇴비를 넣은 다음 심고, 필요하면 마사토를 덮는다.

› "좋은 정원의 네 가지 필수 요소는 완벽한 잔디, 통로, 생울타리, 담이다. 주위가 정돈되어 있지 않으면 꽃들이 아름답게 보이지 않는다. …월터는 면도하는 것만큼이나 열심히 잔디를 깎고 생울타리를 다듬었다."

› "저는 자갈이 깔린 진입로에서 작은 묘목을 얻곤 했습니다." 자갈밭에서 자연 파종하는 식물을 그대로 두거나 조심스럽게 들어 올려 다른 곳에 이식할 수 있다.

› 데드헤딩, 즉 지는 꽃을 따 주어야 식물의 에너지가 낭비되지 않는다. 단, 관상용 열매를 즐기거나 씨를 받을 계획이라면 제거하지 않는다. "저는 옮겨 심은 수선화의 꽃도 따 냅니다. 낡은 칼이 여러 개 있는데 하나는 날카롭게 갈아서 꽃을 따는 일에 쓰지요. 그러면 빠르게 많이 제거할 수 있습니다."

› 단단하게 심는 것이 가장 중요하다. 방금 심은 것을 살짝 잡아당겨 단단하게 고정되어 있는지 확인하는 것이 좋다.

아스트란티아 막시마
Astrantia maxima

왕성하게 퍼져 나가는 식물로서 비옥하고 습하며 볕바른 곳에서 잘 자란다. 넓게 퍼지면 단연 돋보인다.

베아트릭스 하버걸

Beatrix Havergal
1901-1980
영국

딸기 '로열 소버린'
Fragaria x *ananassa* 'Royal Sovereign'

이 중생종 딸기는 1892년에 과일 육종가 토마스 랙스턴이 개발했다. 크기는 작지만, 큰 딸기보다 맛있다.

정원사 베아트릭스 하버걸은 완벽한 원예를 추구하며 옥스퍼드셔주의 워터페리 여성 원예학교에서 여성 교육을 선도한 교육자로 유명하다. 풍부한 실무 경험을 갖춘 뛰어난 정원사인 동시에 타고난 교사로서, 자신의 열정과 지식을 다른 사람들과 나누기를 즐겼다. 상당히 단호하고 엄격했지만, 마음이 따뜻하고 유머 감각이 있으며 삶에 열정적이어서 학생들과 교직원들이 믿고 따르는 선생님이었으며, 원예계에서 존경받는 인물이었다.

하버걸의 아버지가 교구 목사여서 그녀는 어린 시절 노퍽, 우스터셔, 파리 등 여러 곳을 옮겨 다니며 살았고 켄트의 기숙학교에 입학했다. 1916년에 학업을 그만두고, 제1, 2차 세계대전 중 영국의 모든 자치주에서 농업 증산을 꾀하는 여성 전시 농업정책 집행위원회의 후원을 받아 정원을 가꾸는 일에 종사했다. 하버걸의 알토 목소리는 가족들이 인정할 만큼 아름다웠고 첼로 연주도 수준급이었지만 음악 교육에는 너무 큰 비용이 들었다. 가드닝 일자리는 구하기 쉬울 것 같아서 하버걸은 원예학을 공부하기로 결심했다. 버크셔주 뉴베리와 가까운 '대첨 과수 화훼 농장'에 들어가

서 원예 기술과 공예를 배워 수석으로 졸업하고 왕립원예협회 자격증을 받았다. 하버걸이 처음으로 맡은 일은 뉴베리 인근 마을 콜드 애시에 있는 정원을 설계하고 조성하는 일이었다. 그곳에서 인근 기숙학교 다운하우스의 여교장 윌리스가 그녀의 재능을 알아보고, 하버걸에게 학교의 수석 정원사가 되어 달라고 요청했다.

하버걸은 정원 일뿐 아니라 가르치는 일에도 관심이 많았는데, 이런 포부를 품었기에 나중에 직접 학교를 설립했다. 다운하우스에서 하버걸은 집사 에이비스 샌더스를 만났고, 평생 함께 일하는 동료가 되었다. 1927년에 하버걸과 샌더스는

윌리스 교장의 허락하에 250파운드도 되지 않는 자본을 갖고 옥스퍼드셔주 패링던 인근 퓨지 하우스의 대지 내 오두막으로 이사했다. 이곳에 딸린 0.8헥타르의 정원은 담으로 둘러싸여 있었다. 이곳에서 그들은 첫 입학생들을 받았다. 부족한 학교 운영비는 작물을 길러 스윈던 시장에 팔아서 조달했다. 이 학교의 목표는 이론과 실제를 빠른 속도로 매우 효율적으로 결합하는 것이었다. 졸업생들에겐 취업의 기회가 충분히 열려 있었다. 하버걸도 공부를 계속해서 1932년에 왕립원예학회의 최고 자격증인 국립 원예학 디플로마(현 RHS 원예학 석사)를 취득했다.

캐시미어제비고깔
Delphinium cashmerianum

제비고깔 가운데 여러해살이는 초본식물 화단에, 앙증맞은 한해살이는 코티지 정원에 알맞다. 캐시미어제비고깔 같은 고산식물은 바위 정원에서 잘 자란다.

또 이사하다

학교가 잘 운영되어 1932년에 그들은 옥스퍼드 인근의 대지가 더 넓은 워터페리 하우스로 이전했다. 그곳을 모들린 칼리지로부터 임대하여 첫 다섯 해 동안은 나무를 정리하고 유리온실을 짓고 땅을 개간했다. 제2차 세계대전이 발발하자 국적을 불문하고 15-20명의 학생을 받아서 2년 과정의 기숙학교로 운영했다. 당시에는 학생들의 등록금으로 운영했지만, 나중에 교육부의 인증을 받아 일부 자치주 의회에서 장학금을 지원받았다.

강의 계획서는 가드닝에 관한 모든 면을 망라했다. 1937년도 학교 안내서에는 다음과 같이 적혀 있었다. "이 학교의 목표는 학생들에게 원예에 관한 이론적 토대와 실용적인 지식, 실제적인 기술을 제공하여 일류 정원사를 양성하는 것입니다." 하버걸은 의사소통 능력이 뛰어났고 지식과 감정 표현이 풍부하며 유머가 있었다. 학생들은 유리온실에서 한 구역씩 맡았고, 돌아가며 보일러에 불을 뗐으며, 체계적으로 작업하여 모든 업무에 숙련된 정원사가 되어 갔다. 워터페리의 학생과 교직원들이 힘을 합쳐 일한 결과, 각 정원이 점차 발전해서 과일, 꽃, 채소를 재배하는 교육장이 되었고, 새로운 온실이 지어졌다. 그들이 생산한 작물 중 일부는 옥스퍼드 시장에서 판매되었다. 2년 과정의 마지막 단계는 영국 왕립원예협회 일반 시험과 워터페리 디플로마 시험을 치르는 것이었다. 하버걸은 이 학교의 자격증이 남성이 받는 자격증과 동등하게 인정받을 수 있도록 열심히 투쟁했다. 1960년에 워터페리 디플로마는 공원관리청으로부터 승인을 받아 큐 및 에든버러 디플로마와 동등한 수준으로 인정되었다. 이는 원예 자격증이지만 정확성, 신뢰성, 친절성, 적극성도 평가 대상이었다. 많은 훌륭한 정원사들이 베아트릭스 하버걸의 영향을 받았다. 그중 파멜라 슈워드와 시빌레 크로이츠베르거가 있었고, 이들은 시싱허스트 정원의 수석 정원사였다.(123쪽 참조) 비타 색빌웨스트는 이들을 "훌륭한 교육을 받은 나의 보물"이라고 불렀다.

하버걸은 과일을 가장 좋아했지만, 직접 설계한 초본식물 화단도 애지중지했다. 길이가 60미터였고, 뒤에는 빨간 벽돌로 쌓은 종묘장 벽이 있었다. 5월 말부터 첫서리가 내릴 때까지 꽃이 피었는데 루피너스, 제라늄, 냉초 등으로 시작해서 델피니움, 베르바스쿰, 플록스가 이어지고 헬레니움, 루드베키아, 과꽃 같은 초본식물이 마지막을 장식했다. 전쟁이 한창일 때는 2년 과정이 농업 지원 부인회를 위한 단기 과정으로 대체되었고, 전쟁을 지원하기 위해 추가로 12헥타르를 시장 정원으로 바꾸었다. 1943년부터 하버걸은 '승리를 위해 경작을(Dig for Victory)' 캠페인을 전개하여 사람들에게 자기가 먹을 과일과 채소를 생산하는 법을 가르쳤다. 전쟁이 끝난 후에도 캠페인을 계속하여 더 많은 사람의 참여를 독려했다. 1948년에 하버걸과 샌더스는 익명의 후원자 덕분에 마침내 그 대지를 매입하였고, 1963년부터 주간반을 운영했다.

베아트릭스 하버걸은 1960년 2월 23일에 대영제국 훈장을 수상했고, 이후에 같은 날, 왕립원예협회의 골드 비치 기념 메달을 받았다. 1996년에는 빅토리아 명예 훈장을 받았고, 원예교육협회의 회장도 역임했다.

하버걸은 원예계에서 칭송을 받았으며, 대중에게는 첼시 플라워쇼에서 딸기를 전시하여 16년 동안 금메달 15개를 받으면서 널리 알려졌다. 하버걸은 첼로 연주를 손에서 놓지 않았고 뉴베리 합창단과, 이후에는 옥스퍼드 바흐 합창단에서 계속 노래했다. 대첨 특수 경찰 총기 클럽에 가입한 명사수이기도 했다. 1971년, 건강 악화로 부동산을 팔고 구내 오두막으로 물러났다. 1980년 4월 8일에 세상을 떠나 워터페리 교회 묘지에 묻혔다.

"그녀는 따뜻하고 열정적인 성품과 엄격한 기준을 갖고 있었기에 훌륭한 선생님이 될 수 있었다. 그녀는 최고만이 최선이며, 학생으로 하여금 최고가 될 수 있다고 느끼게 해주었다. 최고가 되려면 내가 무엇을 했고, 왜 했는지를 이해하고, 올바른 사례를 본 다음 직접 해보는 것이 매우 중요했다. 그러면 자기 일에 자부심을 느끼며 성공을 향한 지름길로 갈 수 있었다."

메리 스필러, 베아트릭스 하버걸의 친구이자
BBC 프로그램 「가드너의 세계」의 최초 여성 진행자

베아트릭스 하버걸

베아트릭스 하버걸은 기술이 탁월해서 학생들은 그녀가 시연하는 정확한 기술을 쉽게 배울 수 있었다. 하버걸은 마치 배우처럼 과장되게 표현하며 요점을 강조하곤 했다. 그녀는 이렇게 썼다. "유일한 학습 방법은 일을 직접 해보는 것이다." 가드닝은 노역이면서도 특수한 기술이다. 다음은 그녀의 가드닝 팁이다.

› 땅을 평평하게 고르고 간격을 똑같이 띄우면 과일과 꽃과 채소의 크기가 균일해진다. 전문가가 생산한 작물처럼 보일 수도 있다.

› 하버걸은 항상 3월 1일까지 겨울철 정원 관리를 마친 후 봄맞이 준비를 했다. 겨울철 작업은 여유롭게 마무리하는 것이 좋다. 봄에는 할 일이 너무 많다.

› 식물의 간격만큼 눈금을 매긴 막대기를 이용해 텃밭에 줄을 긋는다. 직선으로 심어야 공간이 낭비되지 않고, 보기에 좋으며 빠르게 수확할 수 있다. 실수로 식물에 괭이질할 가능성이 줄어든다.

› '해결책은 흙에 있다'는 옛말이 옳다. 잘 썩은 유기물로 토양의 구조를 개선하고 흙 위를 밟지 말아야 한다. 특히 젖어 있을 때 밟으면 다져져서 토양의 구조가 무너진다.

› 괭이질을 자주 하는 것이 좋다. 흙이 푸석푸석하면 쉽고 빠르게 괭이질할 수 있다. 괭이질은 잡초가 싹틀 때나 어릴 때 제거할 수 있어서 손으로 잡초를 뽑는 수고를 덜어 준다.

› 식물이 쓰러지기 전에 지지대를 일찌감치 받쳐 준다. 지지대를 땅속 깊숙이 박아 식물의 무게를 지탱할 수 있게 한다.

› 교목이든 관목이든 자연스러운 형태를 유지하고 꽃을 잘 피우도록 조심스럽게 가지를 친다. 어떤 식물은 올해 자란 가지에서 꽃을 피우고 어떤 식물은 작년에 자란 가지에서 꽃을 피우므로 정확하게 어디를 잘라야

하는지 확인해야 한다. 그러지 않으면 꽃 피는 가지가 잘릴 수 있다. 확신이 서지 않으면 작년에 가지치기한 후에 어떻게 되었는지를 생각해 본다.

› 사과를 딸 때 사과를 아래에서 감싸 쥐고 들어 올린 후 비튼다. 손가락 끝은 사용하지 않는다. 손가락 끝에 힘이 들어간다면 고쳐야 한다.

사과나무 '콕스 오렌지 피핀'
Malus domestica 'Cox's Orange Pippin'

1830년에 처음 재배되었으며, 많은 사람이 최고의 사과로 꼽는다. 즙이 많고, 아삭하고, 향이 강하고, 달콤하며, 맛이 단조롭지 않다. 따뜻한 기후에서 자란다.

하버걸은 거트루드 지킬이 제안한 식재와 색상의 원리에 따라 워터페리 정원에서 오로지 초본식물로 화단을 구성했다. 꽃피는 계절에 세 번 절정을 이룬다. 5월과 6월에는 루피너스, 제라늄, 냉초 같은 꽃이 핀다. 이 꽃들이 시들어 갈 때 델피니움, 플록스, 톱풀 같은 식물들이 만발하여 하버걸의 생일인 7월 7일에 절정을 이룬다. 마지막으로 헬레니움, 과꽃, 미역취가 9월부터 첫서리가 내릴 때까지 시선을 사로잡는다. 현재는 더 오랫동안 정원을 즐길 수 있도록 늦겨울과 봄에 꽃을 피우는 풀모나리아, 설강화, 알리움 등이 추가되었다.

주목 생울타리로 둘러싸인 이 정형식 정원은 예술가이자 워터페리 정원의 관리인인 메리 스필러와 버나드 손더스의 작품이다. 워터페리의 500년 역사를 기념하기 위해 조성되었다. 튜더식 매듭 정원에 전통적인 회양목 생울타리와 원뿔형 토피어리가 중심을 차지하고, 계절에 따라 묘목을 이식하거나 허브를 심는다. 가지를 다듬은 자주색 관목은 자엽일본매자 '아트로푸르푸레아 나나'이다. 정원의 양쪽 가장자리에는 튜더 왕조 시대부터 현재까지 역사적 시기를 상징하는 식물들이 있다.

밀드레드 블랜디

Mildred Blandy
1905-1984
포르투갈

프로테아 키나로이데스
Protea cynaroides

프로테아는 매우 크고 두드러져서 장식용
으로 쓰이고, 밖에서 재배하는 종은 더 멋
진 장식이 된다. 프로테아 키나로이데스는
그중에서도 꽃이 가장 크다.

밀드레드 블랜디는 남아프리카공화국 이스트런던에서 영국인 아버지와 아일랜드인 어머니 사
이에서 태어났다. 1930년, 스물다섯이 되던 해에 친척을 방문하기 위해 케이프타운에서 마데이
라 제도로 가는 정기선 RMMV 윈체스터 캐슬을 타고 첫 항해 도중 그레이엄 블랜디를 만났다.
그들은 1934년에 런던에서 결혼해서 포르투갈령 마데이라섬 남부 푼샬에 있는 킨타 두 팔레이
루 저택에 보금자리를 만들었다. 밀드레드는 처음부터 정원에 깊은 관심이 있어서 전 세계에서
식물 재료를 수입했다. 이런 노력으로 '꽃의 섬'에서 가장 유명한 정원이 만들어졌다.

킨타 두 팔레이루 정원의 역사는 1801년으로 거
슬러 올라간다. 당시 카르발랴우 백작이 이 부동
산을 처음으로 구매했다. 그는 프랑스인 조경사
를 고용하여 정원을 설계하고, 큰 통로의 가장자
리에는 플라타너스와 참나무를 줄지어 심었다.
그는 전 세계에서 표본 나무를 수입하여 대지를
채웠다. 전해 내려오는 이야기에 따르면, 포르투
갈의 왕 주앙 6세로부터 아라우카리아 등 많은 희
귀종을 선물 받았고, 나머지는 푼샬 항구를 방문
하는 선장들로부터 받았다. 그는 포르투갈과 벨
기에에서 식물들을 수입하면서 동백나무 수집도

시작했다. 1826년 1월 13일에 방문한 한 영국 사
람은 "빨간 꽃과 흰 꽃이 핀 동백나무가 정원을 장
식했는데, 형태와 색깔에서 장미와 견줄 만했지
만 향이 없었다"라고 기록했다.

독신남 백작이 갑자기 사망한 후, 조카가 뒤를
이어 백작이 되었으나 유산을 탕진하고 말았다.
1885년에 영국 상인 존 버튼 블랜디가 그 부동산
을 사서 새로 집을 짓고, 구불구불한 길을 내서 한
쪽에 동백나무를 심고 초겨울부터 이른 봄까지 꽃
을 피우는 다양한 야생종과 재배종을 식재했다.

일생일대의 작품

'블랜디가의 여성들'이 몇 세대에 걸쳐 그 정원을 발전시켰지만, 정원에 개성을 불어넣은 사람은 관대하고 친절하지만 다소 수줍어하던 밀드레드 블랜디였다. 정원에서 새로운 식물을 점검할 때 가장 행복했던 그녀는 개가 새로운 식물을 엉망으로 만들어 놓자 울음을 터뜨렸다. 어디를 방문하든지 종자와 꺾꽂이용 가지를 모으고, 항상 아름다운 정원을 만들겠다는 생각으로 가득 차 있었다. 그녀는 1935년부터 1984년까지 12헥타르에 이르는 땅을 가꾸어 유명한 정원으로 만들었다.

정원은 빅토리아 시대 말기의 스타일이지만, 놀라운 장식으로 꾸며져 있다. 선큰 가든, 비내한성 식물로 가득한 초본식물 화단이 있고, 예술에 능하기로 유명한 포르투갈 정원사들이 가지를 다듬어 만든 토피어리는 우아한 백조부터 뚱뚱하고 화려한 무스까지 온갖 형태가 있다. 마데이라 어디에나 있는 칼라, 천사의나팔, 아가판서스, 비내한성 식물이 흐드러지게 자란다. 흔한 식물이지만 이 선택과 조합이 좋은 식물을 구성하는 블랜디의 안목을 보여 준다.

정원을 가꾸려면 여러 곳을 둘러봐야 한다

열정적인 원예가 블랜디는 마데이라의 기후가 주는 혜택을 알고 있었다. 이곳에서는 난대 기후의 식물과 온대 기후의 식물이 함께 잘 자랄 수 있다. 초기에 식재한 참나무, 너도밤나무, 목련이 프로테아 키나로이데스를 비롯한 프로테아속 식물들과 나란히 자란다. 블랜디는 주기적으로 배를 타고 남아프리카공화국으로 돌아가 식물들을 가져왔다. 현재 블랜디의 정원은 남아프리카, 남아메리카, 오스트랄라시아, 마카로네시아 등 온대 서식지에서 온 식물 컬렉션으로 유명하다.

빨간 꽃이 피는 와라타(*Telopea speciosissima*), 노란 꽃이 피고 향기로운 오스트레일리아 토종 식물 히메노스포룸 플라붐(*Hymenosporum flavum*), 메트로시데로스 엑스켈사(*Metrosideros excelsa*) 등 오스트랄라시아 식물을 대표하는 멋진 식물들이 있다. 대부분이 블랜디와 친분이 있는 정원사들이 보낸 종자에서 자랐다. 블랜디는 남아프리카공화국의 품종들에 대해 깊은 애착을 느꼈다. 희귀하고 연약한 레우카덴드론 아르겐테움(*Leucadendron argenteum*), 일명 실버트리는 1951년에 처음으로 씨앗을 심었는데 100그루 이상 새로 자라났다. "저는 실버트리가 남아프리카공화국의 케이프반도 밖에서는 자라지 못한다는 말을 자주 들었습니다. 하지만 여기 대서양의 섬에서 건강하고 행복하게 자란다는 살아 있는 증거가 있습니다."

매화오리나무
Clethra arborea

원산지는 마데이라섬으로, 큰 관목이나 중간 크기의 나무로 자란다. 은방울꽃 같은 아름답고 향기로운 꽃이 핀다. 추운 지방에서는 온실에서 키워야 한다.

밀드레드 블랜디

온화한 기후와 밀드레드 블랜디의 식물에 대한 해박한 지식과 열정이 아름다운 정원을 탄생시켰다. 하지만 식물은 세심한 관리가 필요하기 때문에, 블랜디는 끊임없이 관심을 기울이며 열심히 일해야 했다. 가드닝은 짬을 내서 하는 일이 아니라는 사실을 깨닫게 된다.

› 블랜디는 "포르투갈 정원사는 특별히 뛰어나다. 캘리포니아나 남아프리카공화국 등지에서 성공한 것을 보아도 알 수 있다. 이들은 겸손하고 자기 일에 높은 긍지를 갖고 있다"라고 기록했다.

› 토양이 산성이라서 "인근 포르투 산투섬에서 석회를 다량 가져와 필요한 작물에 공급하고, 토양이 더 비옥해지도록 꾸준히 비료 혼합물을 섞어 준다". 채소를 기르는 토양은 비옥해야 하고, 산성도가 항상 정확하게 유지되어야 작물을 풍성하게 수확할 수 있다. 퇴비를 추가할 때 배추속 식물은 단단한 토양이 필요하다는 점을 명심하고 산성도를 확인해서 필요한 경우에만 석회를 추가한다.

피토스포룸 코리아케움
Pittosporum coriaceum

이 작은 나무는 현재 멸종 위기에 처한 마데이라의 고유종이다. 가지 끝에 달린 잎은 가죽 같고, 미색 꽃은 향이 좋다. 마데이라섬 북쪽 경사지에서만 서식한다.

› 블랜디는 동백꽃이 떨어지면 모두 식물 주위에 그대로 두었다. "꽃이 많이 쌓이면… 뿌리를 보호하고, 토양의 습기를 유지하며, 유기물의 분해를 돕는다." 잘 썩은 유기물이나 나무껍질로 식물의 맨 아랫부분에 멀칭하는 것도 비슷한 효과가 있다.

› "이제까지 제가 성과만 언급했지만… 실패도 많이 했습니다. 용담, 매화오리나무, 작약, 러셀 루피너스는 정원에서 잘 자라지 않습니다." 블랜디는 항상 실험을 했으며, 환경에 적응하지 못하는 식물이 있다는 사실을 받아들였다. 어느 정원에나 이런 식물이 있다.

동백나무 '그란디플로라 알바'
Camellia japonica 'Grandiflora Alba'

블랜디는 로렌스 반 데르 포스트의 책에서 니아살랜드(현재는 말라위)에 있는 물란예 삼나무(*Widdringtonia whytei*)에 관하여 "나는 그곳 삼림관리과에서 종자를 얻었다. 쉽게 발아하여 바로 심었다"라고 기술한 대목을 보고 창의력이 샘솟았다. 현재 물란예 삼나무는 원래 서식지에서 멸종 위기에 처해 있다. 선큰 가든은 바비아나, 익시아, 여러 가지 색상의 스파락시스, 트리토니아 크로카타(*Tritonia crocata*), 하이만투스 카테리나이(*Haemanthus katherinae*), 달맞이글라디올러스(*Gladiolus tristis*), 아르크토시스(*Arctotis*), 아리스테아 티르시플로라(*Aristea thyrsiflora*) 등 여러 남아프리카공화국 토종 식물들의 보금자리가 되었다. 아리스테아 티르시플로라에 관하여 블랜디는 "케이프주에 사는 가장 아름다운 파란 야생화… 자연 파종을 하고 배수가 잘되는 흙을 좋아하고 개방된 공간에서 왕성하게 자란다"라고 「왕립원예협회지」의 '동료들의 소식' 지면에서 소개했다. 여기에서 H.C.H. 피커링 소령이 카나리아 제도에서 씨앗을 모아 그녀에게 준 교배종 아이오니움(*Aeonium*)에 관하여 언급하기도 했다.

블랜디도 품종 보존을 위한 재배의 중요성을 알았다. 마데이라의 노란색 디기탈리스(*Isoplexis sceptrum*)에 관하여 설명하며 "상당히 희귀해져서" 섬 북쪽 송어 양어장의 정원에 있는 건강한 상태의 20포기를 보고 흥분했다고 말했다. 그녀의 정원에도

당연히 희귀종이 보존되고 있었다. 아리조나 비달리(*Azorina vidalii*), 1884년에 멸종 위기종으로 분류된 앵무새부리꽃(*Lotus berthelotii*), 1955년에 홍콩에서 발견되어 종묘업자 '트레헤인 씨'를 통해 블랜디에게 전달된 그란타미아나동백나무(*Camellia granthamiana*) 4종 모두 그녀의 정원에서 안전한 보금자리를 마련했다.

동백나무의 정수

최초의 동백나무 품종은 19세기 말에 본국 포르투갈과 벨기에에서 들여왔다. 킨타 두 팔레이루에 씨앗을 넉넉하게 심어 한때 만 그루가 넘었으며 현재는 천 그루가 있다. 블랜디가 도착했을 때 킨타 두 팔레이루 입구에는 이미 동백나무가 줄지어 있었고, 빈 곳이 있으면 동백나무를 심었다. 홑꽃, 겹꽃, 빨간색, 분홍색, 줄무늬, 점박이 꽃 등 꽃의 색상과 크기가 다양했다. 블랜디는 이들에 매료되지 않을 수 없었고 1950년대부터 직접 더 많이 심었다.

> "일 년 내내 온화해서 서리해가 없으며, 물이 풍부하고 토양이 비옥해서 가드닝에 안성맞춤이다. 분명 이곳은 정원사의 천국이다. 식물들은 빠르게 쑥쑥 자란다. …집 옆의 이 정원, 70년에 걸쳐 완성되었다."
>
> 밀드레드 블랜디

계단 난간을 휘감은 장미가 토피어리 정원으로 이어져 킨타 두 팔례이루가 전통적인 영국 정원인 것처럼 느껴지지만, 위대한 원예가 밀드레드 블랜디가 들여온 희귀하고 특이한 식물들을 발견하면 생각이 바뀔 것이다. 블랜디가 이 정원을 개발하기 몇 년 전에 플로렌스 두 케인은 "팔례이루는 많은 수입 보물의 시험장이 되었다"라고 기록했다.(『마데이라섬의 꽃과 정원 *The Flowers and Gardens of Madeira*』(1926)) 밀드레드 블랜디의 작품을 감탄하며 바라보고 있으면 그녀가 그 정원에 꼭 맞는 사람이었고, 그 정원이 그녀에게 이상적인 정원이었음이 느껴진다.

호베르투 부를리 마르스

Roberto Burle Marx
1909-1994
브라질

헬리코니아 인디카 '스트리아타'
Heliconia indica 'Striata'

줄무늬의 모양이 일정하지 않아서 가끔 거의 잎 전체를 뒤덮기도 한다.

브라질 최고의 조경가인 호베르투 부를리 마르스는 자신의 주된 직업이 화가라고 생각했지만, 매우 다재다능해서 직물, 보석, 무대 장치를 디자인했으며, 음악가, 환경운동가, 식물 수집가, 정원사이기도 했다. 마르스는 일곱 살 때부터 정원을 가꾸었다. 열아홉이 되었을 때 그의 가족이 독일로 이주하여 독일 문화에 동화되어 갔고, 베를린 식물원에서 만난 브라질 식물에 감동하였다. 미술을 전공했지만, 초기에 조경 일을 의뢰받아 일을 시작하다가 추상미술의 원리를 이용해 토착 식물로 경관과 정원을 채색했다. 그 결과 20세기 브라질 스타일을 탄생시키며 열대 지역의 가드닝에 혁신을 이루었다.

브라질 사람인 어머니 부를리는 가드닝에 관심이 많았고, 독일계 유대인인 아버지 마르스는 디자인에 관심이 있었다. 교양이 깊은 이 가족은 1928년에 아버지 빌헬름 마르스의 주도로 독일로 갔다. 그들은 베를린에서 집을 임대하여 베를린의 연극, 콘서트, 오페라, 미술을 흡수했다. 동시에 호베르투는 베를린 식물원을 주기적으로 방문하며 브라질 식물의 매력에 빠져들기 시작했다. 당시에 브라질의 정원은 프랑스와 포르투갈의 영향을 받아 유럽의 전통적인 정형식 디자인을 약간 모방했을 뿐, 브라질 고유의 전통은 없었다. 부를리

마르스는 베를린 식물원을 돌아보는 동안 브라질 정글의 '색다른' 나무와 꽃의 구조적 형태, 화려한 색상, 질감이 경관과 정원을 가꾸는 팔레트로서 이상적이라고 느꼈다. 이 깨달음을 통해 그는 정원 디자인에 혁명을 몰고 왔다.

1930년에 그는 리우데자네이루에 돌아왔고, 곧바로 브라질 토종 식물을 시험 삼아 식재했다. 한 가지 색상으로 된 잎의 조합이 특히 마음에 들었던 그는 이웃인 루시우 코스타에게 보여 주었다. 건축가이자 도시 계획가인 코스타는 자기 집의 정원을 설계해 달라고 주문했고, 이것이 부를

리 마르스가 맡은 첫 주문이었다. 부를리 마르스는 추상화를 그린 후 이것을 정원에 그대로 옮겨 놓았다. 브라질 토종 식물과 비대칭적 디자인을 융합한 그의 아이디어는 생기가넘쳤고 급진적이었다. 예술가인 동시에 정원사였던 다른 이들처럼 그 역시 식물로 정원에 그림을 그렸다. 그의 정원들은 미리 종이에 그린 그림과 마찬가지로 매혹적이다. 패턴을 볼 수 있는 높은 곳에서 내려다보면 그림이 살아 있는 풍경으로 바뀌어 현실에 펼쳐져 있다.

연구실이 된 정원

1949년에 부를리 마르스는 리우 인근 산투 안토니우 다 비카의 땅을 구매해서 그의 아이디어를 계속 실험했다. 그는 낡은 집과 교회를 복원한 후, 브라질과 남아시아, 중앙아시아의 열대우림지로 탐험을 떠나 새로운 식물을 관찰하고 채집해서 자신의 정원으로 들여왔다. 그 어떤 조경가도 상상해 보지 못한 정원이었다. 그는 환경운동가였기 때문에 그 현대식 정원을 '재배하지 않으면 야생에서 멸종 위기에 처할 토종 식물을 전시하고 영구히 보존하는 장소'로 여겼다. 브라질 토종 식물은 그가 남긴 유산의 일부였다. 그는 열대우림의 파괴에 경악해서 앞장서서 이에 반대하는 목소리를 공개적으로 냈다.

그의 정원은 매력적인 경관을 뿜낼 뿐

아니라 소장된 식물을 전시하는 공간이었다. 430그루가 넘는 필로덴드론, 수많은 헬리코니아와 브로멜리아드, 베고니아, 난초, 야자수, 양치류, 기타 '외래종'과 심지어 약간의 '온대' 식물까지 있어서 3,500가지 이상의 다양한 종을 보유하고 있었다. 그에게 정원을 가꾸는 일은 '기가 막힌 예술, 역사가 가장 오래된 예술적 표현'이었으며, '잃어버린 낙원을 되찾으려는' 시도였다.

수석 정원사의 도움을 받아 그는 예리한 눈으로 세심하게 지휘하여 식물들을 정확한 위치에 배치했다. 그는 에세이 『예술 형식으로서의 정원 *The Garden as Art Form*』에서 이렇게 말했다. "리듬은 반복이 아니다. 하나의 형식이 다른 형식과 어떻게 관련되는지, 또는 하나의 장소, 질감, 겉보기, 색상이 다른 장소, 질감, 겉보기, 색상과 어떻게 관련되는지를 다루는 문제이다. 정원이라는 실체는 계속 변화할 것이다. 하지만 정원이 나름의 근거를 갖고 조성되었다면, 즉 각 부분이 서로 연관되어 있다면, 언제나 조화로울 것이다." 그는 정원을 가꾼다는 건 오랜 세월 동안 정원사의 손길을 거쳐 정원이 점진적으로 발달해 가는

헬리코니아 안구스타
Heliconia angusta

브라질 남동부 원서식지에서는 잘 죽는 편이지만, 축제 기간에 꽃을 피워서 많은 정원에서 이 식물을 번식시키고 재배한다.

과정이라는 점도 알고 있었다.

넓은 대지에 다채로운 식물들이 조화롭게 식재되어 정원의 분위기를 조성했다. 커다란 잎이 건축적 요소를 맡아 정원의 구조를 두드러지게 하여 잎이 꽃보다 더 중요했다. 가장자리가 유기적인 형태로 구부러진 화단에서 모두 한데 어울려 생동감이 느껴졌다. 직사각형은 주변의 건축물을 반영했고, 식물들 사이로 이동하는 방문객이 모퉁이를 돌 때마다 눈에 들어오는 통경이 달라졌다. 폭포수는 소리와 율동감을 만들었고, 나무와 관목은 가장 자연스럽게 보이도록 무리 지어 심었으며 하나씩 심는 표본형 화초는 최상급이었다. 부를리 마르스의 정원에서 수생식물은 잔잔한 연못 위에 떠 있다. 강물에 씻긴 둥근 돌은 가느다란 수직 잎과 대조를 이루고 다른 둥근 잎과 조화를 이룬다. 벽은 착생식물의 배경이 되어 주고, 퍼걸러는 비취덩굴(Strongylodon macrobotrys)을 지지해 준다. 집과 정원 그리고 주변 경관까지 전체가 완벽한 조화를 이룬다.

야생 레드 파인애플
Ananas bracteatus

아르헨티나, 파라과이, 브라질이 원산지이며, 정원용 식물로 널리 재배된다. 붉은 포엽 사이에서 자주색 작은 꽃들이 핀다.

부를리 마르스가 남긴 유산

1965년에 미국 건축가협회(AIA)가 부를리 마르스를 '현대식 정원의 진정한 창작자'로 인정하여 순수예술상을 수여했다. 1982년에는 영국 왕립 원예협회가 골드 비치 기념 메달을 수여했다. 그는 전 세계적으로 약 3,000군데의 조경 프로젝트에 참여하여 정원을 디자인하고 조성했다. 브라질 토종 식물을 많이 사용했고, 한편으론 열대우림 보호 캠페인을 벌였다. 그의 이름을 따서 명명한 식물이 50가지에 이르는데, 그가 채집한 헬리코니아 부를리 마르시(Heliconia burle-marxii)도 그중 하나다. 부를리 마르스가 창조한 건 단지 브라질 스타일이 아니라 20세기 스타일이었다. 그의 아이디어에는 현대 브라질의 정신, 경관, 정체성이 담겨 있었다. 그는 마음이 따뜻하고 친절하고 관대했으며, 다른 사람의 잘못에 너그러웠다. 삶과 식물과 사람을 사랑했고, 요리를 잘해서 그가 베푼 즐거운 연회는 유명했다. 무엇보다도 현대의 위대한 정원사로 손꼽혔다.

호베르투 부를리 마르스

호베르투 부를리 마르스는 화가이자 조경가였다. 가드닝은 모든 예술 중에서 가장 많은 분야를 포괄하고 있어서 누구나 자신의 창의성을 펼치기 좋다. 화필을 능숙하게 다루는 솜씨가 없더라도 식물을 골라서 정원에서 마음에 드는 곳에 심는 일은 누구나 할 수 있다.

› 가능한 한 정원 설계도를 그리고, 호스 또는 막대기와 끈으로 바닥에 윤곽선을 표시한다. 이 시점에서는 무엇이든 변경할 수 있다.

› '자연에는 직선이 없다'는 말이 있다. 다양한 크기의 곡선들로 구성하면 자연스럽게 흥미로운 풍경이 연출된다. 경관이 부드럽게 보이고, 변화가 만들어지고, 방문객은 모퉁이를 돌아 무엇이 있는지 보려는 마음에 발을 옮기게 된다. 또한 정원을 천천히 돌아보게 만든다.

› 부를리 마르스는 넓은 대지에 식재하면서 다채로운 잎을 장식 요소로 이용했다. 무성한 열대식물이나 브로멜리아드를 식재할 환경이 아니라면, 활엽 상록수나 그래스처럼 다채롭고 무늬가 있는 식물로 잎이 무성한 화단을 꾸며 비슷한 효과를 연출할 수 있다.

› 정원에 수공간을 만들어 이용한다. 폭포나 분수의 물소리는 마음을 가라앉히고 생각에 잠기게 한다. 잔잔한 연못은 하늘과 주변 경관을 반사하므로 연못 가장자리에 식물을 심어 반사 효과를 이용한다. 수련을 심는 것도 좋다.

› 부를리 마르스는 재활용 건축 자재를 이용해 자신의 정원을 장식했다. 낡은 자재만 사용하는 건 아니다. 중고품 가게나 건축 폐기물을 찾아서 멋지게 재활용할 수 있다. 무엇을 사용하느냐보다는 어떻게 사용하느냐가 중요하다.

› 부를리 마르스는 다양한 재료, 특히 유색 재료로 패턴을 만들어 시선을 끄는 하드 스케이프를 조성했다. 자연석, 조약돌, 포석, 유색 자갈 등을 조합하여 직접 멋진 하드 스케이프를 완성해 본다.

박트리스 비피다
Bactris bifida

브라질 토종 식물. 관상용으로 훌륭하고 대개 1.4미터밖에 자라지 않는다. 달콤하고 톡 쏘는 열매는 따서 바로 먹는다.

호베르투 부를리 마르스는 습한 열대 지방의 식물들을 이용해 정원과 경관을 추상 예술로 바꾸었다. 열대식물의 크고 대담한 형태는 그가 조성한 하드 스케이프의 패턴을 보완했다. 왼쪽 사진에서 그가 열대식물을 어떻게 활용하여 고유의 독특한 스타일을 완성했는지를 쉽게 확인할 수 있다. 브라질에 있는 그의 정원은 현재 '시치우 호베르투 부를리 마르스'라고 불린다. 원래 그가 수집한 식물을 보관하려 했던 이 정원은 실험 장소로 쓰였다. 현재 3,500종이 넘는 다양한 식물이 살고 있다.

렐리아 카에타니

Princess Lelia Caetani

1913-1977

이탈리아

지중해쿠프레수스
Cupressus sempervirens

지중해 정원을 떠올리게 하는 이 멋진 침엽수는 광범위하게 자라고 있어서 원산지를 알 수 없다.

로마의 남쪽, 고대 도시 닌파의 폐허 속에 나무를 심어 조성한 이 정원은 카에타니 가문이 여러 세대에 걸쳐 이룩한 업적이다. 특히 예술적 재능을 가드닝에 쏟은 렐리아 공주의 공헌이 가장 컸다. 렐리아는 이미 기초가 완성되어 있던 정원에서 영감을 받아 마지막 손질을 가할 때 독특한 주변 환경을 이용하여 오늘날 우리가 알고 있는 정원을 만들었다. 그윽한 향기와 화려한 꽃 장식이 가득한 이 정원이 세계에서 가장 낭만적인 정원으로 꼽히는 건 지극히 당연해 보인다.

1297년에 교황 보니파시오 8세(베네데토 카에타니)가 성벽으로 둘러싸인 마을을 사서 조카 피에트로 카에타니에게 선물로 주었다. 성벽 안에는 교회 여섯 채가 있었고, 님페우스강이 마을을 가로질러 흘러서 많은 산업이 모여들었다. 특히 제혁업이 발달했는데 여기에는 물과 은매화(*Myrtus communis*)가 사용되었고, 지금도 주변 언덕에서 은매화를 볼 수 있다. 이 마을은 번영을 누렸지만 1382년에 내전으로 파괴되어 황량하고 낭만적인 폐허만 남게 되었다.

1800년대 중반에 역사가 페르디난트 그레고로비우스가 이 마을을 방문했을 때 반쯤 늪에 묻히고 담쟁이덩굴로 뒤덮인 모습을 발견했다. 야생화들이 그의 상상력을 자극했다. "꽃들의 향기로운 바다가 닌파 위를 맴돈다. …다 쓰러져 가는 집과 교회 위로, 봄을 관장하는 신이 보라색 깃발을 의기양양하게 흔들면, 열린 창문 밖에서는 꽃들이 미소 지으며 인사하고 열린 문마다 밀고 들어오려고 한다. …출렁이는 꽃의 바다에 털썩 주저앉아 꽃의 향기에 흠뻑 취한다." 다른 방문객은 다음과 같이 기록했다. "5월의 한가운데, 수백 년 동안 담쟁이덩굴이 반쯤 뒤덮은 아름다운 폐허의 고요 속에 나이팅게일의 노랫소리만 들려온다."

버려진 마을이 눈부시게 아름다운 정원으로

1867년에 에이다 부틀레윌브라함은 오노라토 카에타니 공작과 결혼했다. 이들은 아들 다섯과 딸 하나를 키웠고, 가끔 아이들을 데리고 닌파 유적지로 소풍을 가곤 했다. 에이다는 대나무를 들여오고, 1920년대에는 담장에 장미를 심었는데, 대나무는 오늘날에도 볼 수 있다.

그들의 아들 젤라시오 왕자가 닌파를 물려받았을 때 진정한 르네상스가 찾아왔다. 다재다능한 그는 조각가이자 피아니스트였으며 채굴과 야금 기술이 뛰어났다. 그는 샌프란시스코에서 사업에 성공했고, 하버드대학교에서 강의했으며, 이후에는 워싱턴 주재 이탈리아 대사가 되었다.

그는 닌파 복원에도 힘을 기울여 정원의 구조를 설계했다. 1905년에 성벽을 쌓고, 자택으로 썼던 마을 회관과 큰 탑을 복원하고, 강둑을 보강하고 강 위에 다리를 놓았다. 1918년에는 오스트리아 전쟁 포로들을 동원해 마을의 잔해를 제거하고, 뿌리로 벽을 훼손하는 블랙베리 덤불과 자연 파종하는 나무를 뽑았으며, 담쟁이덩굴은 약간 남겨서 예스러운 분위기를 보존했다. 젤라시오는 소나무 같은 나무를 매우 좋아했고, 태산목을 심어 아름답고 반짝이며 늘 푸른 잎과 커다란 미색 꽃을 보려고 했다. 둘레에 호랑잎가시나무와 흑호두나무를 심어 비바람을 가려 주는 은신처를 조성했다. 또 오래된 주요 거리를 따라서 지중해 쿠프레수스를 심었다. 그가 나무를 심을 때 그의 어머니는 그 나무를 타고 올라갈 덩굴장미를 함께 심었다. 전하는 말에 따르면 그가 캘리포니아에서 보았던 식물들을 도입했다고 하는데, 부적합하게 자리한 나무는 하나도 없었다. "돈 젤라시오가 심은 커다란 나무들은 매우 훌륭했는데 그중 지중해쿠프레수스가 최고였다. …경관에 장중한 분위기를 연출하고 정원 디자인에서 초점이 되었다"라고 스켈머스데일 경이 「왕립원예협회지」에 적었다. 젤라시오가 심은 나무들은 폐허와 어우러져 정원의 기본 구조가 되었다. 1930년에 마을 전역의 잔해를 말끔히 치우고 풀을 깎고 나자, 성벽으로 둘러싸인 영역이 약 5.5헥타르에 이르렀다.

그 후 정원은 젤라시오의 조카 카밀로와 그의 아내 마거리트 채핀에게 넘어갔다. 마거리트는 미국 태생으로 저널리스트이자 미술품 수집가였다. 카밀로는 호수와 샘의 물줄기를 바꾸어 여러 개울과 수로를 만들어서 정원을 가로질러 흐르게 했다. 그러자 시원한 분위기가 조성되었고, 건조한 여름에 물을 끌어다 쓸 수 있었다. 마거리트는 나무와 관목, 장미, 목련 한 무더기, 아보카도 나무 두 그루를 심었다.

루쿨리아 그라티시마
Luculia gratissima

이 반상록수는 히말라야산맥 기슭에서 자라며, 아주 향기로운 꽃을 피운다. 온대 기후에서는 온실에서 보호해야 하고, 배수가 잘되는 산성 토양에 심어야 한다.

렐리아 카에타니

렐리아 공주처럼 세련된 안목을 갖고 있으면 정원을 꾸밀 때 분명 유리하다. 하지만 가드닝에는 많은 분야가 관련되어 있다. 누구나 자기가 좋아하고 즐길 수 있는 정원을 조성하면 된다. 그저 밖으로 나가 무언가 심어 보면 사랑하게 될 것이다!

› 닌파 정원에서는 장미가 나무를 타고 올라간다. 덩굴식물이 너무 왕성해지지 않도록 관리해야 한다. 너무 무거우면 나무를 상하게 할 수 있다. 오래된 나무라면 더 신경 써야 한다. 덩굴식물을 심을 때 나무를 등지고 바람이 불어오는 쪽에 심는다. 다 자란 나무의 밑동이 아닌 잎이 우거신 부분의 가상사리 시점에 심어서 뿌리가 서로 경합을 벌이지 않게 한 다음, 줄을 묶거나

막대기를 세워 덩굴식물이 줄을 타고 나무로 올라가게 한다.

› 렐리아 공주는 전망과 공간을 유심히 살펴본 후 주변 환경과 연관 지어 식물을 배치하면 식물의 성격이 달라진다는 사실을 알았다. 예를 들어, 낡은 벽 옆의 뽕나무는 과거의 느낌을 강조하고, 나뭇잎의 질감은 벽을 보완하거나 대조를 이룬다.

› 햇볕이 내리쬐고 바위가 많은 지중해 산비탈의 식물도 바위 정원에서 눈길을 끌 수 있다. 렐리아 공주가 시클라멘과 스테른베르기아 루테아를 심었듯, 햇볕이 내리쬐는 탁 트인 자리에 튤립이나 베르바스쿰을 더 심어 보는 것도 좋다.

일본붓꽃
Iris japonica

꽃에 매력적인 무늬가 있는 이 앙증맞은 식물은 볕이 잘 들거나 반그늘이 지는 곳, 습한 토양에서 빠르게 번식한다. 개화 후 잎이 시들면 잎을 제거한다.

› 표본 관목이나 큰 나무를 심을 때, 심을 곳에 미리 막대기를 꽂고 나무가 그 자리에 있다면 어떤 모습일지 상상해 보자. 다 자랐을 때 형태와 크기가 어떻게 될지, 그림자를 얼마나 드리울지, 뿌리가 얼마나 뻗을지 고려하고 심어야 한다. 관상용 벚나무는 지표면 위나 지표 가까이에시 뿌리를 뻗이 잔디밭에 문제가 될 수 있으므로 특별히 신경 써야 한다.

› 상상하기 쉽도록 막대기를 꽂은 곳 주변 영역을 대략적인 축척에 따라 스케치한 다음, 나무가 다 자랐을 때의 형태를 그려 넣는다. 또는 사진을 찍을 수도 있다. 그런 다음 '장소에 딱 맞는 나무인지' 여부를 결정할 수 있다.

› 어디든지 눈여겨보고 영감을 찾아본다. 렐리아 공주는 산을 거닐며 강가에서 자라는 토종 식물을 관찰했다. 구체적인 형태, 방식, 장소, 식물 등 무엇이든 식재나 디자인 아이디어를 주는 기폭제가 될 수 있다.

정원을 가꾸는 공주, 렐리아

오늘날 우리가 알고 있는 그 낭만적인 정원을 조성한 사람이 바로 마거리트의 딸, 렐리아 공주였다. 공주와 공주의 남편 휴버트 하워드 공작은 평생 저택과 정원을 가꾸는 데 전념했다. 공주는 어렸을 때에도 어머니와 함께 정원을 가꾸었고, 땅을 파고 씨를 뿌리고 옮겨 심으며 재미있는 시간을 보냈다. 1940년대 말에 정원 관리를 맡게 되자, 나무와 관목뿐 아니라 장미, 일년생식물, 특이한 비내한성 식물로도 정원을 채우고 싶었다. 그녀는 미술가였기 때문에 정원의 현재 모습과 미래에 변화된 모습을 그리곤 했다. 한번은 경관을 그린 뒤 그 자리에 심으려고 생각한 유다박태기나무 두 그루와 지중해쿠프레수스를 그려 넣었다. 나중에 그 나무들을 심어 상상했던 것과 같은 풍경이 만들어졌을 때 너무나도 기뻤다.

공주는 심사숙고해서 배치하고 신중하게 식재한 후 예리한 시각으로 판단해서 필요하면 자리를 옮겨 심었다. 전반적으로 알칼리성 토양이었지만 구덩이를 파고 부식토를 넣어 목련(*Magnolia sargentiana, M. sieboldii, M. kobus*)과 동백을 심고, 진달래는 주로 돋움 화단에 심었다. 나무와 관목이 자랄 수 있는 공간을 확보해 주었다. 가지치기는 최소한으로 하고 가끔 가지가 잘 뻗어 나가도록 방향을 바꾸어 주었다.

렐리아 공주는 바위 정원을 좋아해서 바위 정원에 관한 영어책을 거의 모두 수집했다. 공주와 공주의 어머니는 돌담 유적에 바위 정원을 하나 만들어 관목이 우거진 애기석류나무, 키스투스, 패랭이꽃, 밝은색의 한해살이인 금영화, 스테른베르기아 루테아(*Sternbergia lutea*), 시클라멘 레판둠(*Cyclamen repandum*)과 시클라멘 네아폴리타눔(*C. neapolitanum*)을 식재했다. 아래에는 종묘장을 만들어 삽목과 묘목을 길렀다.

그녀의 영감은 자연에서 나왔다. 한번은 강가에 노랑꽃창포(*Iris pseudacorus*)를 심었는데 건너편 습지에서 자라는 것을 보았기 때문이었다. 그녀는 모든 일을 오랫동안 깊이 생각하고 검토를 거친 다음 실행했다. 모든 것을 계산에 따라 정확히 배치했지만, 정원이 자연스럽게 보이도록 입지와 식물을 계속해서 분석하고 평가했다.

1977년에 렐리아 공주가 세상을 떠난 후, 휴버트 하워드는 식물에 관한 지식을 넓힐 작정으로 왕립원예학회에 가입하고 책과 잡지, 「왕립원예협회지」를 읽었다. 그는 렐리아 공주의 바람대로 갖가지 식물을 수집하고 싶었다. 벚나무 '애컬레이드'(*Prunus* 'Accolade'), 벚나무 '시미즈자쿠라'(*P.* 'Shimizu-zakura'), 벚나무 '타이하쿠' (*P.* 'Taihaku') 등 벚나무의 종을 다양하게 늘려 봄마다 벚꽃을 즐겼다.

고풍스러운 벽은 덩굴식물이 장식하고, 거리는 꽃으로 가득한 이 독특한 정원은 수 세대에 걸친 카에타니 가문 정원사들의 작품이지만, 이곳을 낭만이 넘치는 정원으로 가꾼 장본인은 예술가이자 정원사인 렐리아 카에타니 공주였다.

> " 1920년에 젤라시오 카에타니가
> 이곳 닌파에 나무를 심어
> 폐허가 될 뻔한 공간을 되살렸다. "
> 닌파 정원의 명판

강이 흐르는 정원은 그 자체로 매혹적이다. 고대 도시의 유적으로 둘러싸인 이 정원은 낭만적인 정원의 완벽한 본보기이다. 닌파에는 독특한 환경을 활용해서 찬란한 아름다움을 실현할 예술가의 섬세한 손길이 필요했다. 렐리아 카에타니 공주는 선대가 남긴 작품을 세련되게 다듬어 오늘날의 정원을 완성했다. 현재는 정원사의 손이 최소한으로 가해져 관리되며, 야생 생물의 서식지가 풍성하게 조성되어 인공적인 가드닝과 자연이 조화를 이루고 있다.

그레타
스투르자

Princess Greta Sturdza

1915-2009

프랑스

수국
Hydrangea macrophylla

수국의 꽃 색깔은 파란색이나 분홍색이다. 산성 토양에서는 파란색, 산성에서 중성 토양에서는 연보라색, 알칼리성 토양에서는 분홍색 꽃이 핀다.

원예사이자 정원사인 그레타 스투르자는 대단히 근면하고 비전과 결단력이 있는 인물이었다. 스투르자는 프랑스 디에프 인근의 해안에서 잡목이 울창한 부지를 정리하고 아름다운 삼림 정원으로 바꾸어 놓았다. 다양한 식물을 이용하고 엄격한 원예 기준을 적용했으며, 관리와 재배에 관한 독자적인 방식을 창안했다. 그녀의 식물들은 건강하고, 정원은 세월이 지나도 풍성하고 완성된 모습을 보인다. 그녀는 목련, 벚나무, 진달래 등의 식물이 자리 잡을 공간을 완벽하게 조성했고, 이 식물들은 스투루자 공주의 보살핌과 관심에 감사의 인사를 하듯, 해마다 아름다운 모습을 드러낸다.

제2차 세계대전 이후 몰도바에서 공산당이 정권을 장악하자, 그레타와 남편 조지 왕자는 가족과 함께 루마니아로 피신했다가 결국 노르망디에 정착했다. 디에프 인근 하얀절벽 가장자리라서 바람이 많이 불었다. 처음에는 이 부지가 평평한 줄 알았다. 하지만 블랙베리와 고사리로 뒤덮인 가시덤불을 제거하고 나자, 울퉁불퉁하고 동쪽으로 가파르게 경사진 땅이 드러났다. 기뻐할 일이었다.

토양에는 산성 점토가 많았고, 침수가 자주 발생했다. 이 부지는 계곡의 우묵한 곳이어서 강한 바람이 불고 서리가 내렸다. 그녀는 "나는 산성토에서 식물을 길러 본 적도 없고, 그런 조건에서 자라는 식물이 있는 줄도 몰랐다. 그래서 비슷한 토양에서 멋진 정원을 만든 영국 남부의 가드너들을 방문하기 시작했다"라고 기록했다. 그녀는 영국을 방문해서 식물을 구했다. 존 매시로부터 헬레보루스를 샀고, 해롤드 힐리어 경, 콜링우드 '체리' 잉그럼, 라이오넬 포테스큐를 만났다. 그녀가 가장 훌륭한 정원사이자 묘목상으로 꼽는 라이오넬은 평생의 멘토이자 친구가 되었다.

정원의 사계

그레타 공주가 조성한 바스테리발 정원은 유럽에서 가장 멋진 정원이 되었다. 많은 통로와 곡선형의 넓은 잔디밭이 있고, 나무들이 솜씨 좋게 심어져 감성을 자극하며, 하나씩 떨어져 있는 화단은 바닥을 덮은 구근과 지피식물, 가지가 예쁘게 다듬어진 관목들로 채워져 있다. 개울 아래 저지대의 정원에는 초본식물과 양치식물이 그득하다. 목련, 벚나무, 진달래, 장미, 클레마티스 등 8,000종에서 1만 종에 이르는 다양한 식물들의 꽃, 잎, 나무껍질, 줄기, 열매의 화려한 색과 재미를 항상 즐길 수 있다. 이 정원은 사계절 내내 이러하다. 많은 정원사가 식물로 그림을 그리듯 식재했지만, 여러해살이와 나무, 관목으로 이런 효과를 낸 사람은 거의 없다.

가드닝 기술 정보

'직접' 팔을 걷어붙이고 일한 최고의 정원사 그레타 공주는 고유의 아이디어와 경험을 바탕으로 식재와 재배 기술을 개발했다. 건강하고 우수한 그 식물들이 그녀의 방법이 옳았음을 증명했다.

모든 관목은 그녀의 '묵은 가지 치기' 기법으로 가지가 다듬어졌다. 자연스럽고 멋지게 보일 뿐 아니라, 나무를 통과하는 빛의 양이 늘어나 나무 아래에서 다년생식물이 더 많이 자랄 수 있었다. "저는 정원에 들어서서 오른쪽, 왼쪽, 남쪽, 북쪽을 돌아볼 수 있고, 무엇이든 어디서나 볼 수 있으며, 모두 잘 정리되어 있음을 확인할 때 만족합니다"라고 그녀는 말했다.

그녀는 어린 나무를 관리할 때 살뜰하게 보살피고 깊이 이해하며 세세한 부분까지 관심을 쏟았

다. 2년마다 날카로운 삽으로 잔디밭에 원을 긋고 그 가장자리를 따라 20센티미터 깊이까지 뿌리를 깨끗하게 잘라 냈다. 그런 다음 원을 20센티미터 밖으로 확장했다. 잔디를 삽으로 벗겨 내고 맨 윗층을 갈퀴로 긁어 남아 있는 뿌리를 제거한 다음, 잘 썩은 거름과 퇴비로 두껍게 멀칭했다. 이런 방식은 어린 나무의 수염뿌리 성장을 촉진하여 멀칭이 썩어서 내려갈 때 영양분을 잘 흡수할 수 있다. 지표 가까이 있는 나무 뿌리는 수분, 영양분을 잔디와 나누길 원하지 않으므로 잔디를 제거해 준다.

헬레보루스 니게르
Helleborus niger

순백의 꽃이 피고 나면 분홍색으로 변한다. 크리스마스부터 초봄까지 꽃이 피어 영어명은 크리스마스 로즈이다. 비가 올 때 흙물이 꽃에 튀지 않도록 주변에 멀칭을 해야 한다.

멀칭도 중요하다. 멀칭을 하면 지표 아래는 얼지 않으므로 벌레들이 뿌리에 상처를 주지 않으면서 땅을 파서 잘 썩은 유기물을 흙 속에 가져다 놓는다. 또 잡초를 억제하고 가뭄에는 수분을 유지하기도 한다. 아가판서스는 겨울에 잘 썩지 않는 솔잎으로 멀칭한다.

이렇게 정성껏 보살피면 당연히 식물이 건강하고 왕성하게 자란다. 스투르자 공주는 예리한 안목으로 좋은 식물을 구매하거나 교환하였기에, "저의 정원은 추억으로 가득합니다. 정원을 돌아다니면서 온통 친구로 둘러싸여 있음을 느낄 때 정말 황홀합니다"라고 말할 만했다.

산벚나무
Prunus sargentii

이 작은 낙엽수는 꽃이 예쁘고, 가을에는 울긋불긋한 단풍이 두드러진다. 영어명은 아널드 수목원장 찰스 스프르그 사전트 교수(92쪽 참조)의 이름을 딴 '사전트 체리'이다.

정원사의 초상

스투르자 공주는 힘이 넘치고 정신력이 강하고 자상해서 모두에게 깊은 인상을 남겼다. 그리고 자신에게나 타인에게나 엄격한 기준을 세우고 엄청나게 많은 일을 할당하기도 했다. 처음에는 자신에게 힘든 과제를 설정했다. 매일 두 시간 반 동안 블랙베리 덤불과 고사리를 제거했고, 못 하는 날이 생기면 다음 날 다섯 시간 동안 일했다. 아침 여섯 시에 일어나 열심히 일하고, 매일 정원에서 수 킬로미터를 걸어다녔으며, 누군가 화단에 들어와서 발자국을 남겼다면 손잡이가 짧은 세발 괭이로 발자국을 제거하곤 했다. 그녀는 노년기에도 상당히 건강했다.(노르웨이 청소년부에서 테니스 우승을 한 적이 있으며 올림픽 스키 선수로도 활약했다.) 그녀가 두세 시간 동안 정원을 안내하며 설명할 때 사진 촬영은 금지되었다. 방문객은 듣기만 해야 했다. 그녀는 접사다리를 들고 앞서서 빠르게 걷고 방문객은 그녀의 뒤를 조용히 따랐는데, 그녀가 할 말이 있으면 멈춰 서서 접사다리 위로 올라가 마치 연단에 선 듯 이야기했다.

그레타 스투르자 공주는 왕립원예학회의 부회장과 국제수목학회 명예회장을 지냈으며, 골드 비치 기념 메달을 받았다. 하지만 그녀에게 가장 큰 행복을 준 건 50년 동안 키운 멋진 식물들이 숨쉬는 아름다운 정원이었다.

> "그녀는 황무지에 거대한 정원을 만들고 50년 넘게 관리했습니다.
> 그녀가 몸소 체득한 가드닝 지식은 어마어마해서,
> 그녀의 안내를 받으며 정원을 둘러보았던 경험은 잊을 수 없는 추억입니다."
>
> 부고장, 작자 미상

그레타 스투르자

그레타 공주의 열정과 에너지는 정원에 대한 사랑에서 샘솟았다. 열정이 가장 중요하다. 힘든 시간을 견뎌 낼 수 있게 해주고, 성공으로 가는 길을 즐겁고 탄탄하게 하며, 가드닝을 가장 멋진 경험으로 바꾸어 놓는다.

› 나만의 식재 조합과 아이디어를 고안하려고 노력해 보자. 그레타 공주는 디기탈리스와 블랙엘더베리 '에바'를 이용해 순수주의자장식을 거부하고 간결하고 명확한 조형 표현을 주장하는 사람가 표본 나무로 심는 단풍나무의 분홍색 나무껍질을 보완했다.

› 도미니크 쿠쟁은 노르망디의 과수원 가정에서 태어났는데, 그의 재능을 알아본 공주가 그를 전정 기술자로 고용했다. 두 사람은 가지치기 방식을 개선하여 바스테리발 정원에서 모든 나무와 관목의 묵은 가지를 제거했다. 묵은 가지 치기를 하면 수형이 자연스러워지고 통풍이 잘된다. 가지가 적어지면 더 많은 빛이 통과하므로 나무 아래에서 훨씬 더 많은 식물이 자랄 수 있다. 이 원리는 자연에서 배웠다. 자연에서는 오래된 나무의 꼭대기부터 잎이 말라서 죽은 가지가 떨어진다. 그러면 더 많은 비와 햇빛이 뿌리 있는 데까지 내려온다. 이 빗물과

빛을 흡수한 나무들은 수형이 더 자연스러워지고, 나중에 심은 식물도 잘 자라난다.

› 관상용 나무의 가지치기는 보기 좋게 할 뿐아니라 성장에도 활력을 불어넣는다. 가지치기는 천천히 신중하게 해야 한다. 어느 가지를 제거해야 할지 조언해 줄 사람이 있다면 작업이 쉬워질 것이다. 우선 한발 물러서서 본래의 고유 수형을 살펴본다. 깨끗하고 날카로운 도구로 꽃병처럼 가운데에 공간이 생기게 한다. 죽은 가지와 교차하는 가지, 가늘고 긴 곁가지를 잘라 낸 다음, 잠시 멈추고 무엇을 더 제거해야 하는지를 주의 깊게 살펴본다. 모든 나무와 관목은 본래의 수형을 유지해야 한다. 작업 시기는 8월 중순부터 9월 말까지이다. 뾰족한 마디나 자르고 남은 그루터기

를 남겨 놓지 않는다. 새 단장을 한 나무 아래에서 어떤 식물을 재배할지도 생각해 봐야 한다.

클레마티스 비티켈라
Clematis viticella

나무와 관목을 타고 자라게 하거나 화분에서 재배한다. 튼튼하고 질병에 강하다. 작은 꽃들이 한여름부터 초가을까지 핀다.

민병갈

Carl Ferris Miller

1921-2002

대한민국

큰별목련
Magnolia x loebneri

뢰브너가 교잡한 큰별목련은 품종이 매우 다양
하다. 수령이 어려도 꽃이 잘 피고, 축축한 알칼리
성 토양에서 잘 자란다.

칼 페리스 밀러는 지인의 부탁으로 충청남도 태안에서 땅을 샀다. 그 땅으로 무슨 일을 해야 할
지 몰라서 나무를 심기 시작했는데, 그러다가 식물을 매우 좋아하게 되었고, 이 사랑을 바탕으로
조성한 수목원은 세계 최고가 되었다. 그는 호랑가시나무와 목련을 가장 좋아했다. 그는 새로운
품종의 식물을 도입한 후 다른 기관에 기증해서 그 식물들을 전국에 보급했고, 학생과 정원사들
의 학비도 지원했다. 무엇보다도 매우 후한 인심으로 사람들에게 좋아하는 식물을 나누어 주었
으니 당연히 명성이 뒤따랐다.

제2차 세계대전 기간 동안 밀러는 일본어를 공부
하고 미 해군에서 통번역가로 복무했다. "1946년
에 제대하고 집에 돌아왔는데 이듬해에 한국으로
다시 갔습니다. 왠지 모르게 처음부터 한국의 매
력에 푹 빠졌습니다." 그는 한국어를 배우고, 한국
의 역사와 문화를 사랑했고, 1979년에 민병갈이
라는 이름과 함께 한국에 귀화했다.(그해 한국인이
된 미국인은 단 두 명이었다.)

인생의 절반이 지나고 나서야 식물에 대한 열정
이 불타올랐는데, 그 계기는 아주 우연히 찾아왔
다. 1962년에 한 지인이 밀러에게 천리포 해변의
땅을 사 달라고 제안했다. 일단 땅을 샀는데 어떻

게 해야 할지 몰라서 몇 년 동안 방치했다. 건물도
하나 없었고, 있는 것이라곤 모래언덕, 왜소한 소
나무, 해변의 잡초, 해당화뿐이었다. 그는 가끔 산
을 오르며 한적한 절에 들렀다. "스님들은 대개 식
물을 잘 알고 있어서 그분들 덕분에 초목에 흥미
를 느끼기 시작했습니다."

그는 초본식물보다는 나무와 관목을 수집하기
로 결심했다. "목본식물의 이름을 배우는 일이 훨
씬 쉬워 보였거든요." 1972년에 그는 철거 위기에
처한 한옥을 매입해서 옮겨 와 재건축했고, 이를
주말 별장으로 이용했다.

수목원이 점점 커지자, 그는 미국의 원예가를

데려왔고 수목원 직원을 미국의 롱우드 식물원이나 영국의 위슬리 가든으로 해외 연수를 보냈다. 당시에는 한국인 전문 원예가가 거의 없어서 이 연수를 통해 한국의 공원과 정원을 가꾸는 전문 인력이 배출되었다. 그가 만든 천리포수목원은 지금도 조경가, 정원사, 식물 애호가의 교육 기관으로 이용된다. 그는 "이것이 여기에서 살게 해주고 한국 국민으로 받아들여 준 한국에 보답하는 길"이라고 말하기도 했다.

호랑가시나무와 목련

민병갈은 대지를 계속 매입하여 이제 26헥타르에 이르렀다. 처음에는 어쩔 수 없이 많은 식물을 선발해서 시범적으로 심어 보았는데, 실패보다 성공한 식물이 훨씬 많았다.

그는 호랑가시나무와 목련을 가장 좋아했다. 현재 호랑가시나무 컬렉션에는 400종이 있고 목련 컬렉션에는 190종이 있는데, 이는 모두 세계 최대 규모이다.

수목원의 전성기에는 해마다 천 그루의 식물을 들여왔다. 민병갈은 서울에서 살았지만 주말마다

세 시간씩 차를 타고 수목원으로 갔고, 종종 식물 상자를 가져가 도착하자마자 포장을 풀었다. 그는 깜짝 놀랄 만한 식물을 좋아했다. 일리노이주 모튼 수목원의 전시 책임자 겸 큐레이터인 김군소는 "민병갈 원장님이 미국, 뉴질랜드, 영국의 힐리어 종묘장에서 온 식물 하나하나를 세심하게 살펴볼 때 눈이 반짝이며 빛났습니다. 식물 표본을 살펴볼 때는 대화하는 투로 이들을 칭찬했습니다"라는 추도의 글을 남겼다. 민병갈은 해마다 종자 목록을 발간해 다른 식물원과 종자를 주고받았으며, 매년 열리는 미국호랑가시협회의 경매에 빠지지 않고 참여했다. 하지만 구매한 식물 중에서 인증을 받지 못한 것은 한국에 가져올 수 없었다.

그는 매년 가을에 인적이 드문 한국의 지방으로 직접 종자 채집 여행을 떠나 토종 식물의 종을 늘리기도 했다. 여행은 예상보다 길어지곤 했다. 식

사철나무
Euonymus japonicus

반짝이는 잎이 달린 이 상록수는 정원에서 경탄을 자아내며 특히 수형이 다양해서 멋있다. 양지든 음지든 상관없이 잘 자라서 도시에서나 해변에서나 잘 적응한다.

물을 살펴보느라 계속 멈춰 섰기 때문에 낮에 목적지에 도달하는 적이 거의 없었다. 한번은 전라남도 완도에서 자연 교잡종 완도호랑가시나무(*Ilex x wandoensis*)를 발견했다. 지금도 천리포수목원 가는 길에는 완도호랑가시나무와 중국호랑가시나무가 늘어서 있다.

민병갈은 직접 품종을 선발하기도 했다. 가장자리가 밝은 노란색인 잎이 촘촘하게 달린 직립형 관목인 사철나무 '천리포'(*Euonymus japonicus* 'Chollipo')는 1985년에 천리포수목원에서 미국으로 도입되었다. 이는 이후 영국으로도 도입되어 2002년에 영국 왕립원예협회로부터 가든 메리트상을 받았다.

그가 1987년에는 큰별목련 '레너드 메셀'로부터 큰별목련 '라즈베리 펀'(*Magnolia x loebneri* 'Raspberry Fun')이라는 재배종을 선발했다. 육종가들이 그를 기리기 위해 그의 이름을 따서 명명한 식물들도 있다. 예를 들어 함박꽃나무 '민병갈'(*Magnolia sieboldii* 'Min Pyong-gal')과 크고 두꺼운 잎이 달린 희귀한 떡갈나무 '칼 페리스 밀러'(*Quercus dentata* 'Carl Ferris Miller')가 있다.

7,000여 종의 식물을 보유한 천리포수목원의 컬렉션은 원예가의 꿈이라고 일컬어지며, 최고

함박꽃나무
Magnolia sieboldii

의 정원으로 손꼽는다. 토종뿐 아니라 외래종도 많다. 그중 약 75퍼센트는 한국에 처음 도입된 식물들이었다. 그는 식물을 개인적으로 보유하지 않고 사회에 환원했다. "나는 이 식물들이 한국 전역으로 퍼져 나가길 바랍니다."

민병갈의 기억력은 대단했다. 그는 천리포수목원에 있는 모든 식물의 라틴어, 한국어, 영어 이름을 알고 있었다. 그는 시간과 돈을 아낌없이 썼고, 유머와 결단력이 있었다. 숫자와 퍼즐을 좋아한 그는 한국 브리지 대표팀 선수로 활동했다. 한번은 그가 커다란 호랑가시나무 잎이 그려진 스웨터를 입고 브리지 경기를 했는데, 친구가 보니 그 옷은 식물 채집을 할 때도 입었던 것이었다. 그는 자신의 시간과 힘과 재산을 모두 멋진 천리포수목원을 만드는 데 썼고, 그의 업적을 인정한 영국 왕립원예협회는 1989년에 골드 비치 기념 메달을 수여했다.

천리포수목원은 한 사람의 넓은 아량, 나무에 대한 사랑, 스스로 선택한 제2의 조국을 기리는 기념물로 남아 있다.

" 제가 수목원을 조성해서 국제 원예학회로부터 인정받게 될 줄 몰랐습니다.
제 국적을 포기하게 될 줄도, 한국 정부가 국민에게 수여하는
최고의 영예를 안게 될 줄도 상상하지 못했습니다.
나무를 조금 심어 보고 싶다는 마음뿐이었습니다. "

민병갈

민병갈

정원에 나무와 관목을 심으려고 한다면 먼저 수목원을 방문해 보면 좋다. 사고자 하는 식물이 다 자라면 키와 너비가 얼마나 될지와 같은 특징을 '식물을 사기 전에 파악'하는 기회가 된다.

› 민병갈은 목련과 호랑가시나무를 특히 좋아했다. 둘 다 정원 식물로 흔히 쓰이는데, 많이 이용되는 품종만 고르려고 할 필요는 없다. 정원에 적용할 수 있는 식물은 매우 다양하다.

› 민병갈은 영국 윈체스터의 힐리어 종묘장 같은 전문 업체에서 식물을 구입했다. 전문 종묘장은 가든 센터보다 식물을 더 다양하게 구비하고 있어서 희귀하고 특이한 식물이 있다. 식물을 잘 알고 열정적으로 재배하는 전문가로부터 유용한 정보도 얻을 수 있다.

› 목련을 기를 때, 재배 조건이 적합한지 확인해 봐야 한다. 대다수가 일찍 개화해서 서리피해를 입는 해도 있다. 품종 개량과 우수 유전자형 선발로 꽃을 볼 수 있는 시기가 늘어났다. 실망을 겪지 않으려면 면밀하게 조사해서 내가 사는 지역에서 마지막 서리가 내린 후 꽃을 피우는 식물을 구매해야 한다.

› 대부분의 호랑가시나무는 열매를 맺으려면 암컷과 수컷 식물이 있어야 한다. 한 그루에서 열매를 얻고 싶다면 유럽호랑가시나무 '제이시 밴 톨'(*Ilex aquifolium* 'JC van Tol')처럼 자가 수분하는 종을 선발 육종해야 한다.

› 민병갈은 종자를 파종해 기른 식물이나 천리포수목원에서 발생한 '돌연변이종'에서 고유 품종을 선발했다. 식물이 많을수록 돌연변이가 생기기 쉬운데, 뜻밖의 묘목이나 돌연변이가 내 정원에서 발생해 나만의 품종이 만들어지기도 한다. 이 품종은 대개 몇 년은 재배해서 '좋은' 식물인지 확인해야 하며, 확인된 후 종묘장과 괜찮은 값을 협상할 수 있다.

유럽호랑가시나무
Ilex aquifolium

품종이 매우 많아서 열매의 색상이 다양하고, 무늬가 있는 잎도 형태가 여러 가지이다. 잎의 가장자리에는 가시가 돋아 있다. 수형을 다양하게 교정할 수 있다.

크리스토퍼 로이드

Christopher Lloyd
1921-2006
영국

멜리안투스 마요르
Melianthus major

"가장 좋아하는 식물이 무엇이냐고 묻는
다면 멜리안투스 마요르가 제일 먼저 떠
오릅니다"라고 로이드가 말한 적이 있다.

크리스토퍼 로이드는 서섹스주 노디엄의 그레이트 딕스터라고 불리는 집에서 태어났다. 아버지 너새니얼 로이드는 미술공예운동에 가담한 건축가 에드윈 루티엔스를 고용해서 15세기에 만들어진 이 집을 리모델링하고 2.4헥타르 대지에 건축물을 설계했으며, 크리스토퍼와 그의 어머니 데이지가 정원을 조성했다. 크리스토퍼는 BBC 라디오 「무인도의 음반들*Desert Island Discs*」에 출연했을 때 "제가 기억할 수 있는 어릴 적부터 어머니에게 정원 가꾸는 일을 배웠습니다"라고 회상했다. 그는 생생한 색상으로 가득한 그레이트 딕스터에서 색을 실험하고, 자신의 경험을 책, 잡지, 신문 칼럼에 기록하면서 생의 대부분을 보냈다. 그는 개인적인 경험에서 나온 깊은 지식을 단호하게 설명했기 때문에 전 세계적으로 그를 따르는 팬이 많았다.

열정적인 원예가 데이지 로이드는 시싱허스트 정원으로 유명한 비타 색빌웨스트(122쪽 참조) 부부와 친구였다. 크리스토퍼가 일곱 살 때쯤 아들을 데리고 친구이자 위대한 정원사 거트루드 지킬(60쪽 참조)을 만나러 갔다. "지킬은 무릎을 꿇고 꽃이 핀 폴리안서스를 칼로 자르고 있었습니다. 우리가 떠날 때 축복을 빌어 주고 제가 자라서 훌륭한 정원사가 되기를 바란다고 말해 주었기 때문에 인상 깊었습니다"라고 크리스토퍼는 말했다. 하지만 정원사로 일을 시작하기 전 몇 년간은 다른 공부에 전념했다. 그는 케임브리지대학교에 진학했고 군대에 소집되었으며, 졸업 후 와이대학에서 관상 원예학을 공부하고 강의한 후, 1954년에야 그레이트 딕스터로 돌아왔다.

정원에서 일하는 마법사

로이드는 열정적으로 색채 실험을 했다. 그는 꾸준히 의문을 제기하고, 계획하고, 이리저리 시도했다. 아이디어는 파격적이었고, 다른 사람들의 의견 따위는 개의치 않았다. 모든 색상과 질감이 서로 잘 어울리게 하는 방법을 찾느라 여념이 없었다. 로이드는 활력이 넘치는 잎과 꽃을 좋아했고, 한 번도 함께 식재하지 않았던 식물들을 재미있게 섞어 보며 그레이트 딕스터의 긴 화단에서 완벽한 조화를 증명했다. 화단에는 흰 꽃의 아미(*Ammi majus*), 연보라색 겹꽃의 미나리아재비 '서브림 라일락'(*larkspur* 'Sublime Lilac')이 있고, 연두색 잎이 달린 쥐똥나무 앞에 진파랑색의 구아라니티카살비아 '블루 에니그마'(*Salvia guaranitica* 'Blue Enigma')가 있다. 연노란색 꽃의 베르바스쿰 올림피쿰(*Verbascum olympicum*)은 다알리아 무리 사이에서 감탄을 자아냈다.

식물의 특이한 조합은 사람들에게 충격을 주곤 했다. 그는 노란색과 분홍색을 특히 좋아했다. "이 둘은 서로 매우 잘 어울린다. 꽃 하나에 두 가지 색이 다 있어도 이상하게 보이지 않는다." 그는 연보라색과 분홍색의 이월서향을 무리 지어 심고, 그 아래에 황금빛 노란색의 크로커스 루테우스를 심었다. "두 가지 색이 서로 야단법석인 것처럼 보일지 모르지만, 즐거운 탄성을 지르는 중이다." 식물이 튈 수도 있어야 한다고도 생각했다. 노란색 베

르바스쿰이 밝은 분홍색의 풀협죽도 무리에서 튀면, 환호성을 질렀다. "정말 파격적이다!"라고 그는 적었다.

1993년에 로이드는 루티엔스가 설계한 장미 정원에서 고대 식물을 들어 올리고(수석 정원사 퍼거스 개럿이 뿌리를 모두 파내던 장면을 로이드는 자세히 설명했다), 그 자리에 척박한 환경에서도 잘 자라는 바나나, 다알리아, 칸나로 이국적인 화단을 꾸며 기득권층에 다시 충격을 던졌다. 하지만 화려함이 전부가 아니었고 효과만 노리지도 않았다. 밝고 강렬한 색상의 화단을 따라 초원과 과수원, 수를 놓은 듯한 구근과 야생화, 아버지의 유산인 토피어리를 모두 세심하게 가꾸고 개선하였다.

로이드 특유의 색채 조합을 보여 주는 연보라-분홍색의 이월서향과, 황금빛 노란색의 크로커스 루테우스

이월서향
Daphne mezereum

크로커스 루테우스
Crocus x *luteus*

크리스토퍼 로이드

크리스토퍼 로이드는 자유롭게 생각하고 관습에 얽매이지 않았다. 이렇게 개방적이었기에 기꺼이 새로운 시도를 하고 위험을 감수했다. 이것이 창의성의 지평을 넓히는 유일한 방법이었다.

› 로이드는 과감하게 강렬한 색상을 받아들여 색상 선택의 폭을 넓혀 놓았다. 색의 강렬한 대비는 주위에 은은한 색상이나 중성적인 초록빛 색조를 둘러 완화할 수 있다.

› 로이드는 열정적으로 식물을 가꾸는 식물학자였다. 새로운 식물을 발견할 때마다 구매해서 키워 보았다. 이렇게 색상 팔레트를 늘리고 계속 새로운 아이디어를 창출했다.

› 정원에 갈 때는 반드시 방수되는 노트를 지참해서 관찰 내용을 기록하고, 식물 이름과 해야 할 일을 적어 두어야 한다. 로이드는 일본 사람에게 이 방식을 배워서 충실히 지켰다. 그는 식물에 관하여 질문하는 사람이 노트를 갖고 있지 않으면 대답하지 않았다.

› 화단에 식재할 때 '앞에는 키가 작은 식물을, 뒤에는 키가 큰 식물을' 심는 원칙을 따르지 않아도 된다. 앞에 버들마편초처럼 뒤쪽이 들여다보이는 식물을 심거나, 키가 작은 식물을 앞에서부터 뒤까지 이어지게 하여 통로를 만들 수 있다.

다알리아
Dahlia pinnata

이 종은 멕시코 고원지대에서 잘 자란다. 다알리아 구근을 채집하여 마드리드 왕립식물원으로 처음으로 보낸 때는 1789년경이었다.

› 다년생식물뿐 아니라 관목, 덩굴식물, 일년생식물도 혼합하여 다양한 질감을 연출할 수 있다. "저는 화단에 모든 종류의 식물을 혼합하여 구성합니다. 불호를 피하려고 사람들이 좋아하는 초본식물만 선호하진 않습니다."

› 그레이트 딕스터에 있는 식물처럼, 나의 식물도 항상 왕성하게 잘 자라고 건강한지 확인한다. 그런 식물은 좋은 인상을 주고 기억될 것이다. 빈약하고 질병에 시달리는 식물을 좋아하는 사람은 아무도 없다.

› "저는 잔디를 그다지 좋아하지 않습니다. 관리가 많이 필요하기 때문입니다. 멋진 잔디밭은 복잡한 화단만큼 손이 많이 가서 지루한 일이 많아지면 저는 견디기 힘들 것 같습니다. 세월이 갈수록 저는 잔디를 다른 식물로 대체했습니다. 어머니는 크로커스, 설강화, 수선화를 이용한 초원 가드닝을 좋아했습니다. 모두 구근을 심어서 키웁니다."

정원에 관한 글을 쓰는 위대한 작가

로이드는 럭비에 있는 사립학교를 다녔는데, 이 학교는 일요일마다 점심 후에 집으로 편지를 쓰는 전통이 있었다. 로이드는 졸업하고도 항상 편지를 많이 써서, 동료 정원사 베스 차토(170쪽 참조)와 주고받은 편지는 『친애하는 친구 정원사에게*Dear Friend and Gardener*』(1998)라는 책으로 출간됐다. 또 그레이트 딕스터의 실험적인 시도와 경험을 바탕으로 『잘 가꾸어진 정원*The Well-Tempered Garden*』(1970), 『관엽 식물*Foliage Plants*』(1973)을 비롯한 25권의 책을 저술했다. 또 「가디언」과 「옵저버」 등 신문과 잡지에 기사를 게재했고, 주간지 「컨트리 라이프」에는 1963년 5월 2일부터 2005년까지 한 주도 빠짐없이 칼럼을 썼다. "제가 독선적이라는 평을 듣지만, 각자 자기 의견이 있어야 재미있을 것 같습니다"라고 그는 말했다.

로이드는 원예학에 기여한 공로를 인정받아 1997년에 왕립원예학회가 수여하는 빅토리아 명예 훈장을, 2000년에는 대영제국 훈장을, 오픈대학교의 명예 박사 학위, 가든 작가 협회(현재는 가든 미디어 협회)에서 수여하는 공로상을 받았다.

1972년에 어머니가 돌아가신 후, 로이드는 그레이트 딕스터를 정원사들의 사교 중심지로 삼았다. 그는 요리를 매우 잘해서 그의 홈파티는 유명했다. 그는 천성적으로 숫기가 없고 과한 업무에 짓눌려서 괴곽한 면도 있었지만, 상당히 친절하고 모두에게 관대했으며 유머 감각도 뛰어났다. 로이드는 몸짓으로 식물 이름을 알아맞히는 게임을 매우 잘했고, 특히 정원 전문 작가 안나 파보드와 이 게임을 즐겼다. (그는 안나의 데카이스네아 파르게시(*Decaisnea fargesii*, 블루소시지나무)를 매우 좋아했

> ""난 어찌 될지 보지도 못할 텐데'라고 생각하지 마세요. 조금만 시야를 넓히면 인생의 막바지에 다다른 당신보다 커다란 미래가 있을 그 나무가 더 소중하다는 사실을 깨닫게 될 겁니다.""
> 크리스토퍼 로이드

다!) "사는 동안 해야 할 일을 했을 뿐입니다. 한곳에서 80년을 살면 주변 환경을 나아지게 바꿀 수밖에 없습니다"라고 그는 「무인도의 음반들」에 출연해서 말했다. 그의 작품은 많은 정원사에게 영감을 불어넣었고, 그들의 삶을 향상시켰다.

그레이트 딕스터의 미래

1992년에 로이드는 퍼거스 개럿을 수석 정원사로 고용했다. 둘은 15년 가까이 함께 일하면서 그레이트 딕스터를 끊임없이 분석했다. 매일 정원을 돌면서 "이건 쓸모가 있는가? 이건 잘 자라는가? 이건 쓰러지지 않는가? 생각대로 되어 가는가?" 등을 물었다. 절반 정도는 바로 손을 보고, 나머지는 놔두었다가 적절한 시기에 처리했다.

로이드가 세상을 떠난 후, 개럿은 과거의 경험을 바탕으로 미래를 예측하고 고유의 아이디어를 창안하여 기존의 한계를 뛰어넘었다. 현재 자연 파종되는 식물이 더 늘었고, 회향과 버들마편초와 같이 각 부분을 연결하는 식물이 두드러진다. 로이드는 세상을 떠났지만, 그의 영향력은 여전하다. "크리스토퍼는 제 머리 위 허공을 맴돌고 있지 않습니다. 언제나 제 옆에서 함께합니다"라고 개럿은 말했다.

그레이트 딕스터 정원의 긴 화단의 끝자락에 있는 이 다채로운 식재는 파스텔 색조의 무난한 조합을 피하고 과감한 선택을 즐겼던 크리스토퍼 로이드의 정신과 이상을 현현한다. 그는 출중한 가드닝 기술과 식물에 관한 지식으로 주황색과 노란색의 우바리아니 포피아 '노빌리스'(*Kniphofia uvaria* '*Nobilis*'), 풀협죽도 '도그하우스 핑크'(*Phlox paniculata* 'Doghouse Pink', 아래 왼쪽)를 노란 가시가 있는 베르바스쿰 올림피쿰과 아름답게 조합했다. 진보라색 클레마티스 야크마니 '수페르바'(*Clematis jackmanii* 'Superba', 위 왼쪽)가 뒤를 받쳐 주는 배경이 되어 화려한 색의 향연이 펼쳐진다.

베스 차토

Beth Chatto
1923-2018
영국

게니스타 아이트넨시스
Genista aetnensis

큰 관목이나 작은 나무로 자라며, 여름에
잎이 없는 가지가 새로 돋고 향기로운 꽃
이 무리 지어 핀다. 따뜻하고 건조한 지중
해성 기후가 최적의 조건이다.

교육대학을 졸업하고 가정을 돌봐 오던 열정적인 아마추어 정원사 베스 차토는 1967년, 40세의 나이에 종묘장을 열기로 결심하고 잘 알려지지 않는 식물을 재배하기 시작했다. 이사를 한 집은 영국에서 가장 건조한 지역에 속했고 토양은 척박했다. 하지만 바로 이곳에서 기존의 정원사라면 불가능하다고 보았을 거친 수풀을 아름답고 예술적인 정원으로 탈바꿈시키며 베스 차토는 유명해졌다. 그녀의 성공에는 남편 앤드류의 식물 생태와 군락에 관한 평생에 걸친 세심한 연구도 한몫했다.

1960년에 차토 부부가 이사한 새집의 대지는 과거에 과일 농장이었고, 그중에서도 가장 척박한 구석이어서 버드나무, 블랙베리, 야생 자두나무가 무성하게 자란 황무지였다. 콜체스터 인근의 그곳은 샘이 흐르는 긴 분지로서 토양이 물을 머금고 있고, 햇볕에 그을린 모래와 자갈로 둘러싸여 있으며, 연평균 강수량이 약 500밀리미터였다. 이런 까다로운 환경에 정원을 조성하라고 하면 정원사들은 대개 식겁할 것이다. "널뛰듯 변화하는 재배 환경이 오히려 흥미를 자극했습니다. 우리 앞에 놓인 과제는… 변화하는 상황에 적응할 수 있는 식물을 재배하는 것이었습니다. 다양

한 상황에 적응하는 식물을 우리가 재배할 수 있는지가 관건이었습니다."

과학

그들이 자신감을 갖고 낙관적으로 바라볼 수 있었던 근거는 남편 앤드류의 연구에 있었다. 그가 정원 식물의 서식지를 연구하고 앞으로 어떻게 될지를 잘 판단할 수 있었기에 정원의 기초가 튼튼했다. 앤드류의 헌신이 간과되곤 하는데, 그의 도움이 없었다면 아마도 오늘날과 같은 정원이 갖추어지지 못했을 것이다.

앤드류 차토는 정말 놀라운 사람이었다. 90세

가 되어서도 온대 기후 정원 식물의 자생지를 사막부터 숲, 북극 지방에 이르기까지 체계적으로 기록했다. 그 기록의 목적은 정원사들이 자기가 기르는 식물의 야생 서식지를 알게 되어서 그 식물을 잘 이해하고 '장소에 딱 맞는 식물'을 배치하여 최고로 훌륭한 식물을 키워 내는 것이었다. 그는 식물 군락도 기록하여 함께 자라는 식물을 확인하고 화단에 식물 군총을 조성할 수 있게 했다. 그의 연구를 통해 최소한의 관리로 지속 가능한 정원이 조성되었고, 식물을 키우기 '어려운 지역'의 문제를 해결할 수 있는 답을 얻었다. 베스 차토 정원은 친환경 가드닝의 초창기 사례이기도 하다. 이 정원은 두 사람의 재능이 합해진 결과였다. 앤드류는 과학적 지식을 제공했고, 베스는 식물을 선발하고 그림처럼 식재했다.

예술

베스는 정식으로 원예나 디자인을 배운 적이 없지만 콜체스터 플라워클럽의 창립 멤버였고, 전시회 진행에 뛰어났으며, 예술가이자 원예가인 세드릭 모리스 경의 친구였다. 그는 서퍽주 밴튼 엔드에 있는 정원에 예술의 원리를 적용한 사람이었다. 베스는 그의 정원을 처음 방문했을 때 '삶의 방향을 바꾸어 놓는 경험'을 했다. 헛간 속 큰 방에 "새, 풍경, 꽃, 채소를 그린 인상적인 그림들이 있었다. 그 색감, 질감, 형태는 난생처음 보는 것 같았다"라고 베스는 기록했다. 그가 세상을 떠난 후 베스는 세드릭의 정원이 팔레트의 연장이었다는 사실을 깨달았다. 그의 정원은 구상에 따라 그린 그림과 달리 계절에 따라 여러 색상, 형태, 질감이 나타났다 사라지는 전시장이었다.

정원

2헥타르에 달하는 정원의 토양과 미기후가 차토의 책 제목에 드러나 있다. 경험을 바탕으로 실용적인 조언을 전달하는 『메마른 정원The Dry Garden』(1978), 『축축한 정원The Damp Garden』(1982), 『베스 차토의 자갈 정원Beth Chatto's Gravel Garden』(2000), 『베스 차토의 숲 정원Beth Chatto's Woodland Garden』(2002)에는 차토가 정원을 발전시키는 과정에서 경험한 학습 곡선이 기록되어 있다.

『축축한 정원』에 실린 조언이 얼마나 실용적인지 여기저기서 느낄 수 있다. 통로에 관한 글을 예로 들면, "땅의 윤곽을 그대로 따르는 것이 현명하다. 경사가 더 완만한 곳을 따라 통로를 만들어야 한다. …앞으로 무거운 수레를 밀며 경사를 오르내려야 하기 때문이다"라고 적었다. 식물에 관한 설명에서는 희망과 좌절을 전달했다. 미국솜대(Smilacina racemosa)에 관하여 이

알리움
카라타비엔세
Allium karataviense

땅바닥에서 한 쌍의 주름진 잎이 나오고 가운데에 공 모양의 두상화가 피는 구근식물이다. 분홍빛이 도는 하얀 꽃과 대조적인 청회색 잎의 조화는 오래도록 기억에 남는다.

렇게 기록했다. "내 미국솜대에서 핏방울이 유리 알로 변한 것 같은 작은 열매가 열릴 것을 기대했지만, 이런 기대는 매번 여지없이 허물어졌다. 아마도 땅에 수분이 더 필요한 것 같다."

가장 유명한 '자갈 정원'은 주차장이었던 곳을 1991년에 개조한 것이다. 그런데도 마치 정원사가 직접 손으로 가꾼 듯이 꾸며져 있어서 가정집의 정원 같다. 화단은 호스로 윤곽을 구성한 다음, 각 형태가 서로 이어지도록 수정해서 전체적으로 통일감 있는 디자인을 만들었다. 그런 다음, 대강의 스케치를 하고 가장 넓은 지점이나 가장 좁은 지점처럼 중요한 위치를 측정했다. 그리고 흙을 부수고 유기물을 섞은 후 식재했다. 내건성 식물도 뿌리를 내리려면 손을 봐줘야 하는데, 특히 저절로 물이 잘 빠져서 메마른 토양이라면 심기 전에 물에 담가 뿌리를 흠뻑 적셨다.

정원 전반에 일년생식물부터 구근, 목본 다년생식물, 덩굴식물, 삼림식물, 수생식물에 이르기까지 매우 다양한 식물이 이용되었다. 습기가 많은 토양에서 잘 자라는 불꽃한련은 '습지 정원'에 심었다. 주변 식물에 의해 습도가 올라가고, 샘물이 땅의 습기를 유지해 주므로 불꽃한련이 생존할 수 있다.

식재 디자인을 살펴보면, 질감과 형태가 가장 중요한 역할을 하는 자연주의 식재이다. 꽃꽂이의 기본인 비대칭 삼각형의 원리가 정원에 적용되어 큰 삼각형이 만들어졌다. 키 큰 식물이 하늘 높이 솟아 있고, 사선을 이루는 관목들이 바닥까지 이어져 삼각형의 긴 밑변이 형성되었으며, 가지와 푸른 잎이 형성한 멋진 틀에 꽃이 더해져서 삼각형이 두드러졌다. 이것은 정원을 방문해서 직접 보아야 제대로 알 수 있다.

차토는 예술적 기술과 원예학 발전에 이바지한 공로를 인정받아 많은 상을 받았다. 대영제국 훈장, 왕립원예협회 빅토리아 명예 훈장, 1987년도 왕립원예협회 전시회에서 최고의 전시품에 수여하는 로렌스 메달을 받았고, 1977년부터 첼시 금메달을 10년 연속으로 받았다.

베스 차토는 식물 전문가이자 숙련된 정원사일 뿐 아니라 예술가라서 정원사들은 그녀의 작품을 즐기면서 많이 배울 수 있다. 그녀는 윌리엄 로빈슨, 거트루드 지킬, 그리고 그녀의 '오랜 친구이자 스승'이며 예술가이자 원예가인 세드릭 모리스 경으로부터 전해 내려오는 회화적 스타일을 이어 갔다. 하지만 이 모두를 뒷받침한 건 앤드류 차토의 과학적 연구였다.

"다른 형식의 예술을 감상하는 법을 배웠다면, 즉 모든 창의적인 예술에 적용되는 균형, 반복, 조화, 단순함의 기본 원리를 알고 있다면, 폭넓은 방식으로 정원 디자인을 구상할 수 있습니다. 이런 아이디어를 회화나 건축, 음악에서 얻는 것은 어떤 식물을 음지에 심어야 하는지, 양지에 심어야 하는지를 아는 것만큼이나 저에게 중요한 일이었습니다."

베스 차토

베스 차토

베스 차토의 정원은 환경에 적합한 식물을 이용하면 어디서든 정원이 조성될 수 있음을 보여 주었다. 그녀의 실제적인 경험과 조언은 유익하며 적용하기 쉽다.

수선화
Narcissus sp.

"저는 숲에서 자라는 수선화를 좋아합니다. 대부분 잘 번성하고 자연스러운 효과를 내기 때문입니다. 어떤 잡종은 각 부모의 아름다움을 물려받아 매우 매력적이라서 가져오지 않을 수가 없습니다"라고 차토는 적었다.

> "기존의 조건을 받아들여야 한다는 마음가짐으로 그 장소에 적합한 식물을 선택하고 그곳에 있는 것을 이용하여 정원을 조성한다. 식물이 스스로 살아갈 수 있어야 한다." 해법은 그곳에 있는 것을 이용하는 것이다. 대개의 정원사처럼 전통적인 정원 스타일에 맞는 토양으로 바꾸고 부지에 대대적인 변화를 꾀하지 않는 것이 좋다.

> 차토의 정원에서 선발된 식물은 전 세계의 비슷한 환경에서 자란다. 예를 들어, 지중해성 기후의 서식지는 캘리포니아, 오스트레일리아 남서부 일부, 남아프리카 남서부, 칠레 중부에서도 나타난다. 이런 곳에서 자라는 식물은 지중해성 기후를 띠는 어느 지역에나 식재할 수 있다.(앤드류 차토의 연구는 베스 차토 정원 웹사이트 www.bethchatto.co.uk에서 볼 수 있다.)

> 정원에 있는 식물은 지금은 물론이고 1년이든 5년이든 10년이든 앞으로도 보기 좋도록 배치해야 한다. 그러려면 자신의 식물을 잘 알고 있어야 한다.

> "저는 세드릭에게 넥타로스코르둠 시쿨룸(*Nectaroscordum siculum*)의 씨가 여물어 떨어지기 전에 꽃대를 제거해야 한다고 배웠습니다. 우연히 몇 개 남는 것은 바람직하지만… 독특하고 아름다운 이 구근의 무성한 잎을 그대로 두면 옆에 있는 식물의 어린잎을 뒤덮을 수 있습니다." 식재할 때 항상 잎의 밀도와 확산 범위를 고려해야 한다. 조금씩 자라는 근처의 식물에 방해가 되지 않게 충분한 공간이 확보되어 있는지 확인한다.

> 베스 차토는 정원의 서식 환경에 맞는 식물을 골라 심었기 때문에, 물을 주지 않아도 되었다. 이런 식으로 식재하지 않았더라도 물을 절약하는 효과적인 방법들이 있다. 물을 저녁에 주면 밤새 스며든다. 물은 흙에 주고 식물에 주지 않는다. 멀칭을 해서 습기를 보존한다. 호스에 구멍을 뚫어 관개용수가 방울방울 뿌려지는 점적 관개를 이용한다. 정원 건축물의 지붕에서 떨어지는 물이나 집에서 사용한 물을 모아 식물에 준다.

제프리 스미스

Geoffrey Smith
1928-2009
영국

베르나용담
Gentiana verna

키 작은 여러해살이식물. 늦봄과 초여름에
군청색 꽃이 무더기로 피는데, 꽃의 한가
운데는 흰색이다.

제프리 스미스가 태어난 곳은 주변에 아름다운 전원 지대가 펼쳐지는 요크셔주 스웨일데일의
한 오두막이었다. 그는 학교를 마치자마자 정원사인 아버지와 일하다가 지역 대학의 원예학과
에 입학해서 '올해의 최우수 학생'으로 졸업했다. 26세의 나이에 현재 영국 왕립원예협회 소속
할로 카 가든인 해러게이트의 공원 관리인이 되었고, 이후에 작가와 방송인으로 성공했다. 식물
에 관한 해박한 지식과 폭넓은 가드닝 경험을 가진 데다 서정적인 언어를 사용한 덕에 많은 이들
의 마음을 사로잡았다.

제프리 스미스는 스웨일데일 바닝햄 파크에서 태
어났다. 그의 아버지 프레드릭은 그곳의 수석 정
원사였다. 그는 BBC 라디오 「무인도의 음반들」
에 출연해 어린 시절을 회상하며 전원을 사랑했
다고 말했다. "어머니가 교구 목사님에게 '저녁밥
도 안 먹고 청설모가 노는 모습을 보고 있는 아이
가 세상에 또 있겠느냐'고 말한 적이 있습니다."

스미스는 기숙 학교에서 장학금을 받았고 삼림
감독관을 지낸 후, 아버지에게로 돌아와서 일하
며 '원예에 관한 기본적인 교육'을 받았다. 아버지
가 근무하는 정원에서는 테라스, 바위 정원, 과일
나무와 담으로 둘러싸인 채소 정원, 포도 온실, 공

원의 진달래와 수선화가 특별히 아름다웠다. 스
미스는 식재하고, 가지를 치고, 번식을 시켰고, 무
슨 일이든 잘했다.

6년 후, 그는 시야를 넓혀야겠다고 생각해서 요
크 근처에 있는 학교에 지원했다. 그는 올해의 최
우수 학생상을 받았고 요크셔 농업협회가 주는
금메달도 수상했다.

젊고 할 일은 많다

스물여섯 살이 되던 1950년에 스미스는 할로 카
에 있는 북부 원예협회가 운영하는 정원의 감독
관으로 임명되어 그곳에서 20년간 일했다. 그 정

원은 당시에 아직 초창기라서 기본 설계만 되어 있는 황무지에 불과했지만, 열정과 지식, 실용적인 전문 기술을 갖춘 스미스가 맡았으니 성공하지 않을 수 없었다. 스미스는 '직접 일하는' 정원사였다. "그는 도착하자마자 코트를 벗어 던지고 접붙이기를 시작했다."(로널드 윌킨슨의 기사, 1974년) 방풍림과 생울타리를 심었고, 시내가 정원을 가로질러 아름다운 풍경을 자랑하는 냇가 정원이 만들어졌다. 기계가 없어서 뭐든 닥치는 대로 가져다 일했다. 윌킨슨의 기록에 따르면 "제프리 스미스와 그의 팀은… 직접 손으로 갓돌을 놓아 수레를 끄는 말이 다니는 다리를 네 개 만들었다". 대개는 다리의 강도 시험을 꺼렸지만, 다리를 완공하자마자 약 서른 명의 여성이 난간에서 자세를 취하고 사진을 찍었다. "솔직히 말해서 당시에 걱정이 태산이었습니다. 하지만 참으면서 묵묵히 일했습니다. 그때 이후로 다리에 대하여 한 번도 걱정하지 않았습니다"라고 그는 말했다. 군네라, 촛대 앵초, 붓꽃 같은 식물들이 번성했다. 수분을 좋아하는 종은 시냇가에 심고, 건조한 땅에서 잘 자라는 종은 둑 위에 심었다.

1954년에 사암 바위 정원을, 1959년에는 석회암 바위 정원을 만들기 시작했다. 둘 다 쇠지렛대, 도르래, 로프를 이용하여 손으로 건설했다. 이어서 텃밭, 시험 구역, 이탄 테라스를 조성했다. 훌륭한 정원사의 세심한 지휘와 종묘장에서 기증한 식물, 정통한 위원회의 지원으로 정원이 서서히 모습을 갖춰 갔다.

1960년에 할로 카에 있는 북부 원예협회 정원들의 총괄책임자는 다음과 같이 기록했다. "저는 일반적인 지침을 제프리 스미스 씨에게 전달했습니다. …정확하게 어떻게, 언제, 어떤 방식으로 수행해야 하는지에 관한 세부적인 업무는 그의 몫이었습니다. 바로 이런 점 때문에 우리가 정원을 건설하며 이룬 성공에서 그의 비중이 매우 크다고 다시 말하지 않을 수 없습니다."

스미스는 할로 카 가든이 북부의 환경에서 어떤 식물이 자랄 수 있는지를 정원사들이 확인할 수 있는 시험장이 되었다고 말하곤 했다. 그는 "무식해서 용감하다"고 말하며 기존의 원예 지식에 도전하는 것을 자랑스러워했다. "나는 '연약하다'는 단어를 남부 사람들이 만들었다고 생각한다. 5월 하늘을 배경으로 주홍빛 기둥이 틀처럼 에워싸는 엠보트리움의 아름다움이나 온통 파릇파릇한 봄

칼루나 불가리스
Calluna vulgaris

유럽과 소아시아의 산과 황야에서 자란다. 재배 품종이 매우 많고, 쨍쨍한 햇볕 아래 산성 토양에서 잘 자란다. 꽃을 말려도 색이 그대로 유지된다.

제프리 스미스

스미스에게 가장 자신 있게 알려줄 수 있는 가드닝 요령을 질문하니, 새 정원을 만들거나 기존의 정원이 있는 곳으로 이사하는 경우 정원을 변경하기 전에 1년 동안 그 대지를 연구해야 한다고 조언했다.

› 「가드너의 세계」를 녹화하고 있을 때, 스미스는 턱에 복숭아 과즙을 흘리는 채로 카메라로 돌아서서 말했다. "상점에서 산 복숭아는 백만 년이 지나도 이런 맛을 낼 수 없을 겁니다." 복숭아나무는 비바람이 없는 남향 벽에 기대거나 온실에서 부채꼴 수형으로 재배할 수 있다. 이런 환경을 소성할 수 없다면, 벽을 배경으로 사과나 배 등 다른 과일을 심거나 시도해 본다. 땅이 작더라도 딸기 정도는 재배할 수 있다.

› 나무를 심기 전에 굵은 주근(主根)을 약 3분의 1에서 4분의 1 정도 자른다. 영양분을 흡수하는 가는 뿌리들이 더 잘 만들어져서 나무가 빠르게 자리를 잡는다.

› 나무를 심을 때 가볍게 흔들어 흙이 뿌리 사이에서 자리를 잡게 하고 너무 깊게 심지 않는다. 묘목장이나 화분에서 자랄 때의 깊이로 심는다. 그러지 않으면 죽을 수 있다.

› 땅이 얼었거나 침수되었을 때는 나무나 관목을 심지 않는다. 흙이 손으로 부수어져야 뿌리가 사이로 들어갈 수 있다.

› 나무나 관목을 심을 때 흙을 층층이 덮는데, 한 층 덮을 때마다 뿌리 주위를 발로 밟되 너무 단단하게 다지지 않는다.

› 식물을 묶을 때 플라스틱이나 자연 소재 끈을 이용한다. 철사를 사용하면 햇볕이 따가울 때 나무껍질이 탈 수 있다. 묶어 놓은 끈이 나무껍질을 파고들지 않는지 정기적으로 확인한다.

로도덴드론 킨나바리움
Rhododendron cinnabarinum

진달래속의 상록관목으로 가지는 길고 가느다랗고, 잎은 적갈색에서 청회색을 띤다. 대개 무광의 주홍색 꽃이 피는데, 라틴어로 주홍색을 뜻하는 '킨나바리'에서 이름이 유래했다.

에 핀 백목련(*Magnolia denudata*)의 순수한 매력을 북부 사람들이 즐기지 못하게 하려는 속셈이었으리라"라고 그는 왕립원예협회가 발행하는 「정원」에 적었다.

> " 흙 속에 갈색 끝이,
> 흙 위에 녹색 끝이 오게 놓으면,
> 성공할 가능성이 훨씬 커진다. "
>
> 제프리 스미스

방송 출연

1960년대 초에 BBC 방송국 연출자가 스미스의 정원에 찾아와서, 원예가 퍼시 스로어와 함께 「가드닝 클럽 *Gardening Club*」(제프리 스미스가 1980년부터 1982년까지 출연한 「가드너의 세계」의 전 프로그램)에 출연해 달라고 제안했다. 당시에 그는 나무 위에서 일하고 있었는데 나뭇가지에서 내려오자마자 흔쾌히 수락했다.

이 출연을 계기로 「스미스 씨의 채소 정원 *Mr Smith's Vegetable Garden*」, 「스미스 씨의 과일 정원 *Mr Smith's Fruit Garden*」, 「제프리 스미스가 소개하는 꽃의 세계 *Geoffrey Smith's World of Flowers*」 등 다섯 개의 프로그램이 연이어 방송되었다. 그의 책도 대부분 베스트셀러가 되었다. 모든 글은 그가 손으로 직접 쓴 다음 아내가 구식 수동 타자기로 작성했다.

1983년부터 20년간 스미스는 BBC 라디오의 「가드닝! 무엇이든 물어보세요」를 이끄는 주축이 되었다. 그는 정보의 보고였을 뿐 아니라, 시적인 표현 방식으로 인기를 끌어서 원예 분야에서 제일가는 방송인이 되었다. "저는 우울하거나 더러운 세상에 낙심할 때, 바로 일어나 꽃을 들여다봅니다. 어떤 사람은 위스키 병부터 집어 들겠지만, 저는 정원으로 발을 옮깁니다." 이런 말솜씨가 '가드닝에 대한 사랑, 온기, 학식, 위트'와 어우러져 그는 인기를 오래 누렸다. 근본적으로는, 정원을 가꾸면 더 나은 세상을 만들 수 있다는 그의 믿음이 인기의 바탕이었다.

스미스는 왕립원예협회 명예 회원이 되었고, 오픈대학교 명예 석사학위와, 2006년에는 정원작가조합 평생 공로상을 수상했다.

그는 80대에도 하루에 16-19킬로미터 걷는 것을 아무렇지도 않게 생각할 정도로 언덕 오르내리기를 좋아했고, 식물 사진을 찍었고, 희귀한 식물 옆에서 모래 목욕을 하는 닭의 습관 때문에 난감해하면서도 닭을 반려동물로 키웠다. 요크셔 사람임에 자부심을 느끼는 그는 크리켓을 사랑했고 훌륭한 선수이기도 했다.

"저는 천국이 따로 필요없습니다. 저에게는 요크셔 데일스가 천국입니다"라고 스미스는 말했다.

프리물라 파리노사
Primula farinosa

이 식물은 유럽과 아시아에 걸쳐서 분포하지만, 영국에서는 보존 상태가 위태롭다. 재배지에서만 식물과 종자가 자란다.

아래로 목욕탕이 내려다 보이는 메인 화단으로, 할로 카 가든에서 손꼽히는 멋진 경관이다. 제프리 스미스와 다른 큐레이터, 수석 정원사들이 수년 동안 여러 차례 식물을 옮겨 심었다. 이 정도 규모의 조경에는 큼지막하게 구획하여 비슷한 색상의 식물을 무리 지어 심어야 한다. 작게 구획하여 식재하면 효과적이지 않다. 한여름부터 절정을 이룰 때 화단의 식물들이 발산하는 활력이 비슷하면 한 식물이 두드러지지 않는다. 초본 다년생식물로는 빨간 꽃이 피는 페르시카리아 암플렉시카울리스 '블랙필드'(*Persicaria amplexicaulis* 'Blackfield'), 노란색의 크로코스미아 '솔파타레'(*Crocosmia x crocosmiiflora* 'Solfatare')가 있고, 모나르다 '가든뷰 스칼렛'(*Monarda* 'Gardenview Scarlet')의 씨송이가 배경을 이룬다.

퍼넬러피 홉하우스

Penelope Hobhouse
1929년 출생
영국

코카서스작약
Paeonia mlokosewitschii

멋진 레몬색 꽃 가운데 황금색 꽃밥이 있고, 잎은 옅은 청회색이다. 가을에 주황색과 갈색으로 물들며 많은 사람에게 사랑받는다.

퍼넬러피 홉하우스는 가드닝과 디자인에 대한 폭넓은 관심과 전문 지식을 갖춘 사람으로 유명하다. 정원사이자 정원 역사가, 이슬람 및 무굴 정원의 권위자, 정원 관광 안내자, 강연자로 활동 중이며, 하드스펜 장원과 틴틴헐 하우스의 정원을 복원한 것으로 유명하다. 많은 저서 중『정원의 색깔Colour in Your Garden』을 출간한 이후 인기 있는 정원 디자이너가 되어, 작고한 엘리자베스 여왕의 어머니를 위해 켄트주 월머성의 정원을, 왕립원예협회를 위해 위슬리 가든을 만들었다. 할머니가 시카고 출신이라 미국인의 피가 흐르는 홉하우스는 미국에 친밀감을 느낀다. 미국 메인주에 있는 베이스 가든과 뉴욕 식물원의 허브 정원도 그녀의 작품이다.

퍼넬러피 홉하우스는 나이 서른에 가드닝에 관심을 갖게 되었다. 당시 그녀는 몇몇 방문객을 자신의 집 건너편에 있는 틴틴헐 하우스의 정원으로 안내했다. 정원의 구조와 색채 조합을 살펴보는 동안 정원을 가꾸는 일이 집 주변의 쐐기풀을 자르는 것만이 아니라는 사실을 문득 깨달았다. 1994년에 BBC 라디오 「무인도의 음반들」에 출연했을 때 "바로 그 순간 처음으로 가드닝이 미를 추구하는 예술이라는 사실을 깨달았습니다"라고 당시를 회상했다. 그녀는 바로 케임브리지대학교 서양고전학 교수이자 아마추어 식물학자인 친구 존 레이븐에게 편지를 쓰고 재배하고 싶은 흰색과 노란색 식물의 목록을 보냈다. 그는 목록 중 그녀의 정원에서 번성하리라고 예상되는 식물을 표시해서 돌려보냈다. 홉하우스는 폭넓게 책을 찾아 읽으며 크리스토퍼 로이드, 거트루드 지킬, 윌리엄 로빈슨, 캘리포니아 조경가 토머스 처치 등의 글을 접했다. 식물학의 라틴어에 매료되어 정원들을 방문하며『목본식물에 관한 힐리어 매뉴얼Hillier Manual of Trees & Shrubs』존 힐리어가 전 세계 다양한 목본식물을 소개한 고전에 주석을 달다가 책이 해어져 제본을 다시 해야 했다.

끊임없는 배움

홉하우스는 직접 손으로 일하는 정원사였다. "육체 노동도 하나의 즐거움이며, 노동을 통해 결국 정원이 아름다워집니다. 예술성과 실용성이 모두 중요합니다. 저는 야외 노동을 좋아하고 잡초 뽑는 일이 재미있습니다. 온실에서 종자가 발아할 때마다 여전히 전율을 느낍니다."

그다음 하드스펜 장원으로 이사한 그녀는 에드워드 시대의 가족 정원을 복원해서 멋진 옛 모습으로 되돌려 놓았다. 정원에 덩굴식물이 가득해서 집에서부터 바깥쪽으로 작업을 해 나갔다. 잡초를 제거하고, 멀칭하고, 나무와 관목을 식재했다.

그녀는 이탈리아에 집을 한 채 사서 정원의 역사와 디자인을 독학하기도 했다. "5년 동안 이탈리아 정원들을 돌아보며 테라스와 경관, 경사, 구조, 공간, 초록빛 잎사귀와 회색 돌에 관하여 배웠습니다. 그러면서 많이 깨쳤습니다. 화원을 방문했을 때 저는 너무 많은 꽃이 부담스러웠는데, 정원에 반드시 꽃이 있어야 할 필요가 없다는 사실을 알고 안도할 수 있었습니다. 이탈리아의 정원들을 보며 더 나은 디자이너가 되었습니다. 이제는 역사적 판단 기준을 갖게 되었습니다"라고 영국 원예잡지 「가든스 일러스트레이티드*Gardens Illustrated*」에서 인터뷰했다.

그녀는 미술관에서 풍경화를 보면서도 많은 영감을 얻었다. "드넓은 경관이든 작은 공간이든, 그림들을 자세히 살펴보며 어떤 효과가 나는지 배워야 합니다. 바로 그런 효과를 만들어 내야 하니까요. 그림과 달리 정원은 역동적이고 관리가 필요합니다. 지금 눈에 보이는 것이 다음 해에 같은 모습이 아닐 겁니다. 다음 해에는 다르게 바꾸어 줘야 합니다. 식물의 성장과 계절의 변화에 맞춰야 하는데, 이것이 가장 터득하기 어려운 섬세한 기술일 것 같습니다." 홉하우스는 통경과 경관으로 이어지는 틀 안에서 식물 특유의 질감과 색상을 능숙하게 이용하는 일을 가장 잘한다.

고광나무 '벨 에투아르'
Philadelphus '*Belle Etoile*'

인기 많은 관목으로 하얀 꽃이 아름답게 핀다. 벨 에투아르는 프랑스어로 '아름다운 별'이라는 뜻인데, 이름에서 보듯 꽃 가운데 보라-적갈색 무늬가 있고, 꽃이 풍성하게 피며 향이 좋다.

> **"나는 가드닝을 몹시 좋아한다.
> 누가 내게 취미와 오락이 무엇이냐고
> 물으면, 가드닝이라고 말하겠다.
> 또 하나를 들자면, 일이다."**
>
> 퍼넬러피 홉하우스

틴틴헐 하우스

그다음으로 가꾼 정원은 제일 처음 영감을 주었던 틴틴헐 하우스였다. 홉하우스가 내셔널 트러스트에 정원과 관련하여 도움을 줄 만한 것이 있는지 묻는 편지를 보내자, 틴틴헐을 임차해 달라는 제안이 돌아왔다. 0.4헥타르의 정원은 여러 '방'으로 나뉘어 있었는데, 1933년에 이사 온 필리스 라이스 여사의 감흥이 반영된 것이었다. 정원 디자이너 래닝 로퍼는 이렇게 썼다. "라이스 여사는 식물을 선발하고 배치해서 특정 효과를 내는 데 탁월했다. …형태와 질감이 두드러지는 식물이 있으면 과감하게 사용하고, 때로는 반복적으로 배치하여 통일감 있는 디자인을 만들었다."

"라이스 여사는 재정이 넉넉지 않아서 식물을 직접 번식시켰고, 여러 방에 식물 군총을 반복적으로 심으며 새로운 식물을 끝없이 심는 것보다 낫다는 것

코이시아 테르나타
Choisya ternata

재배종 '선댄스'는 어린잎이 밝은 노란색을 띠고, 개화 기간이 길어서 향기로운 꽃이 봄, 늦여름, 가을에 판다.

을 증명했습니다"라고 홉하우스는 말했다. 정원 전체를 다시 식재해야 했으므로 홉하우스와 남편 존 말린스 교수는 계속 실험하고 활기를 불어넣었다. "라이스 여사가 우리가 가꾼 정원을 봤다면 좋아했을 겁니다. 그녀가 살던 시대에는 멋진 살비아나 유포르비아가 없었지만, 이들이 있었다면 분명 몹시 좋아하고 심었을 겁니다." 14년이 흐르자 연간 2만 명이 방문했고, 모두 집을 거쳐 드나들었다. 홉하우스는 이사 가야겠다고 생각했다.

그다음의 정원

베티스콤에 있는 코치 하우스는 두 층으로 분리되어 있고 작은 담으로 둘러싸인 정원이었다. "식물들이 좋은 위치에 있어서 잘 자라지만, 야생에서와 다르게 반응합니다. 이를 제3의 본성이라고 이릅니다"라고 홉하우스는 말했다. 앞에 있는 푸르른 정원은 도싯 언덕을 마주 보았다. "저는 꽃 색깔의 차이가 크지 않으면 약간 지루하게 느낍니다. 전에는 그렇게 식재했는데, 지금은 상록활엽수, 뉴질랜드에서 온 올레아리아속(*Olearias*), 목서속(*Osmanthus*), 코이시아 테르나타 같은 녹색과 회색의 질감과 형태, 구조에 흥미를 느낍니다."

현재 서머싯에 있는 그녀의 정원 데어리 반은 멋진 잎과 흥미로운 구조의 중요성을 보여 주고, 강렬한 정형식 틀, 무성한 식재, 세심하게 맞춰진 균형 등 그녀의 특징이 매우 뚜렷하게 드러난다.

"하드스펜에서 저는 에드워드 시대의 가족 정원을 재현합니다. 틴틴헐에서 일 중독자가 되었지요. …베티스콤에서는 딱 제가 원하는 것을 해보았습니다. 남편이 세상을 떠난 뒤 저는 집, 경관, 정원과 사랑에 빠졌습니다."

퍼넬러피 홉하우스

예술, 식물, 정원의 역사에 관하여 홉하우스가 갖추고 있는 방대한 지식은 항상 아이디어와 디자인에 영향을 주었다. 아이디어는 대부분 예상치 못한 데서 튀어나오므로 항상 노트북과 촬영용 휴대폰을 손에서 놓지 않으며, 어디서든 영감을 얻을 수 있도록 열린 마음을 유지해야 한다.

› "화단에 식물 무리를 반복적으로 식재하는 것이 중요하다. 그러지 않으면 좋아하는 것들만 뒤섞인 곳이 된다. 반복적으로 심으면 식재에 구조가 형성된다."

› "가드닝은 몸과 마음이 모두 만족스러워야 한다. 자칫하면 노동에 오래 시달리게 된다. 이슬람식 정원은 산책보다는 앉아서 사색을 즐기는 공간이다."

› "정원 디자이너나 작가를 꿈꾼다면 이탈리아에 가 보라고 권유하고 싶다. 그곳에서 보고 느끼는 것들은 매우 중요하다."

› "정원을 가꾸다 보면 낙천주의자가 된다. 미리 생각해야 하기 때문이다. 앞일을 생각하고 있으면 마음의 긴장이 풀어지고, 실용적이기까지 하다."

› "저는 자연주의 식재 디자인을 하고 화단을 식물로 가득 채우는 것을 좋아합니다. 정원을 구획하는 기본 선들은 직각이지만, 자연주의 정원에서는 지형의 윤곽을 그대로 살립니다."

› "생울타리가 정원의 방을 만들 만큼 크려면 시간이 걸린다. 바로 이용하려면 180센티미터 넘는 것을 심어야 한다. 비싸지만 그만한 가치가 있다."

› "평범한 식물이 매우 중요합니다. 저는 알케밀라 몰리스(Alchemilla mollis), 개박하, 장미를 좋아합니다." 중요한 건 식물 자체가 아니라 그 식물들을 어떻게 사용하느냐이다.

› 꽃은 금세 지므로 잎의 색상, 질감, 형태보다 덜 중요하다. 잎은 1년 중 적어도 6개월 동안 정원의 구조를 형성한다. 잎은 꽃보다 색이 강렬하지 않아서 은은한 매력이 있다. 틴틴헐 정원은 라이스 부인의 사진에 따라 식재하면서 약간의 조정을 가했다. "부인이 심은 델피니움에서는 파란색, 빨간색, 노란색, 주황색 꽃이 피었는데, 이 꽃들을 잘라 냈습니다. 색이 어울리지 않았기 때문입니다." 어느 식물이든지 꽃을 제거하고 잎을 즐길 수 있다.

필리레아 라티폴리아
Phillyrea latifolia

올리브나무와 닮은 우아한 상록수이다. 관목 또는 나무로 자라며 지중해와 서아시아에서 자생한다. 구름 모양으로 가지치기를 할 수 있다.

홉하우스는 1997년에 영국 서리주에 있는 위슬리 가든 내 컨트리 가든을 디자인했다. 여기는 경사가 있는 까다로운 부지라서 계단과 경사로가 있다. 공사가 1997년 연말에 시작되어 2000년에 완공되었다. 홉하우스는 등나무 아치와 꽃사과나무 길이 있는 이 정원이 '기본적으로 윌리엄 로빈슨식' 정원이며, 칼라 '크로우버러'(*Zantedeschia aethopica* 'Crowborough')가 단순하지만 세련된 아름다움을 더해 주었다고 설명한다.

비벌리 맥코넬

Beverley McConnell
1931년 출생
뉴질랜드

미국풍나무
Liquidambar styraciflua

재배종이 많이 있으며, 장중한 형태와 가을 단풍으로 가치를 인정받는다. 어떤 나무에는 보랏빛 도는 진홍색 잎과 주황색 잎이 모두 있다.

비벌리 맥코넬은 세계 최고의 정원으로 손꼽히는 아일리스 가든을 조성했다. 뉴질랜드 오클랜드 인근에 위치한 이곳은 과거에 농지였다. 맥코넬은 예술학교에서 받은 교육과 실용적인 지식을 활용하여 식물로 일련의 아름다운 풍경을 구성했고, 위치, 지형, 기후를 이용하여 매우 다양한 식물을 재배했다. 맥코넬이 습지 개발 프로젝트를 수행하며 조성한 정원은 바다와 연결된 멋진 풍경을 자랑하고 야생 생물, 특히 새들에게 소중한 보금자리가 되었다.

맥코넬은 "화가처럼 생각해야 합니다. 하루 종일, 사계절 내내 정원을 돌아다니며 빛이 특정 질감의 잎에서 어떻게 반짝이는지, 잎을 어떻게 통과하는지를 살펴보아야 합니다. 가지를 자르거나 식물을 옮겨 심어서 이 효과를 향상시킬 수 있습니다. 매일 모든 식물에서 벌어지고 있는 일을 다 알아차려야 합니다"라고 2013년, 「월스트리트저널」기사에서 말했다.

맥코넬의 부모님은 모두 정원사로서 딸을 예술학교에 보내기 위해 희생하였고, 특히 아버지가 큰 영향을 끼쳤다. "매일 아침 식사 전에 아버지는 저를 베란다로 데려가 정원에서 가장 예쁜 장미 향을 맡게 해 주었습니다. 아버지는 장미를 사랑

했습니다." 아버지의 주요 고객은 마오리족이라서 맥코넬은 마오리 문화의 일부인 자연 세계를 이해하고 감상하며 자랐다.

1964년에 맥코넬과 남편 맬컴은 48헥타르에 달하는 낙농장으로 이사했는데, 자연 그대로의 해안선이 길게 뻗어 있고 나무 한 그루 보이지 않았다. 여전히 농장으로 쓰이고 있었지만, 울타리가 쳐진 1.2헥타르의 땅은 정원이었다. 맥코넬은 이미 500그루가 넘는 토종 나무와 외래종 나무의 목록을 준비하고 꿈을 실현하리라고 마음먹었다. 1964년 9월 첫 주에 이 나무들을 경계 주변에 식재했고, 첫 몇 해 동안은 습하고 무거운 점토에서 이들을 살리는 데 전념했다. 차도에 늘어선 64그

루의 벗나무 중 성목은 거의 없었다. 뉴질랜드 토종 식물은 삼나무(*Cryptomeria japonica*)와 같은 '외래종' 상록수, 미국풍나무, 낙우송(*Taxodium distichum*), 대왕참나무(*Quercus palustris*) 등의 웅장한 낙엽수와 더불어 무성하게 자랐다.

틀을 만들다

커다란 비정형식 컨트리 가든을 만들겠다는 그의 소망이 발판이 되어 정원이 발전해 나갔다. 정원의 형태를 좌우하는 건 지형이었다. 애초의 계획은 큰 나무들을 무리 지어 식재할 공간, 잔잔한 연못, 출렁이는 물줄기를 만들어 고요한 분위기를 연출하는 것이었다. 또한 "일 년 내내 매주 최고의 모습을 보여 주는 무언가가 있어야 한다"는 비타 색빌웨스트의 조언에 따라 극적인 순간들, 진한 향, 각 계절의 흥취로 채워졌다.

맥코넬은 1970년대 중반에 영국을 방문했을 때 올리버 브라이어스를 만났는데, 그는 맥코웰의 꿈을 실현하는 데 도움을 주기 위해 가족과 함께 뉴질랜드로 이주했다. 브라이어스는 물이 정원에 미치는 영향에 흥미를 느껴

계곡에 댐을 막고, 이리저리 얽혀 흘러가는 시냇물을 만들 생각이었다. 그는 다리와 폭포의 틀을 만들고, 벽을 세우고, 화단을 팠다. 맥코웰은 그 틀 안에 채워질 식물에 전념했다. 그녀는 식물을 이용해 시원하고 편안한 느낌이나 활기차고 힘이 솟는 느낌 등 다양한 분위기와 디자인을 연출했다. 식재 디자인은 균형을 이루어 차분했으며, 하드 스케이프는 완벽하게 시공되었다. 정원 안에 있는 모든 것이 조화를 이루고, 정원은 주위 환경과 융화되었다.

코와이
Sophora microphylla

키 작은 나무로, 잎이 진녹색이라서 샛노란 꽃이 두드러진다. 내한성 강한 교배종 '선 킹'은 정원에서 많이 기른다.

비벌리 맥코넬

맥코넬은 기후가 열악한 지역의 정원에 방풍림을 설치하여 다양한 식물이 무성하게 자랄 수 있는 서식지를 조성했다. 난관에 맞서 결국 자신의 꿈을 실현했다.

› 모든 훌륭한 정원사들이 그러듯, 비벌리 맥코넬도 직접 정원을 만들고 관리한다. 직접 함으로써 자신의 정원을 만들고, 일꾼에게 지시하고, 필요한 것을 파악할 수 있다. 경험과 지식을 쌓으려면 시간을 들여 배워야 한다. 맥코넬은 아일리스 가든을 50년 동안 돌보아서 그 정원이 항상 번성하려면 무엇이 필요한지를 잘 알고 있다.

› 맥코넬은 비타 색빌웨스트의 조언을 따른다. "마음에 들지 않는 식물이 있으면 바로 제거하세요. 다음 해에 좋아하게 될 리는 없습니다." 정원에 바람직한 결과를 가져오려면 결단을 내려야 할 때도 있다.

› 맥코넬은 "저도 색을 좋아하지만, 신중해야 합니다. 저는 어둑한 해질녘에 나가서 보기 때문에 꽃의 색에 현혹되지 않지요. 금세 사라질 꽃보다 더 중요한 모습과 형태를 살펴봅니다"라고 말한다.

  › 맥코넬은 고심해서 식물을 평가하고, 보기에 좋지 않은 것은 제거해서 최고의 식물만 전시되도록 한다. 이렇게 관리해야 정원의 품질이 유지된다.

› 맥코넬의 아버지는 어린 시절에 큰 영향을 주었다. 그는 항상 정원에는 놀랄 만한 요소가 있어야 하고, 구석구석으로 눈길을 끌어야 한다고 주장했다. 한눈에 다 보이는 정원은 매력이 없다.

› 날씨가 건조하면 정원 구석구석에 심어진 나무에 물을 주어야 한다. 새로 심은 식물은 뿌리를 잘 내릴 때까지 물을 주고, 멀칭하고, 묶어 준 끈의 장력을 확인하면서 계속 돌봐 주어야 한다. 어린나무를 심는 이유는 빠르게 자리를 잡고 성목보다 적응 기간이 짧기 때문이다. 동물이 해를 끼치지 않는지도 신경을 써야 한다. 토끼가 나무껍질을 벗겨 내서 가느다란 나뭇가지가 죽기도 한다. 사슴과 들쥐도 같은 문제를 만들 수 있다.

나무알로에
Aloe barberae

시간이 흐르면서 이 매력적인 다육식물은 멋진 회색 줄기가 특이한 형태를 이루어 조각 작품처럼 보이며 정원의 아름다운 초점이 된다.

다양한 식물의 천국

아일리스 가든은 해양성, 온대성, 아열대성 기후가 뒤섞인 곳이라 서리가 거의 내리지 않고, 습도가 높고, 연간 강우량이 1270밀리미터 이상이다. 맥코넬이 쓴『아일리스: 나의 이야기, 나의 정원』에는 "당연히 습지와 수생 정원을 조성하는 쪽으로 결정해야 할 것 같았다"고 적혀 있다. 나무가 빠르게 성장하므로 오래된 나무, 특히 침엽수는 수형이 망가질 수 있다.

이런 기후 덕분에 장미, 목련, 온대 나무부터 알로에, 열대 덩굴식물, 나무고사리, 토란에 이르기까지 식물의 종류가 놀라울 정도로 다양하다. 올드 로즈, 진분홍색 홑꽃이 피는 '윈드 차임스(Wind Chimes)' 같은 교배종 사향 장미, 꽃잎이 암적색이고 가시가 거의 없는 '히폴리테(Hippolyte)', 꽃은 적자색이고 가을에 잎이 노랗게 변하며 빨간 열매가 맺히는 '로즈레이 드 레이(Roseraie de l'Hay)'와 같은 갈리카 계통 장미가 있다.

정원에서 배우다

1980년대 초, 맥코넬은 영국의 훌륭한 정원들을 방문해서 다년생식물의 화단을 관찰하고 화단의 구성과 완벽하게 균형 잡힌 화단을 만드는 방법에 관한 지식을 쌓았다. 그녀는 "정원은 계속 변화하고, 완벽한 순간이 있어도 그 순간이 매우 짧습니다. 정원은 항상 새로 꾸며지고 있습니다"라고 말했다. 책을 통해 많이 배웠고, 크리스토퍼 로이드(164쪽 참조)와 친분을 쌓았다. 로이드를 통해 맥코넬은 더 세련된 감각으로 색과 질감을 보게 되었

토란
Colocasia esculenta

열대 지역의 분위기 연출에 꼭 필요하다. 온대 기후에서는 유리온실에서 싹을 틔우고 서리 내리는 시기가 지난 뒤 밖에 옮겨 심는다.

고 베스 차토의 정원에 감탄했다. "차토의 정원을 보고 나서야 배워야 할 것이 많다는 사실을 깨달았습니다. 차토는 그 누구보다도 식물을 서로 잘 어울리게 배치했습니다." 맥코넬은 자칭 낭만주의자로서 식물들을 야생에서 자라는 것처럼 키운다고 말하지만, 댄 힝클리(214쪽 참조)가 2013년 「월스트리트 저널」에서 지적한 말이 옳다. "아무런 통제 없이 이처럼 복잡하면서도 편안한 정원을 만들 순 없다."

2000년대로 들어설 무렵, 맥코넬은 그녀의 정원을 바다에 연결하는 대규모 프로젝트에 착수했다. 14헥타르의 습지에 1,500그루의 자생 식물로 화단을 만들자 야생 생물, 특히 새들이 좋아하는 보금자리가 조성되었다.

맥코넬은 뉴질랜드 여성으로서는 최초로 비치 기념 메달을 받았고, 뉴질랜드 가든 트러스트가 그녀의 정원을 중요 국제 정원(Garden of International Significance)으로 지정했다.

> " 가드닝은 하나의 예술이다.
> …아일리스 가든의 놀라운 점은
> 식물원이라고 해도 좋을 만큼 다양한
> 식물이 있으면서도 그 많은 식물이
> 정교하게 구성되어 정원에 들어선
> 사람의 마음을 사로잡는다는 것이다. "
>
> 잭 홉스

비벌리 맥코넬은 무어인이 중세 시대에 처음으로 사용하고 프랑스, 이탈리아, 영국 사람들이 차용한 '녹색과 물'의 개념을 잘 알고 있다. 정원에 발을 들여 시원한 녹색 공간 속에서 하나가 되면 온갖 세상 걱정이 사라진다는 개념이다. 아일리스 가든 입구 인근의 폭포 옆에는 그래스, 관목, 고사리가 있고, 아치형의 잎은 떨어지는 폭포수의 모습과 비슷하며, 잎의 부드러운 색상은 평온한 느낌을 고조시킨다. 파란색이 눈에 들어오면 동공이 확장하고, 강렬한 빨간색에는 수축하지만, 녹색을 볼 때는 눈이 편안해진다. 흐르는 물소리도 편안한 느낌을 더한다.

제프 해밀턴

Geoff Hamilton
1936-1996
영국

사과
Malus domestica

사과는 서늘한 온대 기후에서 가장 널리
재배되는 과일이다. 재배 지역의 조건에
맞는 품종들이 육종되었다.

제프 해밀턴의 가족은 하트퍼드셔주 브록스본에서 살았다. 원예가 발달한 고장이라서 열네 살
소년이 용돈벌이로 종묘장에서 일을 시작하고, 게다가 일을 좋아하게 된 것은 어쩌면 당연했다!
어머니는 아들이 회계사가 되길 바랐지만, 아버지는 아들이 스스로 결정하기를 바랐다. 그래서
해밀턴은 원예학 3년 과정을 마치고 뛰어난 성적으로 국가 학위를 취득한 후 조경 사업을 시작
했다. 이후 노샘프턴셔에 가든 센터를 매입해 재단장하고 지문이 닳을 정도로 열심히 일했다. 이
후에는 저술과 방송에 전념했다.

가든 센터가 자리를 잡는 동안 해밀턴은 수입원을
더 마련해야 해서 정원에 관한 글을 쓰기 시작했
다. 「가든 뉴스」에 보낸 샘플 원고가 편집자에게
깊은 인상을 주어서 첫 의뢰를 받았다. 사업가로서
는 냉철한 판단력이 부족했던 탓에 가든 센터는
몇 년 후에 문을 닫고 말았다. 링컨셔에 있는 채소
농장의 일밖에 할 게 없어서 단순한 육체노동을 하
며 힘든 시간을 버틴 후에 잡지 「실용적인 정원 가
꾸기Practical Gardening」의 편집자가 되었다.
　열정이 넘치는 그는 직접 팔을 걷어붙이고 정원

을 돌보았기 때문에, 몸소 배운 것을 나누고 싶었
다. 그는 더 많은 사람이 정원을 가꾸고, 열의를 갖
고 배우며, 좋은 성과를 거두도록 도와주고 싶었
다. 거의 같은 시기에 그는 러틀랜드주 반스데일
에 있는 오두막을 하나 임대했다. 잡지에 실을 사
진이 필요했는데 0.8헥타르에 이르는 이 대지는
정원 조성 과정을 단계별로 찍기에 안성맞춤이었
다. 해밀턴은 뿌리 자르는 일부터 석판을 까는 일
까지 모든 과정을 직접 시연하며 조금씩 정원을
완성해 나갔다.

국민 정원사

해밀턴은 가든 센터를 매입하고 얼마 되지 않아 지방 TV 프로그램 「가드닝 다이어리*Gardening Diary*」의 스크린 테스트를 받았다. 다른 세 지원자는 20분 동안 촬영했고, 그의 촬영은 단 5분 만에 끝났다. 방송국 사람들의 마음에 들지 않았나 보다 추측하고 돌아왔지만, 그들은 해밀턴이 적임자임을 단번에 알아보았기에 그에게 일을 제안했다.

당시 BBC 방송국의 「가드너의 세계」는 특별한 프로젝트를 진행할 때 종종 전문가를 게스트로 초청해서 출연시켰는데, 「실용적인 정원 가꾸기」의 편집자였던 해밀턴은 중요한 위치를 차지하고 있었다. 카메라 체질인 그는 바로 눈도장을 찍어 1979년에 고정 출연자가 되었고, 그의 정원은 주요 촬영 장소가 되었다. 촬영할 수 있는 공간이 많았기 때문이다. 촬영진이 오후에 무엇을 찍을지를 오전에 결정하곤 해서 해밀턴도 소품을 모으고 준비해야 했다. 1983년에 그는 반스데일에서 빅토리아식 농가가 있는 2헥타르의 대지를 '새로' 매입했다. 기본 설계도 없이 시작

펜스테몬 아쿠미나투스
Penstemon acuminatus

잎이 가죽 같고 청보라색이나 분홍색 꽃을 피우는 다년생식물. 미국 대로변과 자생식물원에서 서식지를 복구하는 데 사용된다.

했다. 단지 인기 있는 텔레비전 프로그램이라서 시작한 일이 아니었다. 그는 정원사들이 알고 싶어 하는 주제를 다루면서 시청자들에게 도움이 되길 바라는 마음에서 프로그램을 만들며 정원을 조성했다.

그는 직접 기획한 시리즈도 몇 편 선보였다. 「관상용 텃밭*The Ornamental Kitchen Garden*」(1990), 「코티지 가든*Cottage Gardens*」(1995), 「파라다이스 가든*Paradise Gardens*」(1997)을 통해 그는 반스데일에서 여러 주제에 따라 거의 40개에 이르는 정원을 조성하며 시범을 보였다. 거기에는 현대적인 저택의 정원, 농가의 코티지 정원, 야생 생물을 위한 정원, 엘리자베스 시대의 채소 정원 등이 있었다. 그는 작은 팀을 꾸려서 잔디를 깔고, 담을 쌓고, 화단을 만들고, 씨를 뿌리고, 식물을 선발하고, 정원을 만들었다. 상당수가 사전 계획도 없이 만들어졌고, 이들의 이야기는 20여 권의 원예 도서에 담겨 베스트셀러가 되었다. 1997년에 반스데일 정원이 문을 열었을 때 방문객이 수천 명에 달했고, 오늘날도 많은 사람이 텔레비전에서 보았던 정원을 기억하고 친구처럼 다정했던 해밀턴의 숨결을 느끼기 위해 찾아오고 있다.

그는 무엇이 달랐을까?

해밀턴은 가르치는 재주를 타고 났고, 못하는 일이 없었다. 농담마저도 유용했다. 편안하고 친근하게 '비법'을 알려 주었고, 작업용 부츠와 청바지 차림이었기에 시청자들은 그를 옆집 아저씨 같다고 말했다. 그는 '이미 갖고 있는 물건으로 해결하고 고쳐 쓰는' 관습을 따랐고(절약도 가드닝의 일부다), '쓰고 버리는' 사회에서 우리가 생존할 수 없다고 생각했다. 지속 가능성의 개념이 전 세계의 관심사가 되기 이전에 이미 그 문제를 고민했다.

1996년에 그는 재생 정원을 조성했다. 퍼걸러는 재생 목재로, 돋움 화단과 좌석은 철도 침목으로 만들었고, 울타리에는 계단과 마룻장을 사용했다. 재활용 철제로 울타리를 만들고 구리로 된 수중 히터를 장미 분수로 탈바꿈시켰다. 해밀턴은 대중에게 '재활용품'도 매력적이고 효과적일 수 있다는 것을 보여 주고 싶었다. 재활용은 그에게 중요한 주제가 되었다. 중국 요리 배달 용기로 모종 화분을 만들고, 휴지 심은 완두콩 파종에 사용했고, 오렌지 상자는 묘목을 기르는 냉상으로, 동네 카펫 상점에서 가져온 천조각들은 양배추 뿌리파리를 막아 주는 방어막으로 바뀌었다.

1986년부터 해밀턴은 유기농법을 시험하고 받

> **"씨앗을 파는 사람은 자기가 팔고 있는 상품이 씨앗이 아니라 낙관주의라고 생각한다."**
>
> 제프 해밀턴

느와제트 장미
Rosa x noisetteana

사우스캐롤라이나 찰스턴에서 쌀을 재배하던 존 챔프니가 직접 교배한 묘목을 친구인 필립 느와제트에게 전달했고, 여기에서 이 장미가 세상에 알려지기 시작했다.

아들인 후, 이 아이디어가 잠깐의 유행이거나 별난 비주류라는 인상을 주지 않도록 사실에 기반해 소개했다. 그의 정원은 이런 급진적이고 새로운 방식을 도입하여 무성해졌다. 그는 "저는 유기농법이 앞으로 나아갈 방향이라고 굳게 확신하고, 반스데일이 그 증거입니다"라고 말했다.

해밀턴은 즐길 수 있는 일을 하고 있는 자신이 행운아라고 생각했고, 그의 일상생활에서 묻어 나온 유머 감각은 탁월했다. 이것이 그가 시청자를 끌어모은 하나의 비결이었다. BBC 방송국 사람들도 그와 함께 일하는 것을 좋아했는데, 항상 즐거웠고 반스데일의 평온한 분위기가 프로그램의 질을 한층 높여 주었기 때문이다. "하고 싶은 일을 계속할 수 있는데, 어떻게 행복하지 않겠어요?" 그는 돈을 받으면서 좋아하는 일을 했다.

해밀턴은 1996년에 눈을 감았고, 평소에 입던 청바지와 부츠(항상 반스데일 농업용품점에서 구매했고, 이때 말고는 옷을 사는 일이 없었다) 차림으로 현지 교회 경내에 묻혔다. 그의 무덤 옆에는 계수나무를 심었다. 계수나무는 계절마다 색다른 흥취가 있고, 가을에는 캐러멜 냄새를 풍긴다. 해밀턴은 이 나무가 개성 있고 약간 색다르며 비싸지 않으면서도 가치가 높아서 좋아했다.

거장의 지혜

제프 해밀턴

해밀턴은 삶의 매 순간을 사랑하며 진정으로 삶을 즐겼다. '성공하지 못하면 다시 해보고, 또 해보라'는 가드닝 명언을 가장 좋아했다. 이전의 실패로부터 배우고, 그 배움이 쌓여 가면 결국에는 성공에 이르게 된다. 포기해선 안 된다! 해밀턴은 다음과 같이 생각했다.

› 이미 갖고 있는 것을 활용해서 문제를 해결한다. '장소에 딱 맞는 식물'을 심고, 유기농법을 도입하고, 갖고 있는 것을 재활용하거나 재사용하여 비용을 절감하는 것 등이다. 정원 가꾸기에 큰 비용을 들여야 하는 건 아니다.

› 정원의 모든 것이 완벽할 필요는 없다. 기대하는 만큼만 괜찮으면 된다. 완벽을 추구하다 보면 불필요한 부담이 생기고 일이 즐겁지 않다. 즐겁기 위해서 정원을 가꾸는 것이니, 너무 심각하게 생각해선 안 된다.

› 무엇이든 직접 창작할 때 최고의 만족감을 느낀다. 이는 식물에만 국한되지 않는다. 식물을 번식시키는 일은 돈이 들지 않고, 담이나 돋움 화단을 만드는 일도 직접 할 수 있다. 쇼핑하고 신용 카드로 결제할 때 느끼는 만족이 이보다 크겠는가?

› 해밀턴은 누구나 올바른 정보를 얻고 정확히 이해하면 무엇이든 할 수 있다고 믿었다.

› 해밀턴은 기술이든 품종이든 새로운 것을 시도하기 전에 충분히 연구하며 실제로 쓸모가 있는지를 따졌다. 그는 아이디어를 깊이 궁리한 다음 철두철미하게 준비했다. 또한 그는 새롭다고 반드시 더 나은 것은 아니라고 주장했다. 오래된 기술과 품종 중 상당수는 오래 사용되는 동안 검증을 거쳤으므로 대체되기 어렵다.

양파
Allium cepa

고대의 채소인 양파는 이집트인들이 식용, 미라 제조용으로 재배했다. 대 플리니우스는 로마에 여섯 가지 품종이 있다고 기록했고, 방부제로 높이 평가했다.

피트 아우돌프

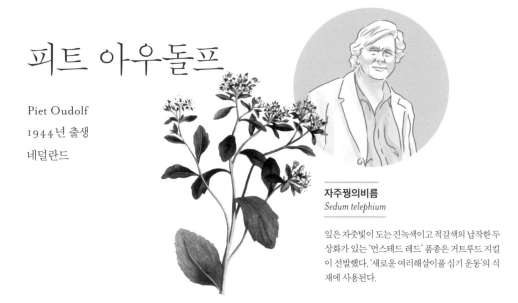

Piet Oudolf
1944년 출생
네덜란드

자주꿩의비름
Sedum telephium

잎은 자줏빛이 도는 진녹색이고 적갈색의 납작한 두
상화가 있는 '먼스테드 레드' 품종은 거트루드 지킬
이 선발했다. '새로운 여러해살이풀 심기 운동'의 식
재에 사용된다.

피트 아우돌프는 정원 디자이너 교육을 받고 나서, 초본식물과 그래스로 자연스러운 풍경을 연
출하는 스타일에 주목하기 시작했다. 부단한 실험과 식물 선발을 통해 자연주의 식재 스타일에
적합한 품종의 수를 늘려 놓았다. 이들은 무리 지어 자라고, 관리를 많이 하지 않아도 최대의 효
과를 내며, 심지어 죽은 후에도 보기 좋아야 한다. 아우돌프는 혁신적인 아이디어, 가드닝 기술,
세간의 이목을 끈 일련의 프로젝트를 선보이며 '새로운 여러해살이풀 심기 운동(New Perennial
movement)'의 선두 주자로 우뚝 섰다.

새로운 여러해살이풀 심기 운동은 독일의 칼 푀
르스터(1874-1970)와 영국의 윌리엄 로빈슨(1838-
1935)의 작품에 뿌리를 두었다. 그들은 재배 환경
을 인위적으로 바꾸려 하지 말고 그 장소에 맞는
식물을 심어야 한다고 생각했다. 자연을 유심히
관찰하여 영감을 얻고, 야생의 비슷한 서식지에
서 자라는 식물을 이용하여 균형 잡힌 디자인을
하는 것이 목표였다. 민 로이스, 베스 차토, 댄 피
어슨, 볼프강 외메, 제임스 반 스웨덴은 새로운 미
국 가든 스타일을 창안했고, 새로운 여러해살이
풀 심기 운동의 이상을 옹호하고 발전시켰다. 20
세기 초반의 영국에서는 꽃을 즐길 목적으로 늦여

름에 꽃이 피는 다년생식물을 화단에 심어 집중적
으로 관리했지만, 이 새로운 자연주의 스타일에서
는 꽃뿐 아니라 형태를 중시해서 동일한 식물을
많이 심고, 관리도 크게 필요없다. 이 식물들은 마
치 본래의 서식지로 돌아간 것처럼 보인다.

정원 식물이 된 새로운 다년생식물
네덜란드에서는 전통적으로 가지를 치고 다듬어
생울타리를 만들기 때문에, 4,000제곱미터에 달
하는 피트 아우돌프의 후멜로 정원에 너도밤나무
와 주목을 다듬어 만든 울타리가 뚜렷한 구조를
이루고 있는 것이 전혀 놀랍지 않다. 물결치는 듯

한 커튼, 테이블, 기둥 같은 현대적인 형태의 나무를 배경으로 자연주의 식재가 부드러운 분위기를 연출한다.

정원을 가로지르는 중앙 통로가 좁아서 그 길에 선 사람은 마치 정원 일부가 된 듯한 느낌이 들고, 샛길을 따라가면 세 개의 원형 화단이 나타난다. 각 화단의 주변을 따라 걸으면 계속 다른 경관이 펼쳐지므로, 식물은 한쪽에서만이 아니라 어느 각도에서 보아도 아름다워야 한다. "저는 정원 설계도를 그리지 않고 식물 목록을 작성합니다. 머릿속에서 아이디어를 구상한 다음 식물을 눈으로 배치합니다"라고 아우돌프는 설명한다.

그의 정원은 실험하고 변화를 시도하여 새로운 아이디어를 개발하는 장이다. 그는 여러 프로젝트에 참여해 배운 뒤 자신의 정원으로 돌아와 정원을 바꿔 보기도 한다. 예를 들어, 그는 항상 늦게 꽃이 피는 다년생식물을 이용해 왔는데 2001년

에 북미 대초원 지대를 방문한 이후 더 많은 종의 식물을 활용하고 있다.

정원에서 일하는 아티스트

아우돌프는 꿩의다리속(*Thalictrum*), 노루오줌속(*Astilbe*), 베르바스쿰속(*Verbascum*), 에린기움속(*Eryngium*) 같은 크고 무성한 식물을 섞어 식재 디자인의 구조를 만들고, 사이사이에 제라늄, 램스이어, 개박하처럼 화려한 꽃이 피는 식물로 부드러운 분위기를 연출한다.(정원의 구조를 이루는 식물과 꽃이 피는 식물을 7대 3의 비율로 구성한다.)

화단에 꽃이 가득하지만, 관리는 놀라울 만큼 수월하다. 씨송이를 잘라 내지 않고 그 자체가 스타일의 일부가 되게 하며, 봄에 지지대를 받쳐 주

그래스와 초본 다년생식물이 '새로운 여러해살이풀 심기 운동' 식재 디자인에서 가장 중요하다. 최고의 식물만 선발된다. 이들은 야생종에 가깝고 사계절 내내 즐거움을 준다.

셀리눔 카르비폴리움
Selinum carvifolium

좀새풀
Deschampsia cespitosa

피트 아우돌프

새로운 여러해살이풀 심기 운동의 스타일처럼 특정 스타일을 따라하고자 할 때는 아이디어를
실제로 적용한 정원을 방문하고, 광범위하게 자료를 읽고, 식재하기 전에 아이디어를 종이에 옮
겨 두면 도움이 된다.

› 후멜로 정원에 홍수가 나서 주
목 나무 몇 그루가 죽고, 수십 년
간 기른 식물들이 망가졌다. 하
지만 다년생 초본식물은 힘든
환경에서도 곧 회복하고 다른
식물로 대체할 경우 빠르게 성
장한다. 토양, 조건, 기후에 맞는
식물을 선발해야 한다.

› 네덜란드는 겨울에 추워서 식
물이 오랫동안 얼어 있다. 고온
다습한 기후에서는 식물이 형
태를 유지하지 못하고 썩기 쉽
다. 사전에 철두철미하게 조사
하고 신중하게 식물을 선발해
야 한다.

› 자연주의 식재 디자인은 계획
대로 완성된다. 오래 살고 무리
를 이루는 다년생식물로 대부
분 구성되는데, 이들은 마구
뻗어나가지 않고 왕성하게
뿌리를 내리거나 자연 파종
하지 않고 정해진 구역에서
형태를 유지하기 때문이다. 헬
리니움속, 진퍼리새속, 오이풀
속 등이 이에 속한다. 이것이 자
연주의 식재 비법 중 하나다.

› 아우돌프는 야생식물을 찾아보
러 특히 미국과 동유럽을 정기
적으로 여행한다. 야생식물의
서식지를 방문하는 것은 자연
주의 정원을 만들려고 하는 사
람 누구에게나 유용한 경험이
다. 반드시 먼 곳으로 갈 필요는
없다. 인근 야생 생물 보호구역
이나 야생화가 핀 초원도 식물
이 야생에서 어떤 모습인지를
이해하는 데 도움이 된다.

마클레아이아 코르다타
Macleaya cordata

키가 크지만 지지대 없이도 꼿꼿하
게 선다. 잎이 예쁘고 하얀 꽃이 피며,
비슷한 품종의 다른 식물들과 달리 퍼지
지 않는다.

› 식물의 선발 기준은 겉으로 보
이는 아름다움만이 아니다. 곤
충과 새의 먹이와 서식지가 되
는지 생태학적 가치도 고려해
야 한다. 모든 정원에서 환경친
화적인 식물을 식재해야 한다.

› 가지를 다듬은 주목 생울타리
는 식재 디자인에 무게감, 초점,
일 년 내내 조형미를 더한다. 형
태와 스타일은 전통적인 것과
현대적인 것이 있다. 각자
의 취향과 각 정원의 스
타일에 맞는 것을 이
용하는 것이 좋다.

지 않는다. 주로 하는 일은 겨울 끝자락에 새싹이 나기 전, 가지를 잘라 내고 퇴비를 주는 것이다. 회향이나 베르바스쿰처럼 자연 파종을 하는 종은 솎아 내어 화단의 구성을 균형 있게 유지한다.

아우돌프는 질병에 강하고, 야생 생물을 유인하며, 오래 살고, 유지 관리가 쉬운 식물은 거의 모두 심어 보았다. 이런 식물을 선발하는 일이 그에게 가장 중요한 일이다. 식물 팔레트를 개발하려면 식물을 번식시키고 선발하고 실험해야 하기 때문에 그의 아내 안야가 종묘장을 운영한다.

이른 시기에 아름다움을 뽐내는 식물도 있지만 특히 9월에 정원의 풍경이 장관을 이룬다. 식물 대부분이 절정에 이르고 화단에는 꽃과 잎이 가득하고, 정원의 틀을 구성하는 나무와 풀이 경관을 지배한다. 익숙한 식물도 생소한 식물도 있고, 밝고 강렬한 색상이 실처럼 가는 그래스와 어우러진다. 아우돌프는 "이 정원에서 가장 마음에 드는 때는 모두가 완전히 자라서 식물의 전체 규모에 압도되어 경외감이 느껴지는 순간입니다"라고 말한다.

늦겨울의 화단

새로운 여러해살이풀 심기 운동의 원칙은 식물이 죽을 때에도 멋지게 보여야 한다는 것이다. "흥미로운 방식으로 저물어 가는 것은 살아 있는 것만큼이나 중요합니다"라고 아우돌프는 말한다.

이런 생각은 가을에 화단을 정리하지 않고 겨울의 서식지를 보존하는 네덜란드 정원사들의 환경 친화적인 바람에서 비롯되었다. 낙엽과 죽은 줄기를 그대로 두는 것은 파격적이었다. 썩어 가는 것을 아름답게 보려면 인식의 변화가 필요했다.

아우돌프의 작품은 식물의 구조에 대한 이해가 바탕을 이루는데, 이는 겨울의 풍경에서 분명하게 드러난다.

기초가 되는 것은 참억새 '말레파르투스'(*Miscanthus sinensis* 'Malepartus')로 구성된 둥근 화단이다. 기장속(*Panicum*), 억새속(*Miscanthus*), 진퍼리새속(*Molinia*), 수크령속(*Pennisetum*) 등의 그래스는 여름에 아름다울 뿐 아니라 춤을 추는 듯한 우아미를 더하지만, 겨울에는 연약해서 자주천인국(*Echinacea purpurea*), 디기탈리스 페루기네아(*Digitalis ferruginea*) 등 여러해살이풀의 또렷한 씨송이와는 대조적인 분위기를 연출한다.

고도가 낮은 겨울의 태양은 뜨고 질 때 여러 농담의 갈색빛을 띠고 풍경 전체를 앞에서, 뒤에서 비춘다. 잎과 줄기, 그래스의 질감이 강조되고, 시들어 버린 식물의 각도와 구조가 아름답게 보인다. 추운 겨울에 하얗게 서리가 내리면 그림에 가루를 뿌려 놓은 듯 세세한 부분까지 두드러져 보이고, 거미줄도 독특하고 아름다운 장식이 된다. 정원은 죽어 있지만, 동시에 살아 있다.

아우돌프는 자연에 순응하며 자연의 아름다움을 한데 모아 식재 기술을 발휘해 다시 심으며 새로운 여러해살이풀 식재 스타일을 확장했다.

> "저는 사람들에게 자기 인생의 궤적이 담겨 있다고 생각합니다. 사람이 평생에 걸쳐 경험하는 것을 식물은 1년이라는 생애 주기에 경험합니다. 이런 의미에서 가드닝은 인생의 축소판입니다."
>
> 피트 아우돌프

오른쪽 사진은 피트 아우돌프의 후멜로 정원을 방문한 사람들이 가장 많이 기억하는 장면이다. 현재 주목 생울타리는 사라졌지만, 정원은 계속 진화하고 있다. 정원과 유행은 과거의 영향을 받고 아우돌프도 그렇지만, 다년생식물의 식재 아이디어는 개발되고 수정되며 발전하였다. 지금 우리는 아우돌프의 가르침에 따라 죽은 식물에서도 아름다움을 발견하는 법을 배웠다. 이것이 21세기의 가드닝이다. 최소한으로 관리하고 화학약품을 쓰지 않으며 야생 생물과의 공존을 고려하지만, 정원을 완성하는 건 언제나 자연이 솜씨를 발휘한 장관과 정교한 아름다움이다.

독일 브란덴부르크주 포츠담 보르님에 있는 칼 푀르스터 정원의 화단. 자연주의 스타일을 처음으로 제안한 푀르스터의 식재 디자인을 보여 준다. 평생 다년생식물을 사랑한 푀르스터는 베를린에 있는 부모님의 종묘장을 다시 일으켰다. 아름답고 잘 죽지 않는 최고의 식물만을 선발하여 370종 이상을 육종했다. 가장 유명한 것은 실새풀 '칼 푀르스터'(*Calamagrostis* x *acutiflora* 'Karl Foerster')로, 깃털갈대풀의 일종이고 1907년에 출간된 그의 첫 번째 카탈로그에 소개되었다. 그의 자연주의 스타일은 후세대 정원사들에게 영향을 주었고, 그의 영향력은 오늘날까지도 여전하다.

제러미 프랜시스

Jeremy Francis
1951년 출생
오스트레일리아

유럽너도밤나무
Fagus sylvatica

단독으로 식재하는 것이 가장 멋지지만 가지를 다듬어 멋진 생울타리로도 사용한다. 어린잎은 생기가 넘치고, 파릇파릇하다. 가을에는 짙은 갈색으로 물든다.

제러미 프랜시스는 오스트레일리아 퍼스에서 100킬로미터 북쪽에 위치한 밀 생산 지대에 속하는 가족 농장에서 20년 동안 일했다. 작은 정원을 만들었고, 영국에서 다년생식물을 수입하는 것이 취미였다. 1990년에 그는 농장을 매각하고 2년 동안 오스트레일리아를 돌아다니며 새로운 정원을 조성할 완벽한 장소를 물색하다 마침내 오래된 화훼 농장 부지에 자리 잡았다. 멜버른 인근 단데농산맥의 서향 산비탈에 위치했으며, 면적은 2헥타르에 달했다. 식물과 예술을 사랑한 프랜시스는 클라우드힐 가든에서 미술공예운동의 영향을 받은 정원 디자인에 현대적인 감각을 가미하고 화훼 농장의 특징을 혼합했다.

1917년에 테드 울리치는 가족이 소유한 4헥타르의 부지에 2헥타르에 달하는 종묘장을 설립했다. 이 종묘장은 1922년에 식물 채집가 어니스트 월슨이 소개한 구루메 진달래꽃을 처음으로 판매하면서 온대 기후 식물 전문 판매점으로 바로 유명해졌다. 얼마 지나지 않아 테드의 동생 짐은 꽃집용 절화와 관엽식물을 기르기 시작했다. 그들은 대지를 나누어 사용했으나 산불로 부지 전체가 훼손되어 두 사업 모두 기울기 시작했고, 마침내 1960년대에 문을 닫았다.

제러미 프랜시스는 수년 동안 정원 디자인의 역사에 관심을 기울였다. 아내 밸레리의 친척이 크리스토퍼 로이드(164쪽 참조)의 옆집에 살아서 1988년에 로이드를 우연히 만났고, 이후 로이드는 프랜시스가 오스트레일리아에서 생존하는 식물을 선발하는 데 도움을 주었다. 프랜시스가 몇 년 동안 방문한 영국 종묘장과 정원의 목록을 보면 마치 원예계의 '인명사전' 같다. 시싱허스트 가든, 히드코트 매너 가든, 틴틴헐 가든에서 크게 감동한 그는 '이런 정원이 오스트레일리아에 만들어질 수 있을까?'라는 고민을 떨치지 못했다.

그는 단데농산맥에서 완벽한 장소를 찾았다.

화산토는 깊고 비옥하며, 강수량은 적당했고 서리는 거의 내리지 않았다. 1992년, 그는 지난 봄에 사망한 짐 울리치의 오래된 화훼농장을 매입했다. "30년 동안 잡초로 뒤덮여 있던 그곳에는 가림막, 생울타리, 희귀한 식물, 웅장하고 유서 깊은 나무, 열린 공간, 새로 정착한 구근식물 초원이 있었습니다. 이렇게 이상적인 곳에서 정원을 조성하는 행운아는 저밖에 없지 않을까요?"

예술적인 가드닝

현재 클라우드힐에는 25개의 서로 다른 방과 공간이 있다. 이들의 기하학적 구조와 조화, 스타일은 미술공예운동의 영향이 세세한 부분에서 구현되었음을 보여 준다. 첫 몇 달 동안은 메인 테라스를 따라 정원 여러 개를 설계하고 조성했다. 그 이후로 2-3년마다 프로젝트를 진행했다. 정원들은 그때그때 상황에 맞게 배치되면서 대지의 가장자리에 있는 오래된 식목으로까지 확장되었다. 프랜시스는 "시간을 갖고 해결책을 생각한 다음, 굴착기를 운전하는 동안에도 변화에 대비하는 것이 가장 이상적인 정원 조성 방법인 것 같습니다"라고 말한다.

물의 정원에는 주변을 반사하는 연못, 그늘이 드리워진 화단, 구리 지붕과 달 창문이 있는 작약 파빌리온이 있다. 그러나 무엇보다 지킬의 영향을 받아 메인 테라스에 만든 따뜻한 느낌과

백목련
Magnolia denudata

이른 봄에 순백의 향기로운 꽃이 많이 피는 개성 넘치는 나무로, 큰 관목 또는 작은 교목으로 자란다. 정원용 품종이 여럿 있으며, 꽃잎 색상이 각기 다르다.

시원한 느낌의 기다란 두 화단이 가장 감탄을 자아낸다. 따뜻한 느낌의 화단은 빨간색과 주황색, 전반을 차지하는 노란색이 우선 눈에 띄고, 자줏빛 잎사귀가 배경을 이루어 밝은 분위기에 들뜬 방문객은 정원을 둘러보고 싶어진다. 그 너머의 영묘하고 시원한 화단은 분홍색, 파랑색, 미색, 은색으로 구성되어 멀리 떨어진 것처럼 보이는 원근감을 연출한다. 두 화단의 식물들은 서로 조화를 이룬다. 예를 들어 짙은 청보라색의 클레마티스 '폴리시 스피릿'(*Clematis* 'Polish Spirit')은 장미 스웨긴조위(*Rosa sweginzowii*)의 적갈색 열매와 버들잎배나무 '펜둘라'(*Pyrus salicifolia* 'Pendula')와 같이 초점을 이루는 나뭇잎을 보완한다.

잎과 질감은 구석구석까지 통일감을 준다. 자주색 잎의 단풍나무는 벽돌 길과 짝을 이루고, 소형 담쟁이덩굴은 아치 통로 위에서 느릿느릿 뻗어 나가며, 작약정원에는 '물결 모양' 회양목 생울

타리가 있다. 관목, 토피어리, 벽돌이 겨울에 정원의 구조를 형성하고, 분버들 '블루 스트릭'(*Salix acutifolia* 'Blue Streak') 같은 단순한 식물 군총은 장식적인 요소가 된다. 은빛 버들강아지는 정형적인 너도밤나무 생울타리의 갈색 잎과 대비된다.

1930년대에 식재된 짐 울리치의 구근 초원 일부는 클라우드힐 정원에 포함되어 있어서, 가로지르거나 주위를 돌 수 있게 길을 만들었다. 봄 구근에 이어 남아프리카 구근이 꽃을 피우며 여덟 달 넘도록 긴 풀밭에 색을 물들인다.

다양한 예술이 더 멋있다

프랜시스는 정원에 다른 형식의 예술을 도입했다. 클라우드힐 정원에는 현지 예술가 15명의 작품, 커다란 화분을 비롯한 여러 도자기, 현대 조각상 20여 점, 여름에 셰익스피어 연극을 공연할 수 있는 극장이 있다.

프랜시스는 1990년에 미국의 조경가 마사 슈워츠가 참석한 워크숍에서 영감을 받아 코메디아 델라르테 이탈리아의 전통 가면극 정원을 건설했다. 여기에는 짐이 심어 놓은 구근이 길게 이어져 있고,

참억새
Miscanthus sinensis

무리 지어 자라는 억새는 매력적인 품종이 많다. 질긴 성질과 장식적인 깃털로 유명하며, 추운 지역에서 겨울철에 색다른 운치를 보여 준다.

코메디아 배우의 등신대가 긴 풀밭의 몇 센티미터 위에서 연기한다. 프랜시스는 "방문객이 이것을 보면 이탈리아 르네상스 시대의 정원과 당시의 극장, 미술공예운동 시대의 초창기 정원을 떠올리게 됩니다"라고 설명한다.

프랜시스는 영국 켄트에 있는 중고 서점을 방문했다가 비타 색빌웨스트와 해럴드 니콜슨이 편집한 시집을 발견했다. "저는 특히 니콜슨이 번역한 베르길리우스의 작품에 매료되었습니다. 대부분이 한두 줄이라서 하이쿠일본의 전통적인 단시 같은 느낌을 줍니다." 그의 처제인 트리시 스튜어트가 몇 구절을 테라코타에 새겨서 여기저기에 놓고 그윽한 분위기를 조성했다. 또한 프랜시스는 그 지역에서 글자를 새기는 예술가 이언 마와 함께 일하며 호메로스, 베르길리우스, 초서, 조지 허버트, 아우구스티누스의 글귀도 사용했다. 그중 하나인 Solvitur Ambulando, 즉 '걷다 보면 해결된다'는 글귀는 프랑스 샤르트르 성당의 미로 입구에 새겨져 있는 것이다.

프랜시스는 많은 '거장'으로부터 영향을 받았고 창의성과 식물에 대한 열정, 예술에 대한 사랑을 발휘하여 짐이 만든 화훼농장을 빛나는 미술공예 정원에 녹아들게 했다. 프랜시스만의 현대적인 감각이 돋보이는 아름다운 곳이다.

> " 달그락대는 콩 꼬투리가
> 얽혀 버린 가련한 루피너스.
> 가련한 줄기를 떼어 내야 하리니."
> 「게오르기카」 1권 75번.
> 베르길리우스(기원전 70-기원전 19),
> 해럴드 니콜슨이 영어로 옮김

제러미 프랜시스

프랜시스는 다른 분야의 예술가들에게 창의성을 최대한 발휘하여 독창적인 아이디어를 정원에서 구현할 것을 독려했다. 창의성은 식물을 보완하고 정원에 흥취를 한층 더한다.

› 프랜시스는 끈질기게 물색한 끝에 정원을 만들 최적의 장소를 발견했다. 이런 생각을 하는 사람이 많지 않겠지만, 지금 우리 집 정원이 마지막 정원이 아닐 수 있다. 상황이 바뀌거나 기회가 생겨 이사하게 될 수 있다. 새로운 집을 찾아다닐 때, 선택의 폭이 넓다면 그 지역을 꼼꼼하게 조사하고 강수량과 기후를 확인해야 한다. 삽을 가져다 땅을 파도 되는지 허락을 받고 정원의 흙을 점검해야 한다. 환경이 여의찮으면 기발한 아이디어를 개발해 적응해야 한다.

› 클라우드힐 정원은 원래 있었던 종묘장의 구조를 그대로 살렸다. 이사를 하면 새로운 정원에 변화를 주기 전에 최소한 일 년 동안 그대로 관찰해야 한다. 사계절을 보내는 동안 어떤 모습으로 변화하는지 확인한다. 모두 없애는 것은 좋지 않다. 기존의 나무와 관목은 새 정원에 원숙한 느낌을 더한다.

› 모든 식물은 자기 몫을 해야 한다. 금방 꽃이 지거나 잎과 형태가 예쁘지 않은 식물은 프랜시스의 목록에 오를 수 없다. 정원은 '정원에 있을 만한' 식물로 채워진다.

› 프랜시스는 독서광이다. 비타 색빌웨스트, 거트루드 지킬, 기타 훌륭한 정원사들의 책은 그의 생각에 영향을 미쳤고 그는 나름의 견해를 갖게 되었다. "요즘 시대의 큰 장점은 양질의 가드닝 서적을 다양하게 접할 수 있는 것입니다. 좋은 서점이 눈에 띄어 둘러보다가 지갑에 손이 가더라도 놀라지 마세요." 책은 안내서이자 교과서이며 생각의 폭을 넓혀 준다. 가드닝을 배울 수 있는 중요한 방법이다.

› 정원에 다른 형식의 예술을 도입해 본다. 프랜시스처럼 극장을 만들 공간이 없더라도 조각상이나 오브제 트루베자연 그대로의 미술품를 신중하게 배치하여 정원에 또 하나의 차원을 더할 수 있다.

로도덴드론 아르보레움
Rhododendron arboreum

흰색부터 진홍색까지 다채로운 꽃이 피는 큰 관목 또는 작은 교목. 일찍 핀 꽃이 서리 해를 입지 않는 온화한 기후에서 잘 자란다.

테라스에서 극장을 내려다보는 이 경관은 클라우드힐 정원을 만든 제러미 프랜시스의 예술적 비전을 단적으로 드러낸다. 계단 옆에는 원뿔형 토피어리 대용으로 많이 쓰이는 앨버트글라우카가문비나무 '코니카'(*Picea glauca* var. *albertiana* 'Conica')가 있다. 저 너머에 있는 공작단풍 디섹툼 아트로푸르푸레움 그룹(*Acer palmatum* var. *dissectum* Dissectum Atropurpureum Group)은 자주색 잎이 가늘게 갈라져 물결 치는 모습을 보인다. 1928년에 일본 요코하마 묘목 무역상으로부터 수입된 것으로, 가을마다 빨간색과 주황색 빛을 발한다. 구릿빛과 푸른빛이 어우러진 유럽너도밤나무 생울타리는 이 장면을 위에서 내려다본다. 이 경관의 한가운데에 있는 항아리는 오스트레일리아에서 장작불로 도자기를 굽는 유일한 도예가 로버트 배런의 구스넥 도자기 상점에서 사 온 것이다.

윌 자일스

Will Giles
1951년 출생
영국

종려나무
Trachycarpus fortunei

이 야자수는 영하 15도까지 견딜 수 있다. 처음에 영국에 종자를 들여와 기른 두 그루가 지금도 큐 왕립식물원 정문 옆에 있다.

윌 자일스는 어릴 때부터 가드닝을 좋아했다. 이 일은 이후에 그의 삶이 되었다. 예술을 전공하고 세계를 여행하며 얻은 영감으로 고향인 노퍽주 노리치에 연극용 '무대 장치' 정원을 조성했다. 그렇게 만들어진 이그조틱 가든은 그의 대표작이 되었다. 아무도 생각지 못한 이 에덴동산은 시간과 공간을 초월하고 개성이 빛나는 상상력의 산물이다. 빅토리아 시대의 고딕 양식에 특이한 식물들과 극장의 유적, 기이한 초현실주의 예술로 가득 채워져 있다. 무엇보다도 서늘한 온대 기후 지역에 가져다 놓은 이국적인 감성이 돋보인다.

일곱 살짜리 아이가 아펠란드라속과 선인장을 와락 껴안고 있는 빛 바랜 사진은 윌 자일스가 이그조틱 정원의 정원사가 될 조짐을 보여 준다. 그의 아버지는 제2차 세계대전 이후 '행복한 삶'을 찾아서 런던에서 노리치로 이주했다. 어린 자일스도 부지를 가꾸었고, 아버지는 아들이 보채는 통에 사과나무 아래의 공간을 주며 "일 년 동안 잡초가 없게 관리하면, 내년에 더 많은 땅을 허락하겠다"고 약속했다. 그해 말에 할머니 넬리는 자일스를 큐 왕립식물원에 데려갔다. "팜 하우스영국 최초의 대규모 유리온실의 커다란 문을 열자마자 열기와 습기가 훅 끼쳤고 안으로 발을 옮기자 열대식물

의 거대한 잎이 그늘을 드리웠습니다"라고 자일스는 회상한다. 그날부터 그는 마음을 빼앗겼다. 아버지는 아들의 가드닝에 대한 열정이 곧 사그라들 것이라 생각하고 자일스가 열 살 되던 생일에 온실을 지어 주었다. 그러나 열정은 식지 않았다. 유리온실은 곧 이국적인 식물들로 가득 찼고, 그는 난방비 문제로 아버지와 논쟁을 벌인 후 실외에서 기를 수 있는 식물을 찾는 시도를 했다.

몇 년 후 자일스는 노리치 예술학교를 다니며 사진과 일러스트레이션을 전공했다.(왕립원예학회 출판물에 들어가는 삽화를 수년 간 그렸다.) 20대 초반에는 서점을 샅샅이 뒤졌다. '온실 식물' 흑백 삽화

가 실린 조지 니콜슨의『그림으로 보는 가드닝 사전The Illustrated Dictionary of Gardening』이 처음에 큰 영향을 주었다. 자일스는 야자나무부터 생강, 바나나, 난초 등등 정보를 습득하는 데 많은 시간을 보냈다. 그중 가장 큰 영향을 준 책은 마일스 샬리의『온대 지방에서 가꾸는 이국적인 정원Exotic Gardening in Cool Climates』이었다. 열대 지방을 생각나게 하는 정원 만드는 법을 책으로 배우며 비전이 현실이 될 수 있다고 믿었다.

이국적인 비전

1982년에 자일스는 열심히 물색한 끝에 대지 한가운데에 있는 집을 매입했다. 0.4헥타르의 그 대지는 남향 경사지였다. 10년에 걸쳐 새벽부터 땅거미가 질 때까지 혼자 수공구로 땅을 고르게 정리하고, 테라스를 돋우어 올리고 가운데 잔디밭 주변에 채소밭과 다년초 화단을 만들었다.

시간이 흐르면서 화단은 점점 넓어졌고, 잔디밭은 줄어들었다. 종려나무와 코르딜리네 아우스트랄리스(Cordyline australis)처럼 겨울에 보호해 주지 않아도 되는 '이국풍 식물들'이 모습을 갖추어 가기 시작했다. 커다란 잎과 화려한 색상이 우거진 정글 사이로 구불구불한 통로가 이어졌다. 주위를 둘러싼 나무와 생울타리는 그대로 남아 비바람을 막아 주고 정원 식물의 생장철을 몇 주 정도 연장시켰다. 그리고 초가을에 절정을 이루는

아이오니움 아르보레움
Aeonium arboreum

건축적 요소를 더해 주는 이 다육식물은 외계 생명체처럼 보인다. 색상이 여러 가지이고 특히 '흑법사'('Zwartkop')는 잎이 짙은 흑자색이다.

비내한성 식물과 함께 장관이 이루어졌다. 겨울에는 온도가 영하 3도 아래로 내려가기도 하고, 한창 더운 여름에는 30도 이상 올라간다. 독학으로 배우고 선입견에 사로잡히지 않은 월은 기존의 지식을 그냥 받아들이기보다는 도전하는 것을 즐긴다. 침엽수 아래에서 넓은 줄처럼 보이는 잎을 퍼뜨리는 자주달개비(Tradescantia pallida)는 야외에서 6년을 살았고, 영하 5도에 이르는 낮은 온도를 견뎠다. 이로써 가지를 드리우는 침엽수를 보호해 주는 게 중요하다는 것이 증명되었다.

너무 커서 옮길 수 없는 내한성 식물과 바나나나무를 제외하고, 모든 식물은 겨울에 파내서 커다란 비닐 터널에 보관한다. 이 식물을 봄에 다시 내다 심기 전에 잘 썩은 유기물을 화단 흙에 많이

윌 자일스

이국적인 정원은 비내한성 식물을 심는 봄과, 이들을 캐서 보관하는 가을에 특히 일이 많다. 하지만 이용할 수 있는 시간과 공간에 적합한 크기의 식물을 기후에 맞게 식재하면 멋진 정원을 전시할 수 있다.

> 이국적인 정원을 가꾸려면 내한성을 실험해야 한다. 대개의 식물이 기후와 밀접한 관련이 있다. 어떤 식물은 줄기는 말라 죽고 뿌리만 땅속에서 겨울을 나고, 어떤 식물은 배수가 잘되는 토양에서만 살 수 있어서 습기와 추위에서 보호해야 한다. 실험 중 죽는 경우도 감수해야 한다.

> 가을에 자리를 옮기는 식물의 수를 줄이려면 칸나와 같은 초본식물은 잘라내고 60센티미터 두께로 짚을 덮은 다음, 비닐을 씌우고 가장자리를 눌러 둔다. 짚은 단열재 역할을 하고, 비닐은 뿌리에 물이 닿지 않게 해준다. 봄에 마지막 서리가 내린 후 짚과 비닐을 제거하면 식물이 다시 자란다.

> 식물을 잘 관리하고 정원을 깔끔하게 유지하면 언제든 방문객을 맞을 수 있다. 꾸준히 잡초를 뽑고 마른 잎과 시든 꽃을 따내면 개화기도 연장된다.

> 식물을 화분에서 기르면 온실이나 비닐하우스로 옮겨 겨울을 나기 쉽다. 그런 다음 봄에 다시 심어야 할 때 화분을 화단에 파묻는다. 파묻으면 화분이 보이지 않는다.

> 꽃이 가장 눈길을 끌지만, 색깔과 무늬가 있는 잎은 계절마다 볼거리를 제공해서 정원 전시의 기초가 된다.

> 봄의 식재 시기는 중요하다. 이 그조틱 정원에서는 0도 가까운 온도를 견딜 수 있는 품종을 4월 셋째 주부터 내다 심는다. 더 따뜻한 기온에서 살 수 있는 '이국적인' 품종은 5월 셋째 주경에 내다 심는다. 비내한성 식물은 갑자기 추위가 닥치면 잘 회복되지 않지만, 매우 빠르게 자라서 늦게 심어도 7월부터 첫서리가 내릴 때까지 화단이 무성해진다.

> 키가 크고 잎이 많은 식물은 물과 거름을 많이 주어야 한다. 심기 전에 잘 썩은 유기물을 많이 섞어서 수분을 유지하고, 한봄에 생선, 뼈, 알갱이 형태의 계분 비료를 주고, 물을 잘 준다.

인디언칸나
Canna indica

비내한성 초본식물로 빠르게 자란다. 선홍색 꽃이 작고 깔끔하다. 서늘한 온대 기후 지역에서는 겨울에 실내에서 길러야 한다.

섞어 넣는다. 이는 엄청나게 힘든 일이라 친구들의 도움이 필요하다. 식물 배치는 형식이 따로 없다. 자일스는 딱 맞는 장소를 찾을 때까지 한 팔에 화분을 끼고 몇 시간 동안 돌아다니며 깊이 생각하고, 쉬다가 또 생각에 잠기곤 했다.

큰 잎들은 정원의 구조를 이루는데, 그중 통달목 '렉스'(*Tetrapanax papyrifer* 'Rex')의 잎은 1미터에 달하고, 무리를 이루는 비내한성 파초는 실외에서 27년을 살았다. 나머지 공간에는 칸나, 생강, 씨앗부터 기른 화단용 식물이나 동네에서 구입한 화초가 가득 채워졌고, 100여 종의 브로멜리아드가 갖추어졌다. 이렇게 다양한 혼합 식재 중에서 버지니아이삭여뀌 '페인터스 팔레트'(*Persicaria virginiana* 'Painter's Palette') 같은 내한성 식물은 이국적인 분위기를 자아낸다. 심지어 토종 덩굴식물인 메꽃(*Calystegia sepium*)마저 열대 지역에서 볼 수 있는 나팔꽃속 식물처럼 보인다.

건생식물 정원

집 뒤편 경사지의 꼭대기에는 건생식물 정원이 있다. 2008년 겨울, 석 달 동안 아크등을 비추며 이 정원을 만들었다. 담은 가벼운 블록으로 만들고 현지에서 조달한 부싯돌을 붙여 마감했다. 정원은 불가사의한 것들로 가득하다. 예를 들어, 이웃한 숲을 내다볼 수 있는 창문이 있는 작은 동굴, 돋움 화단, 어디로도 연결되지 않는 비밀 계단이 있다. "17살 때 애리조나에 가서 변경주선인장을 보았는데 와락 안지 않고는 배길 수가 없었습니다. 가시에 찔리는 고통이 저와 건생식물을 단단히 맺어 주었습니다. 영원히!" 단단하고 잎이 뾰족한 알로에, 용설란, 유카, 해안선인장은 한해살이, 알리움속 식물과 함께 식재되어 건조한 지역의 풍경을 조성한다. 겨울에는 덮개를 덮어 이들을 비나 눈으로부터 보호해야 한다. 추위는 견딜 수 있지만 추운 동시에 습한 것은 싫어하기 때문이다. 이들의 각진 구조는 눈높이에서, 또는 정원을 요리조리 빠져나가는 구불구불한 통로에서 올려다보거나 내려다볼 수 있고, 푸른색 기와를 얹은 이탈리아식 로지아에서 편안하게 볼 수도 있다. 경사면 중간에 있는 원형 연못에서 흐르는 물줄기는 양치류와 베고니아가 점점이 뒤덮은 부싯돌 담 아래로 폭포처럼 떨어져 집 옆의 도관 안으로 들어간다. 정원 아래 비닐 터널 뒤에 있는 대나무 숲 사이로 길이 구불구불 이어지고, 커다란 유칼립투스 한 그루가 높이 솟아 있다.

재활용 재료로 만든 멋진 볼거리 중에서 나무집이 중심을 이룬다. 전신주 네 개가 지지하고 있으며, 꼭대기에는 금박 오벨리스크가 있다. 참나무를 안에 품고 지은 집이라 가지가 방 안으로 뻗어 있다. 방에서 내려다보면 정원이 한눈에 보인다. 모든 것이, 가구의 위치까지 예술인 이그조틱 정원은 분명 무대 장치이다. 윌 자일스가 정원사이자 예술가이며, '모든 형태의 아름다움'을 사랑하는 사람임을 분명히 보여 주는 살아 있는 그림이다.

" 여자 친구가 마지막으로 물었습니다. "누굴 가장 사랑해? 나야, 정원이야?" 그렇게 따지고 드는 질문에 대답하고 싶지 않습니다. 그러면 오랜 세월을 함께 살아온 쪽을 택해야지요. 정원이라고 대답할 수밖에 없었습니다. "

윌 자일스

중앙에 있는 커다란 식물은 자이언트 창백합(*Doryanthes palmeri*)으로 키가 15센티미터일 때 사 왔다. 주위를 둘러싼 비비추 '섬 앤 서브스턴스'(*Hosta 'Sum and Substance'*) 화분과 함께 뒤로 보이는 윌 자일스의 이그조틱 정원의 분위기와 동화된다. 잎이 크고 나무가 무성해서 왼쪽 위에 있는 집을 거의 가렸고, 밝은색 꽃이 도드라지는 벽을 이루었다. 2002년에 지어진 나무 집에서는 이 장관을 내려다볼 수 있다. 이 사진에는 보이지 않지만, 나뭇잎 뒤에는 선인장과 다육식물이 가득한 돋움 화단이 있다. 열대 지방도 아닌 영국 동부 노리치에 이런 곳이 있다는 사실이 믿기지 않는다.

댄 힝클리

Dan Hinkley
1953년 출생
미국

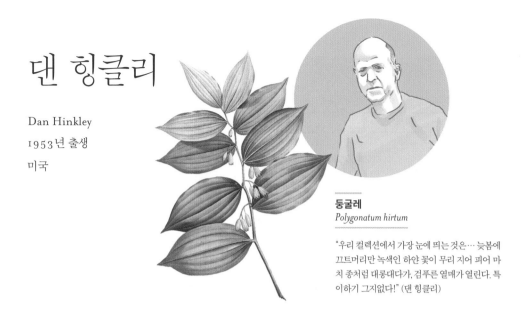

둥굴레
Polygonatum hirtum

"우리 컬렉션에서 가장 눈에 띄는 것은… 늦봄에 끄트머리만 녹색인 하얀 꽃이 무리 지어 피어 마치 종처럼 대롱대다가, 검푸른 열매가 열린다. 특이하기 그지없다!" (댄 힝클리)

미국 미시간주 북부에서 자란 댄 힝클리는 어릴 때부터 숲에서 난초와 연영초를 찾으러 다니기를 좋아했다. 그는 원예학을 전공하고 워싱턴주 에드먼즈 커뮤니티 칼리지에서 강의할 때부터 히말라야산맥, 중국, 일본, 베트남 등을 탐험하며 식물 탐험가로 유명해지기 시작했다. 힝클리가 만든 헤론스우드 정원과 종묘장에는 그가 세계 곳곳의 야생에서 채집한 희귀한 식물이 가득했다. 2004년에 힝클리는 완전히 다른 서식지로 이주했다. 퓨젓 사운드 워싱턴주 북서부의 만가 내려다보이는 절벽 위, 햇볕과 바람이 강한 환경에서 새로운 가드닝 양식을 개발하기 시작했다.

1987년 9월 1일, 댄 힝클리는 시애틀 근처의 헤론스우드에 터를 잡고, 그간 전 세계를 탐험하며 채집한 식물을 바탕으로 종묘장과 전시 정원을 만들어 이름을 알렸다. 이 정원의 특징은 중국과 일본 등이 원산지인 삼림식물이었는데, 지중해 연안 기후와 비슷하면서도 습도가 더 높은 곳에서 잘 자라는 것들이었다. 헤론스우드는 식물 애호가들의 집중적인 관심을 받았고, 종묘장의 연간 카탈로그는 정원사의 필수 수집품이 되었다. 힝클리는 자신이 최근에 어느 새로운 식물을 어떻게 발견했는지를 카탈로그에 자세히 적었다. 예를 들어 돌단풍(*Mukdenia rossii*)에 대해서 "북한 국경에서 가까운 설악산에서 수집했다. 강변의 바위 틈새에서 자라고 있었는데, 분명 봄비가 내리는 시기에는 물에 잠길 것이다"라고 적었다.

힝클리의 정원은 침엽수 밑의 그늘진 구역에 희귀하고 독특한 나무와 관목, 덩굴식물과 다년생 식물을 다양하게 전시했고, 미 북서부의 정원답게 주변에 수국과 삼림식물이 다양하고 풍성하게 자랐다. 그중에서 티베트옥잠치마(*Ypsilandra thibetica*)는 광택이 나는 녹색의 로제트형 잎에서 꽃대가 올라와 흰 꽃이 총상화서로 피는데, 마치 깃털 같았다. 점박이천남성(*Arisaema amurense* var. *peninsulae*)은 흰색과 녹색 줄무늬가 있는 고깔 모양 꽃을 피웠다. "잎과 꽃이 피는 모습이 마치 번데기에서 커다란 나비가 나오는 것처럼 보인다. 이 식물은 1993년에 한국의 동해에 있는 울릉도에서 채집했다"라고 힝클리는 기록했다.

2000년 6월, 힝클리는 놀라운 결정을 내렸다. 헤론스우드의 정원과 종묘장을 대형 식물 종자 회사에 매각하고 새 터전으로 옮기기로 했다. 헤론스우드는 얼마간 방치되었다가 2012년 포트 갬블 워싱턴주의 자치구의 미국 원주민 부족의 소유가 되었고, 힝클리의 감독하에 복원과 재개발이 진행되었다.

윈드클리프 정원

킷삽반도 연안의 바위 절벽 위에 자리한 힝클리의 두 번째 정원, 윈드클리프는 첫 번째 정원과 서식 환경이 완전히 달랐다. 세사와 모래로 덮여 있고, 겨울은 습하고 여름에는 건조하다. 강한 햇빛과 바람에 그대로 노출되어 있지만 서리는 거의 내리지 않는다. "여름에는 흐린 날도 덥다"고 힝클리는 말한다. 여러 방향에서도 보이는 시애틀의 스카이라인과 레이니어산이 정원의 배경을 이룬다.

힝클리는 폭포, 연못, 흩어져 있는 바위 등으로 구성된 여러 정원 요소를 세심하게 배치하여 울퉁불퉁한 주변 풍경과 어우러지게 했다. 이곳과 서식 환경이 같은 데서 자라는 전 세계 식물들로 채워져 자연주의 경관이 완성되었고, 힝클리

가 최근 오스트레일리아와 칠레 등지에서 채집한 식물들이 다양하게 어우러졌다. 여기에는 남미 팜파스에서 온 그래스, 남아프리카가 원산지인 구근과 여러해살이가 있다. 예를 들어 유코미스 폴에반시(*Eucomis pole-evansii*)는 로제트형으로 자라는 큼직한 잎이 있고 별 모양 흰 꽃이 커다란 수상꽃차례로 핀다. 또 로도코마 카펜시스(*Rhodocoma capensis*)는 리틀 카루 사막의 배수로에서도 잘 자라는데, 아치형 줄기와 아름다운 꽃, 가는 잎이 매력이다. 지중해 연안의 관목 지대에서 온 라벤더처럼 회색 잎이 달린 관목도 있고, 오스트레일리아 고원 삼림에서 온 유칼립투스, 용설란과 알로에 같은 이국적인 다육식물이 있다. 힝클리는 내한성 강한 유칼립투스 네글렉타(*Eucalyptus neglecta*)를 가림막으로 사용했다. 또한 거미 모양의 꽃이 피는 엠보트리움 코키네움(*Embothrium coccineum*)을 칠레 탐험에서 채집했고, 이 중에서 여섯 종을 선발해 실험을 진행하고 있다.

뻐꾹나리
Trycirtis hirta

힝클리는 2000년도 헤론스우드 카탈로그에 "1997년 가을에 일본 혼슈의 시라쿠라 강변에서 채집한 식물을 판매하며, 이 식물은 수분이 적당하고 반그늘이 지는 환경에서 키워야 한다"고 적었다.

아름다운 푸른색

윈드클리프 정원에는 60종이 넘는 아가판서스가 연청색부터 진자주색까지 다양한 색조로 노단에서 절벽까지의 전경을 수놓고 있다. 힝클리는 "제가 윈드클리프로 이사 왔을 때 한 뿌리를 물려받았고 그것이 시작이었습니다. 이 식물은 늦여름 정원에 봄의 분위기를 더해 줍니다. 저는 아가판서스의 파랑이 지닌 강렬하고 환상적인 느낌을 매우 좋아합니다"라고 말한다. 힝클리는 튼튼한 줄기 위에서 파란색 꽃이 무리 지어 피는 아가판서스 '블루 리프'(Agapanthus 'Blue Leap')와 아가판서스 '로크 호프'(A. 'Loch Hope')를 즐겨 사용한다. 이들이 그래스와 푸른 하늘, 퓨젓 사운드의 진한 파랑과 어울리기 때문이다.

윈드클리프 정원에는 그래스류도 골고루 있다. 키오노클로아 루브라(Chionochloa rubra)는 적갈색 잎들이 큼직한 덩어리들을 이루고, 지팡이 같은 줄기에 달린 하얀 깃털이 미색으로 퇴색해 가는 코르타데리아 풀비다(Cortaderia fulvida), 곧게 뻗은 줄기 끝에 비단 같은 깃털이 바람 따라 춤을 추는 팜파스그래스 '푸밀라'(Cortaderia selloana 'Pumila') 등이 있다. "어느 식물이 당신의 땅을 좋아하는지 파악하고 그 식물의 수를 한껏 늘리는 것이 핵심"이라고 힝클리는 설명한다.

절벽 가장자리에는 이 땅에서 자생한 커다란 멘

> **"식물이 그 식물에게 적합한 자리에서 자라는 모습을 볼 때 정원사로서, 교사로서 한층 성장한다."**
>
> 댄 힝클리

지스딸기나무(Arbutus menziesii)가 우뚝 서 있었는데, 이 나무의 적갈색 수피는 집과 정원의 색채에 큰 영향을 주었다. 정원을 가꾼 지 3년쯤 지나자 꽤 크고 성숙한 식물들을 볼 수 있었다. 예를 들어, 수피가 붉은 삼나무(Cryptomeria japonica), 겨울이면 줄기가 붉어지는 흰말채나무 '엘레간티시마'(Cornus alba 'Elegantissima')가 있다. 힝클리는 "이곳에서는 한 번에 4,000제곱미터를 볼 수 있습니다. 질감과 색채와 형태의 균형이 가장 중요합니다. 그러니 너무 가까이에서 들여다보지 말고 뒤로 물러서서 감상하는 것이 좋습니다"라고 말한다.

건강한 채식주의자

놀랍게 느껴질지 모르지만, 힝클리는 식물 탐험 여행을 다니느라 집에 머무르는 시간이 많지 않은데도 채소를 기른다. 요리 실력이 대단한 그는 "지난 2년간 채소를 산 적이 없다"며 비트, 이탈리아 전통 품종의 토마토, 당근, 양배추, 콜리플라워, 브로콜리, 푸른 채소를 재배하여 피클을 담고 토마토소스와 살사를 만든다.

힝클리는 지금도 저술, 가드닝, 식재, 식물 탐험, 강의를 계속하고 있으며, 그의 열정이 이룬 업적을 인정받아 비치 기념 메달을 받았다. 어린 시절 식물과 가드닝에서 느꼈던 경이로움과 열정이 변치 않는 원동력이 되어 왕성한 활동과 나눔을 이어 나가고 있다.

댄 힝클리

21세기를 대표하는 원예가 댄 힝클리는 자신의 식물과 지식을 아낌없이 나누어 주면서, 늘 새로운 배움을 갈구한다. 식물에 대한 열정을 다른 사람들과 공유하길 원하는 원예가와 정원사의 오랜 정신을 전형적으로 보여 준다.

› 모래가 많은 땅에 관목을 심을 때는 식물 사이 간격을 넓게 잡는 것이 좋다. 온도가 높고 배수가 잘되는 곳에서는 수분을 얻으려는 경쟁이 치열해지기 때문이다. 식물이 잘 살아남으려면 경쟁 없이 자라야 한다.

› "가능한 한 많은 식물을 죽이는 것이 우리의 의무라고 생각합니다." 정원사가 식물의 한계를 실험하다 보면 식물이 죽기도 한다. 내한성의 경계치에 이르렀을 때 마침내 어느 식물이 살아남는지를 확인할 수 있다.

› 식재할 때 작은 식물을 심는 것이 좋다. "대부분 지름 10센티미터 화분에 심긴 식물을 이용했습니다. 처음에는 볼품없었지만, 식물이 적응하기에 가장 좋았습니다."

› 힝클리는 정원에 식재하기 전에 유칼립투스와 소나무로 방풍림을 조성해서 기존의 나무들이 있는 공간의 경계를 보강했다. 방풍림은 정원 안에서 정원주와 식물에게 쉼터를 제공하고, 정원 구성 요소의 배경이 된다.

› 가드닝은 어린이 교육에 좋다. 주변 환경의 중요성을 일깨워 주며, 평생의 즐거움이 될 수 있다. "어릴 때 부엌에서 가져온 오렌지 씨를 화분에 심었습니다. 그랬더니 싹이 텄고, 저는 오렌지 씨에 반했습니다. 매우 사랑하는 것을 우연히 발견했으니 정말 운이 좋았습니다. 그 사랑을 평생 간직하고 있습니다."

› 힝클리는 자생지에서 자라는 식물이 어떤 장소를 선택하여 생장하는지 관찰한다. 이를 토대로 식물에 필요한 조건을 갖추어 주지만, 갖가지 조건에서 잘 살아남는 식물도 있고 그렇지 않은 식물도 있다.

아가판서스 움벨라투스
Agapanthus umbellatus

나팔 모양의 꽃이 둥글게 무리 지어 잎 위로 높이 솟아 있다. 볕이 잘 들고 축축하고 배수가 잘되는 토양에서 잘 자라고, 겨울에는 서리를 맞지 않아야 한다.

참고문헌

연구 중에 참고한 자료는 책, 웹사이트, 저널 등이다. 이들 중에는 「타임스*The Times*」, 「파이낸셜 타임스*The Financial Times*」, 「데일리텔레그래프*The Daily Telegraph*」, 「뉴욕타임스*The New York Times*」, 「월스트리트저널*The Wall Street Journal*」, 「로스앤젤레스타임스*Los Angeles Times*」가 있고, 「미국 국립사적지*US National Register of Historic Places*」, 「리프 포인트 불러틴스*Reef Point Bulletins*」, 영국왕립협회 월간지 「가든*The Garden*」, 「미국원예학회지*Journal of the American Horticultural Society*」, 「스미소니언*Smithsonian*」, 하버드대학교의 계간지 「아놀디아*Arnoldia*」에 개제된 과학 논문도 참조했다.

Adams, William Howard (1991) *Roberto Burle Marx: The Unnatural Art of the Garden*. Museum of Modern Art.

Bennett, Sue (2000) *Five Centuries of Women & Gardens: 1590s–1990s*. National Portrait Gallery Publications.

Berge, Pierre; Cox, Madison (1999) *Majorelle: A Moroccan Oasis (Small Books on Great Gardens)*. Thames & Hudson.

Betts, Edwin M; Hatch, Peter; Perkins, Hazlehurst Bolton (2000) *Thomas Jefferson's Flower Garden at Monticello* (3rd edition). Thomas Jefferson Memorial Foundation, University of Virginia Press.

Bowe, Patrick; Sapieha, Nicolas (1995) *Gardens of Portugal*. Scala Publishers.

Brown, Jane (1995) *Beatrix: Gardening Life of Beatrix Jones Farrand, 1872–1959*. Viking.

Bryant, Geoff. Ed. (1996) *The Ultimate Book of Trees and Shrubs for New Zealand*. David Bateman.

Colquhoun, Kate (2009) *A Thing in Disguise: The Visionary Life of Joseph Paxton*. Harper Perennial.

Drury, Sally; Gapper, Francis; Gapper, Patience (1991) *Gardens of England (Blue Guides)*. A&C Black.

Francis, Jeremy (2010) *Cloudehill: A Year in the Garden*. Images Publishing Group Pty. Ltd.

Gatti, Anne; Lambert, Katherine. Eds. (2010) *The Good Gardens Guide 2010–2011: The Essential Independent Guide to the 1,230 Best Gardens, Parks and Green Spaces in Britain, Ireland and the Channel Islands*. Reader's Digest.

Goode, Patrick; Jellicoe, Geoffrey & Susan, Lancaster, Michael (1986) *The Oxford Companion to Gardens*. Oxford University Press.

Hertrich, William (1988) *The Huntington Botanical Gardens, 1905–1949: Personal Recollections of William Hertrich*. Huntington Library Press.

Hobhouse, Penelope (1995) *The Country Gardener*. Frances Lincoln.

Lacey, Stephen (2011) *Gardens of the National Trust*. National Trust Books.

Le Rougetel (1986) 'Philip Miller/John Bartram Botanical Exchange'. *Garden History* Vol.14, No. 1 Spring. Garden History Society.

Leygonie, Alain (2007) *Un Jardin à Marrakech Jacques Majorelle Peintre-Jardiner 1886–1962*. Editions Michalon.

Lord, Tony (1995) *Gardening at Sissinghurst*. Frances Lincoln.

Maddy, Ursula (1990) *Waterperry: A Dream Fulfilled*. Merlin.

McConnell, Beverley (2012) *Ayrlies. My Story, My Garden*. Ayrlies Garden and Wetlands Trust.

McLean, Brenda (2009) *George Forrest: Plant Hunter*. Antique Collectors' Club Ltd.

Moore, Alasdair (2004) *La Mortola: In the Footsteps of Thomas Hanbury*. Cadogan Guides.

Pankhurst, Alex (1992) *Who Does Your Garden Grow?* Earl's Eye Publishing.

Quest-Ritson, Charles (1994) *The English Garden Abroad*. Viking.

Quest-Ritson, Charles (2009) *Ninfa: The Most Romantic Garden in the World*. Frances Lincoln.

Reinikka, Merle. A. (2008) *A History of the Orchid*. Timber Press.

Robinson, William (2010) *The Wild Garden* (A New Illustrated Edition with Photographs and Notes by Charles Nelson). The Collins Press.

Russell, Vivian (1995) *Monet's Garden: Through the Seasons at Giverny*. Frances Lincoln.

Shephard, Sue (2003) *Seeds of Fortune: A Gardening Dynasty*. Bloomsbury Publishing PLC.

Spencer-Jones, Rae. Ed. (2012) *1001: Gardens You Must See Before You Die*. Cassell.

Stern, Fredrick (1974) *A Chalk Garden* (2nd edition). Faber and Faber.

Sturdza, Greta (2008) *Le Vasterival, the Four-Season Garden: How to Create Beautiful Borders for Year-Round Interest*. Les Editions Eugen Ulmer.

Veitch, James Herbert (2006) *Hortus Veitchii* (facsimile of 1906 edition). Caradoc Doy.

Wallinger, Rosamund (2000) *Gertrude Jekyll's Lost Garden: The Restoration of an Edwardian Masterpiece*. Garden Art Press.

Walska, Ganna (1943) *Always Room at the Top*. R. R. Smith.

찾아보기

크레디트와 감사의 글

10 © RHS | Lindley Library
14-15 © Sean Pavone | Shutterstock
16 © RHS | Lindley Library
24 © wjarek | Shutterstock
25 © Lyubov Timofeyeva | Shutterstock
29 © RHS | Lindley Library
35 © Edwin Remsberg | Alamy
40 © Gary Rogers | The Garden Collection - Chatsworth House
41 © Charles Hawes | GAP Photos
58 © Oleg Bakhirev | Shutterstock
59 © Photograph Andrew Lawson
64 © John Glover | Alamy
65 © John Glover | The Garden Collection - Munstead Wood
70 © Richard Wong | Alamy
71 © gardenpics | Alamy
84-85 © Wai Chan | Shutterstock
90-91 Photograph copyright Andrea Jones | www.gardenexposures.co.uk
92 © RHS | Lindley Library
96 © Photograph copyright Andrea Jones | www.gardenexposures.co.uk
97 © Kelly-Mooney Photography | Corbis
100 © RHS | Lindley Library
106 © RHS | Lindley Library
114 © MMGI | Simon Meaker, Le Jardin Majorelle, Morocco, design: Jacques Majorelle
115 © Clay Perry | The Garden Collection - Marjorelle
120 © Bill Dewey
121 © Claire Takacs
126-127 © Jim Richardson | Getty Images
128 © RHS | Lindley Library
135 © RHS | Lindley Library
136 © MMGI | Marianne Majerus, Waterperry Gardens, Oxfordshire
137 © J S Sira | GAP Photos
142-143 © LOOK Die Bildagentur der Fotografen GmbH | Alamy
148-149 © Malcolm Raggett
154-155 © Fondazione Roffredo Caetani
160 © RHS | Lindley Library
168-169 Photography Copyright Jonathan Buckley
173 © RHS | Lindley Library
178-179 © Martin Hughes-Jones | The Garden Collection - RHS Harlow Carr
180 © RHS | Lindley Library
181 © RHS | Elsie Katherine Kohnlein
184-185 © MMGI | Andrew Lawson, RHS Garden, Wisley, design: Penelope Hobhouse
190-191 © Photo: Jerry Harpur
200 © imageBROKER | Alamy
201 © Jerry Harpur | The Garden Collection - Design: Piet Oudolf - Hummelo, Holland
206-207 © Claire Takacs
208-209 © Will Giles
Gardener portrait sketches © Quid publishing

표기 이외의 모든 이미지는 저작권이 소멸되어 누구나 사용할 수 있습니다. 이미지 저작권자들을 크레디트에 올리기 위해 최선을 다했습니다만 의도치 않게 빠뜨렸거나 오류가 있다면 양해를 구합니다. 누락된 분이 있다면 이후 개정판에서 감사의 말씀을 드리겠습니다.

영국 왕립원예협회의 크리스 영, 레이 스펜서존스, 브렌트 엘리엇, 폴 쿡, 제인 쿠코, 퀴드 출판사의 제임스 에반스, 루시 요크, 제니 데이비스에게 깊이 감사드립니다.

미국의 사학자 로리 매스트메이커의 낙관적인 자세와 연구 능력은 뜻밖에 얻은 행운이었습니다. 소렐 에버튼, 레오 히크맨, 필 맥켄에게도 감사드립니다. 원고 수정에 도움을 주신 분들은 다음과 같습니다. 롱우드 식물원의 콜빈 랜들, E. A. 보울스 협회의 롭 제이콥스와 앨런 페티트와 캐시 페티트와 재키 킹덤, 캐롤린 핸버리, 엘레나 자파, 마커스 굿윈, 릭 마틴과 토비 마틴, 크리스티나 블랜디입니다. 훌륭한 정원사들, 또는 그분들과 관련이 있는 분들인 닉 해밀턴, 캐롤라인 스미스, 퍼거스 개럿 VMM, 마이크 워크마이스터, 존 힐리어, VMH, 메리 스필러, 글린 존스, 비벌리 맥코넬, 로빈 굴딩, 게일 그리핀에게 감사드립니다. 또 감사의 말씀을 전할 분들은 앤 웰치 제니퍼 트레헤인, 에이든 헤일리, 앤드류 터비, 데이비드 에드워즈와 앤 에드워즈, 요한나 로젠 히긴스와 존 매시, 스투르자 공주의 친구인 리사 E. 피어슨, 하버드대학교의 그레첸 웨이드, 다니엘라 굴리엘미, 파브리치오 파스토르, 캐서린 르 켄, 케이트 카켓입니다. 인용문을 제공해 주신 루이스 고드프리에게도 특별히 감사를 표합니다.

빌 파킨과 조이 파킨, 존 비커스, 데니스 깁스와 린 깁스, 댄 윌슨, 미셸 데일리, 캐서린 빅스와 앤드류 빅스에게도 도움을 주셔서 감사를 드립니다. 마지막으로, 오랫동안 많이 참아 준 가족들, 제 아내 질과 아이들 제시카, 헨리, 클로이에게 감사하고, 네 발 달린 귀염둥이들 랄프, 휴고, 핀치에게도 고맙습니다. 미처 감사를 드리지 못한 분이 있다면 제 불찰이므로, 여기에 이름을 올리지 못했더라도 제가 감사하고 있다는 마음만은 알아주셨으면 합니다.